工科系学生のための
線形代数

橋本義武 著

培風館

本書の無断複写は，著作権法上での例外を除き，禁じられています。
本書を複写される場合は，その都度当社の許諾を得てください。

序

　線形代数は，何か特定の対象に関する知識というのではなく，さまざまな対象に共通する原理を明らかにするものである．すなわち，高校までの数学でふれる，

- 直線や平面のような，まっすぐに広がっている図形
- 足し算とかけ算，分配則
- 量の間の比例と比例定数
- 1 次関数
- 座　　標
- 連立 1 次方程式と解の図形
- ベクトル
- 関　　数

などに共通する原理がテーマである．

　本書の内容は，前半で行列，連立 1 次方程式，行列式を取り上げ，後半で線形写像，ベクトル空間，内積，固有値・固有ベクトルを取り上げるという標準的なものであるが，特に本書では"線形形式"とよばれる関数を重視した．これは，たとえば 3 変数の場合，$f(x, y, z) = ax + by + cz$ と書ける関数である．さらに，工科系への応用においてフーリエ解析や直交多項式系が重要になるが，これらは内積や固有ベクトルの概念に基づいている．そのことについてもふれた．

　執筆にあたり，本文は，頭に入りやすいよう短い項目に分割した．問題は，『速くできるものを網羅的に』というコンセプトで並べてある．単純な問題をサクサク解いているうちに，気がついたら線形代数のエッセンスを会得している，というのを目論んでいる．

　授業を担当するなかで，数年にわたって試行錯誤し道に迷いつつ書き進めていった．その間，培風館の岩田誠司さんにはいつも励ましていただき，また有益なコメントをいただき，こうして形あるものとなったことをここに感謝申し上げたい．

　2016 年 12 月

　　　　　　　　　　　　　　　　　　　　　　　　　　　　　橋本　義武

目　次

1. ベクトルと線形形式　　　　　　　　　　　　　　　　　　　　　　　　　　*1*
　1.1　平面ベクトル・空間ベクトル　　1
　1.2　直線・平面・超平面　　4
　1.3　線形形式　　11

2. 行　列　　　　　　　　　　　　　　　　　　　　　　　　　　　　　　　　*15*
　2.1　行列の和とスカラー倍　　15
　2.2　行列の積　　19

3. 連立1次方程式とランク　　　　　　　　　　　　　　　　　　　　　　　　*34*
　3.1　連立1次方程式と行列　　34
　3.2　行列の簡約化　　44

4. 行列式と置換　　　　　　　　　　　　　　　　　　　　　　　　　　　　　*59*
　4.1　2次，3次の行列式　　59
　4.2　3次行列式の展開と外積　　67
　4.3　置換とその符号　　73
　4.4　一般の次数の行列式　　78

5. ベクトル空間と線形写像　　　　　　　　　　　　　　　　　　　　　　　　*88*
　5.1　ベクトル空間の公理と例　　88
　5.2　ベクトル空間の次元と基底　　90
　5.3　部分空間　　96
　5.4　線形写像と行列　　102
　5.5　線形写像と基底　　107

6. 内積と直交性　　　　　　　　　　　　　　　　　　　　*111*
   6.1　内　　積　　111
   6.2　正規直交基底　　114
   6.3　直 交 行 列　　122

7. 固有値と固有空間　　　　　　　　　　　　　　　　　　*127*
   7.1　固有ベクトルと対角化　　127
   7.2　固有多項式　　129
   7.3　固 有 空 間　　142
   7.4　線形変換の固有空間　　144
   7.5　対称行列の対角化　　146

A. 集合と写像　　　　　　　　　　　　　　　　　　　　　*160*
   A.1　集　　合　　160
   A.2　写像と1対1対応　　162

参 考 文 献　　　　　　　　　　　　　　　　　　　　　　　165
問題の解答　　　　　　　　　　　　　　　　　　　　　　　167
索　　引　　　　　　　　　　　　　　　　　　　　　　　　177

ギリシア文字表

大文字	小文字	英語名	発音	
A	α	alpha	[ǽlfə]	アルファ
B	β	beta	[bíːtə]	ベータ
Γ	γ	gamma	[gǽmə]	ガンマ
Δ	δ	delta	[déltə]	デルタ
E	ε, ϵ	epsilon	[ipsáilən, épsilən]	イ（エ）プシロン
Z	ζ	zeta	[zéːtə]	ツェータ，ゼータ
H	η	eta	[íːta]	イ（エ）ータ
Θ	θ, ϑ	theta	[θíːtə]	シータ
I	ι	iota	[aióutə]	イオタ
K	κ	kappa	[kǽpə]	カッパ
Λ	λ	lambda	[lǽmdə]	ラムダ
M	μ	mu	[mjuː]	ミュー
N	ν	nu	[njuː]	ニュー
Ξ	ξ	xi	[ksiː, (g)zai]	クシー（グザイ）
O	o	omicron	[o(u)máikrən]	オミクロン
Π	π, ϖ	pi	[pai]	パイ
P	ρ, ϱ	rho	[rou]	ロー
Σ	σ, ς	sigma	[sigmə]	シグマ
T	τ	tau	[tau, tɔː]	タウ
Υ	υ	upsilon	[juːpsáilən, júːpsilən]	ウプシロン
Φ	ϕ, φ	phi	[fai]	ファイ
X	χ	chi	[kai]	カイ
Ψ	ϕ, ψ	psi	[(p)sai]	プサイ
Ω	ω	omega	[óumigə, ómigə]	オメガ

1
ベクトルと線形形式

1.1 平面ベクトル・空間ベクトル

1.1.1 ベクトル

□線分に **向き** (orientation) を与えるとは，両端のうち一方を始点，もう一方を終点として指定することである．向きの指定された線分を **有向線分** という．これを始点から終点に向かう矢印で図示する．

□2つの有向線分に対し，一方を平行移動してもう一方に向きも込めてぴったり重ねることができるとき，この2つの有向線分は同じ **ベクトル** (vector) を表している．

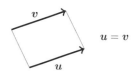

□点 A を始点，点 B を終点とする有向線分の定めるベクトルを，記号 $\overrightarrow{AB}$ で表す．

□ベクトルは **量** であり，ベクトルどうしを足したり，ベクトルを何倍かしたりすることができる．これに対し，数を量の一種とみるとき，これを **スカラー** (scalar) とよぶ．

□ベクトルの加法は，次のように定義される．ベクトル u, v に対し，$u = \overrightarrow{AB}$, $v = \overrightarrow{BC}$ となる点 A, B, C をとり，
$$u + v = \overrightarrow{AC}$$
と定義する．

□また，ベクトル u, v に対し，$u = \overrightarrow{AB}$, $v = \overrightarrow{AC}$ となる点 A, B, C をとる．さらに $v = \overrightarrow{BD}$ となる点 D をとると，
$$u + v = \overrightarrow{AB} + \overrightarrow{BD} = \overrightarrow{AD}$$

となる．このとき ABDC は平行 4 辺形である．これを **ベクトル u, v の張る平行 4 辺形** という．線分 AD はその対角線である．

□始点と終点が一致するようなベクトルも考える．これを **ゼロ・ベクトル** (zero vector) といい，記号 **0** で表す．

□ベクトルの **スカラー倍** は，次のように定義される．u をベクトルとし，t を正の実数とすると，tu は，u を，向きを変えずに t 倍したベクトルである．$(-t)u$ は，tu の向きを逆にしたベクトルである．$0u$ はゼロ・ベクトル **0** である．

1.1.2　平面ベクトルと座標

□平面 α 上の有向線分の定めるベクトルを，**平面 α 上のベクトル**，あるいは **平面ベクトル** という．

□2 つの実数 x, y を縦に並べたもの $\begin{bmatrix} x \\ y \end{bmatrix}$ を **2 次 列ベクトル** という．

□座標平面上のベクトル $\overrightarrow{\mathrm{OP}}$ に対し，点 P の座標が (x, y) であったとする．平面ベクトル $\overrightarrow{\mathrm{OP}}$ に 2 次列ベクトル $\begin{bmatrix} x \\ y \end{bmatrix}$ を対応させると，これは 1 対 1 の対応である．両者を同一視するとき，$\overrightarrow{\mathrm{OP}} = \begin{bmatrix} x \\ y \end{bmatrix}$ と書く．

1.1.3　空間ベクトルと座標

□3 つの実数 x, y, z を縦に並べたもの $\begin{bmatrix} x \\ y \\ z \end{bmatrix}$ を **3 次 列ベクトル** という．

□座標空間上のベクトル $\overrightarrow{\mathrm{OP}}$ に対し，点 P の座標が (x, y, z) であったとする．空間ベクトル $\overrightarrow{\mathrm{OP}}$ に 3 次列ベクトル $\begin{bmatrix} x \\ y \\ z \end{bmatrix}$ を対応させると，これは 1 対 1 の対応である．両者を同一視するとき，$\overrightarrow{\mathrm{OP}} = \begin{bmatrix} x \\ y \\ z \end{bmatrix}$ と書く．

1.1.4　列ベクトル

□n 個の実数 $x_1, \ldots, x_n$ の組を **一つの量とみなし**，記号

$$x = \begin{bmatrix} x_1 \\ \vdots \\ x_n \end{bmatrix}$$

1.1 平面ベクトル・空間ベクトル

で表す. $\vec{x}$ という記号が用いられることもある. これを **n 次列ベクトル** (column vector) とよぶ†. 実数 x_i を列ベクトル $\boldsymbol{x}$ の**第 i 成分**という. 整数 n を $\boldsymbol{x}$ の**次数**とよぶ.

□ すべての成分が 0 である n 次列ベクトル $\boldsymbol{0} = \boldsymbol{0}_n = \begin{bmatrix} 0 \\ \vdots \\ 0 \end{bmatrix}$ を, **ゼロ・ベクトル**という.

□ n 次列ベクトル $\boldsymbol{x} = \begin{bmatrix} x_1 \\ \vdots \\ x_n \end{bmatrix}, \boldsymbol{y} = \begin{bmatrix} y_1 \\ \vdots \\ y_n \end{bmatrix}$ に対し, 和を

―― 列ベクトルの和 ――
$$\boldsymbol{x} + \boldsymbol{y} = \begin{bmatrix} x_1 + y_1 \\ \vdots \\ x_n + y_n \end{bmatrix}$$

によって定義する.

□ n 次列ベクトル $\boldsymbol{x} = \begin{bmatrix} x_1 \\ \vdots \\ x_n \end{bmatrix}$ と実数 c に対し, $\boldsymbol{x}$ の c 倍を

―― 列ベクトルのスカラー倍 ――
$$c\boldsymbol{x} = \boldsymbol{x}c = \begin{bmatrix} cx_1 \\ \vdots \\ cx_n \end{bmatrix}$$

によって定義する. なお, $c\boldsymbol{x}$ のようにスカラー c を左に書くことが多いが, $\boldsymbol{x}c$ と書いてもよい.

□ 座標平面上のベクトル $\overrightarrow{\mathrm{OP}} = \begin{bmatrix} p_1 \\ p_2 \end{bmatrix}$, $\overrightarrow{\mathrm{OQ}} = \begin{bmatrix} q_1 \\ q_2 \end{bmatrix}$ と実数 t に対し,

$$\overrightarrow{\mathrm{OP}} + \overrightarrow{\mathrm{OQ}} = \begin{bmatrix} p_1 + q_1 \\ p_2 + q_2 \end{bmatrix} = \begin{bmatrix} p_1 \\ p_2 \end{bmatrix} + \begin{bmatrix} q_1 \\ q_2 \end{bmatrix},$$
$$t\overrightarrow{\mathrm{OP}} = \begin{bmatrix} tp_1 \\ tp_2 \end{bmatrix} = t \begin{bmatrix} p_1 \\ p_2 \end{bmatrix}$$

である. すなわち, 座標平面上のベクトルと 2 次列ベクトルの間の 1 対 1 対応は, 加法とスカラー倍を保つ.

---

† column とは柱という意味である.

□ 同様に，座標空間上のベクトル $\overrightarrow{\mathrm{OP}} = \begin{bmatrix} p_1 \\ p_2 \\ p_3 \end{bmatrix}$, $\overrightarrow{\mathrm{OQ}} = \begin{bmatrix} q_1 \\ q_2 \\ q_3 \end{bmatrix}$ と実数 t に対し，

$$\overrightarrow{\mathrm{OP}} + \overrightarrow{\mathrm{OQ}} = \begin{bmatrix} p_1 + q_1 \\ p_2 + q_2 \\ p_3 + q_3 \end{bmatrix} = \begin{bmatrix} p_1 \\ p_2 \\ p_3 \end{bmatrix} + \begin{bmatrix} q_1 \\ q_2 \\ q_3 \end{bmatrix},$$

$$t\overrightarrow{\mathrm{OP}} = \begin{bmatrix} tp_1 \\ tp_2 \\ tp_3 \end{bmatrix} = t\begin{bmatrix} p_1 \\ p_2 \\ p_3 \end{bmatrix}$$

である．すなわち，座標空間上のベクトルと 3 次列ベクトルの間の 1 対 1 対応は，加法とスカラー倍を保つ．

1.2 直線・平面・超平面

1.2.1 空間の中の直線と平面

□ ベクトル $\boldsymbol{u}\,(\neq \boldsymbol{0})$, $\boldsymbol{v}\,(\neq \boldsymbol{0})$ に対し，$\boldsymbol{v}$ が $\boldsymbol{u}$ に平行であることは，実数 $t\,(\neq 0)$ が存在して，$\boldsymbol{v} = t\boldsymbol{u}$ となることに同値である．

□ $\boldsymbol{u} = \begin{bmatrix} p \\ q \\ r \end{bmatrix}\,(\neq \boldsymbol{0})$ とする．点 $\mathrm{A}(x_0, y_0, z_0)$ を通り，ベクトル $\boldsymbol{u}$ に平行な直線上の点 P の座標 (x, y, z) は，変数 t により，

$$\begin{bmatrix} x \\ y \\ z \end{bmatrix} = \begin{bmatrix} x_0 \\ y_0 \\ z_0 \end{bmatrix} + t\begin{bmatrix} p \\ q \\ r \end{bmatrix}$$

と表される．これを "直線のパラメータ表示" という．変数 t を動かすと，点 P が直線上を動く．

● 問題 1.1 このとき，変数 x, y, z を他の変数で表せ．

□ $\boldsymbol{u} = \begin{bmatrix} p \\ q \\ r \end{bmatrix}\,(\neq \boldsymbol{0})$, $\boldsymbol{v} = \begin{bmatrix} p' \\ q' \\ r' \end{bmatrix}\,(\neq \boldsymbol{0})$ をたがいに平行でない 2 つのベクトルとする．点 $\mathrm{A}(x_0, y_0, z_0)$ を通り，ベクトル $\boldsymbol{u}, \boldsymbol{v}$ に平行な平面上の点 P の座標 (x, y, z) は，変数 t, s により，

$$\begin{bmatrix} x \\ y \\ z \end{bmatrix} = \begin{bmatrix} x_0 \\ y_0 \\ z_0 \end{bmatrix} + t\begin{bmatrix} p \\ q \\ r \end{bmatrix} + s\begin{bmatrix} p' \\ q' \\ r' \end{bmatrix}$$

と表される．これを"平面のパラメータ表示"という．変数 t, s を動かすと，点 P が平面上を動く．

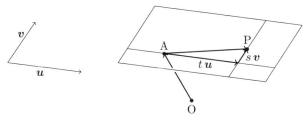

●問題 1.2　このとき，変数 x, y, z を他の変数で表せ．

1.2.2　空間ベクトルの内積

□ベクトル $\boldsymbol{a} = \begin{bmatrix} a_1 \\ a_2 \\ a_3 \end{bmatrix}, \boldsymbol{b} = \begin{bmatrix} b_1 \\ b_2 \\ b_3 \end{bmatrix}$ に対し，

───── 内　積 ─────
$$\boldsymbol{a} \cdot \boldsymbol{b} = a_1 b_1 + a_2 b_2 + a_3 b_3$$

を $\boldsymbol{a}, \boldsymbol{b}$ の 内積 (inner product) という．これを $(\boldsymbol{a}, \boldsymbol{b})$ と書くこともある．内積はスカラーである．

●問題 1.3　次を計算せよ．

(1) $\begin{bmatrix} a \\ 0 \\ 0 \end{bmatrix} \cdot \begin{bmatrix} x \\ 0 \\ 0 \end{bmatrix}$
(2) $\begin{bmatrix} a \\ 0 \\ 0 \end{bmatrix} \cdot \begin{bmatrix} 0 \\ y \\ 0 \end{bmatrix}$
(3) $\begin{bmatrix} a \\ 0 \\ 0 \end{bmatrix} \cdot \begin{bmatrix} 0 \\ 0 \\ z \end{bmatrix}$

(4) $\begin{bmatrix} 0 \\ b \\ 0 \end{bmatrix} \cdot \begin{bmatrix} x \\ 0 \\ 0 \end{bmatrix}$
(5) $\begin{bmatrix} 0 \\ b \\ 0 \end{bmatrix} \cdot \begin{bmatrix} 0 \\ y \\ 0 \end{bmatrix}$
(6) $\begin{bmatrix} 0 \\ b \\ 0 \end{bmatrix} \cdot \begin{bmatrix} 0 \\ 0 \\ z \end{bmatrix}$

(7) $\begin{bmatrix} 0 \\ 0 \\ c \end{bmatrix} \cdot \begin{bmatrix} x \\ 0 \\ 0 \end{bmatrix}$
(8) $\begin{bmatrix} 0 \\ 0 \\ c \end{bmatrix} \cdot \begin{bmatrix} 0 \\ y \\ 0 \end{bmatrix}$
(9) $\begin{bmatrix} 0 \\ 0 \\ c \end{bmatrix} \cdot \begin{bmatrix} 0 \\ 0 \\ z \end{bmatrix}$

(10) $\begin{bmatrix} a \\ b \\ 0 \end{bmatrix} \cdot \begin{bmatrix} x \\ y \\ 0 \end{bmatrix}$
(11) $\begin{bmatrix} a \\ b \\ 0 \end{bmatrix} \cdot \begin{bmatrix} x \\ 0 \\ z \end{bmatrix}$
(12) $\begin{bmatrix} a \\ b \\ 0 \end{bmatrix} \cdot \begin{bmatrix} 0 \\ y \\ z \end{bmatrix}$

(13) $\begin{bmatrix} a \\ 0 \\ c \end{bmatrix} \cdot \begin{bmatrix} x \\ y \\ 0 \end{bmatrix}$
(14) $\begin{bmatrix} a \\ 0 \\ c \end{bmatrix} \cdot \begin{bmatrix} x \\ 0 \\ z \end{bmatrix}$
(15) $\begin{bmatrix} a \\ 0 \\ c \end{bmatrix} \cdot \begin{bmatrix} 0 \\ y \\ z \end{bmatrix}$

(16) $\begin{bmatrix} 0 \\ b \\ c \end{bmatrix} \cdot \begin{bmatrix} x \\ y \\ 0 \end{bmatrix}$
(17) $\begin{bmatrix} 0 \\ b \\ c \end{bmatrix} \cdot \begin{bmatrix} x \\ 0 \\ z \end{bmatrix}$
(18) $\begin{bmatrix} 0 \\ b \\ c \end{bmatrix} \cdot \begin{bmatrix} 0 \\ y \\ z \end{bmatrix}$

(19) $\begin{bmatrix} 0 \\ 0 \\ 0 \end{bmatrix} \cdot \begin{bmatrix} x \\ y \\ z \end{bmatrix}$
(20) $\begin{bmatrix} a \\ b \\ c \end{bmatrix} \cdot \begin{bmatrix} 0 \\ 0 \\ 0 \end{bmatrix}$

□ このとき, 次が成り立つ:
$$\boldsymbol{a} \cdot (\boldsymbol{x} + \boldsymbol{y}) = \boldsymbol{a} \cdot \boldsymbol{x} + \boldsymbol{a} \cdot \boldsymbol{y}, \quad \boldsymbol{a} \cdot (t\boldsymbol{x}) = t(\boldsymbol{a} \cdot \boldsymbol{x}),$$
$$(\boldsymbol{a} + \boldsymbol{b}) \cdot \boldsymbol{x} = \boldsymbol{a} \cdot \boldsymbol{x} + \boldsymbol{b} \cdot \boldsymbol{x}, \quad (t\boldsymbol{a}) \cdot \boldsymbol{x} = t(\boldsymbol{a} \cdot \boldsymbol{x}),$$
$$\boldsymbol{b} \cdot \boldsymbol{a} = \boldsymbol{a} \cdot \boldsymbol{b}.$$

◎演習 1.1 上の等式を確かめよ.

□ $\boldsymbol{a} \cdot \boldsymbol{a} = a_1{}^2 + a_2{}^2 + a_3{}^2 \geqq 0$ である. そこで

───────────────────── ノルム ─────
$$\|\boldsymbol{a}\| = \sqrt{\boldsymbol{a} \cdot \boldsymbol{a}} = \sqrt{a_1{}^2 + a_2{}^2 + a_3{}^2}$$

とおき, この実数を $\boldsymbol{a}$ の **ノルム** (norm) という.

□ ノルムの値が 1 に等しい空間ベクトルのことを, **単位ベクトル** (unit vector) とよぶ.

□ ピタゴラスの定理より, $\|\boldsymbol{a}\|$ は空間ベクトル $\boldsymbol{a}$ を表す有向線分の長さに等しい.

右図において, $\mathrm{P}(a_1, a_2, a_3)$, $\mathrm{Q}(a_1, a_2, 0)$ とすると,
$$\mathrm{OP}^2 = \mathrm{OQ}^2 + \mathrm{QP}^2$$
$$= a_1{}^2 + a_2{}^2 + a_3{}^2 = \|\boldsymbol{a}\|^2.$$
よって $\mathrm{OP} = \|\boldsymbol{a}\|$.

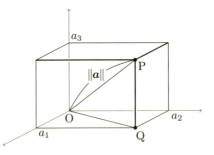

□ ノルムに関して, 次が成り立つ:
 (1) $\|\boldsymbol{a}\| = 0$ ならば, $\boldsymbol{a} = \boldsymbol{0}$.
 (2) $\|t\boldsymbol{a}\| = |t| \|\boldsymbol{a}\|$.

□ ピタゴラスの定理とその逆より, $\boldsymbol{a}$ と $\boldsymbol{b}$ が垂直であることは,
$$\|\boldsymbol{a} - \boldsymbol{b}\|^2 = \|\boldsymbol{a}\|^2 + \|\boldsymbol{b}\|^2$$
が成り立つことと同値である. 一方,
$$\|\boldsymbol{a} - \boldsymbol{b}\|^2 = (\boldsymbol{a} - \boldsymbol{b}) \cdot (\boldsymbol{a} - \boldsymbol{b})$$
$$= \boldsymbol{a} \cdot \boldsymbol{a} - \boldsymbol{a} \cdot \boldsymbol{b} - \boldsymbol{b} \cdot \boldsymbol{a} + \boldsymbol{b} \cdot \boldsymbol{b}$$
$$= \|\boldsymbol{a}\|^2 + \|\boldsymbol{b}\|^2 - 2\boldsymbol{a} \cdot \boldsymbol{b}.$$
したがって,

1.2 直線・平面・超平面

$$\boxed{\boldsymbol{a}\cdot\boldsymbol{b}=0 \text{ は, } \boldsymbol{a} \text{ と } \boldsymbol{b} \text{ が垂直であることに同値である.}}$$

□ $\boldsymbol{a}\neq\boldsymbol{0}$, $\boldsymbol{b}\neq\boldsymbol{0}$ とし，$\boldsymbol{a}$, $\boldsymbol{b}$ のなす角を θ ($0\leqq\theta\leqq\pi$) とする．$\boldsymbol{b}$ を，$\boldsymbol{a}$ に平行なベクトル $t\boldsymbol{a}$ と垂直なベクトル $\boldsymbol{b}'$ の和で表して，$\boldsymbol{b}=t\boldsymbol{a}+\boldsymbol{b}'$ とすると，

$$\|\boldsymbol{b}\|\cos(\theta) = t\|\boldsymbol{a}\|, \quad \boldsymbol{a}\cdot\boldsymbol{b}'=0.$$

よって，

$$\boldsymbol{a}\cdot\boldsymbol{b} = \boldsymbol{a}\cdot(t\boldsymbol{a}+\boldsymbol{b}') = t(\boldsymbol{a}\cdot\boldsymbol{a})+\boldsymbol{a}\cdot\boldsymbol{b}' = t\|\boldsymbol{a}\|\|\boldsymbol{a}\|$$
$$= \|\boldsymbol{a}\|\|\boldsymbol{b}\|\cos(\theta).$$

したがって，

- $\boldsymbol{a}\cdot\boldsymbol{b}>0$ は，$\boldsymbol{a}$ と $\boldsymbol{b}$ のなす角が鋭角であることに同値である．
- $\boldsymbol{a}\cdot\boldsymbol{b}<0$ は，$\boldsymbol{a}$ と $\boldsymbol{b}$ のなす角が鈍角であることに同値である．

1.2.3 平面の方程式

□ $(a,b,c)\neq(0,0,0)$ とする．変数 x,y,z の関数

$$ax+by+cz$$

の値が定数 d に等しいという方程式

$$\boxed{ax+by+cz=d \qquad (1.1)}$$

を考える．これをみたす点 (x,y,z) 全体はどのような図形になるだろうか．

□ $ax_0+by_0+cz_0=d$ をみたす点 A (x_0,y_0,z_0) を何でもよいから 1 つとる．このとき，方程式 (1.1) は，

$$ax+by+cz = ax_0+by_0+cz_0,$$

すなわち

$$a(x-x_0)+b(y-y_0)+c(z-z_0)=0,$$

すなわち

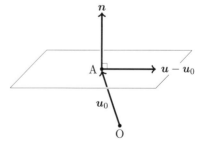

$$\begin{bmatrix}a\\b\\c\end{bmatrix}\cdot\left(\begin{bmatrix}x\\y\\z\end{bmatrix}-\begin{bmatrix}x_0\\y_0\\z_0\end{bmatrix}\right)=0$$

となる．

とおくと，

$$\boldsymbol{n} = \begin{bmatrix} a \\ b \\ c \end{bmatrix}, \quad \boldsymbol{u} = \begin{bmatrix} x \\ y \\ z \end{bmatrix}, \quad \boldsymbol{u}_0 = \begin{bmatrix} x_0 \\ y_0 \\ z_0 \end{bmatrix}$$

$$\boldsymbol{n} \cdot (\boldsymbol{u} - \boldsymbol{u}_0) = 0$$

となり，これは $\boldsymbol{u} - \boldsymbol{u}_0$ が $\boldsymbol{n}$ に垂直であることを意味する．

□ したがって，方程式 (1.1) は，点 (x_0, y_0, z_0) を通り $\boldsymbol{n}$ に垂直な平面を定める．

□ 方程式 (1.1) は，点 (x, y, z) が動ける方向が 1 つ制限されているということを表している．

□ 上記の $\boldsymbol{n}$ のように，平面に垂直なベクトルを，平面の **法ベクトル** (normal vector) という．平面

$$ax + by + cz = d$$

の法ベクトルは，ベクトル $\begin{bmatrix} a \\ b \\ c \end{bmatrix}$ に平行である．

□ たとえば，平面 $ax + by + cz = d$ と平面 $ax + by + cz = d'$ は平行である．

□ 平面 $ax + by + cz = d$ と平面 $a'x + b'y + c'z = d'$ が平行であることは，ベクトル $\begin{bmatrix} a \\ b \\ c \end{bmatrix}$ と $\begin{bmatrix} a' \\ b' \\ c' \end{bmatrix}$ が平行であることに同値であり，よって，実数 $t\ (\neq 0)$ が存在して $\begin{bmatrix} a' \\ b' \\ c' \end{bmatrix} = t \begin{bmatrix} a \\ b \\ c \end{bmatrix}$ となることに同値である．

□ たとえば，yz 平面の方程式は $x = 0$ であり，xz 平面の方程式は $y = 0$ であり，xy 平面の方程式は $z = 0$ である．

□ p を実数とする．

(1) 平面 $x = p$ は $\begin{bmatrix} 1 \\ 0 \\ 0 \end{bmatrix}$ に垂直であり，$\begin{bmatrix} 0 \\ 1 \\ 0 \end{bmatrix}, \begin{bmatrix} 0 \\ 0 \\ 1 \end{bmatrix}$ に平行である．

(2) 平面 $y = p$ は $\begin{bmatrix} 0 \\ 1 \\ 0 \end{bmatrix}$ に垂直であり，$\begin{bmatrix} 1 \\ 0 \\ 0 \end{bmatrix}, \begin{bmatrix} 0 \\ 0 \\ 1 \end{bmatrix}$ に平行である．

(3) 平面 $z = p$ は $\begin{bmatrix} 0 \\ 0 \\ 1 \end{bmatrix}$ に垂直であり，$\begin{bmatrix} 1 \\ 0 \\ 0 \end{bmatrix}, \begin{bmatrix} 0 \\ 1 \\ 0 \end{bmatrix}$ に平行である．

1.2 直線・平面・超平面

●問題 1.4 (1) 点 $(-1, 3, 2)$ を通り，平面 $x = 0$ に平行な平面の方程式を求めよ．

(2) 点 $(-1, 3, 2)$ を通り，平面 $y = 0$ に平行な平面の方程式を求めよ．

(3) 点 $(-1, 3, 2)$ を通り，平面 $z = 0$ に平行な平面の方程式を求めよ．

(4) 点 $(-1, 3, 2)$ を通り，平面 $x + y + z = 0$ に平行な平面の方程式を求めよ．

(5) 点 $(-1, 3, 2)$ を通り，平面 $x + y + z = 1$ に平行な平面の方程式を求めよ．

●問題 1.5 (1) 点 $(-1, 3, 2)$ を通り，ベクトル $\begin{bmatrix} 1 \\ 0 \\ 0 \end{bmatrix}$ に垂直な平面の方程式を求めよ．

(2) 点 $(-1, 3, 2)$ を通り，ベクトル $\begin{bmatrix} 0 \\ 1 \\ 0 \end{bmatrix}$ に垂直な平面の方程式を求めよ．

(3) 点 $(-1, 3, 2)$ を通り，ベクトル $\begin{bmatrix} 0 \\ 0 \\ 1 \end{bmatrix}$ に垂直な平面の方程式を求めよ．

(4) 点 $(-1, 3, 2)$ を通り，ベクトル $\begin{bmatrix} 1 \\ 1 \\ 1 \end{bmatrix}$ に垂直な平面の方程式を求めよ．

●問題 1.6 (1) ベクトル $\begin{bmatrix} a \\ 2 \\ -1 \end{bmatrix}$ が平面 $2x + 3y + 5z = 1$ に平行であるとする．a を求めよ．

(2) a を定数とする．ベクトル $\begin{bmatrix} 1 \\ 2 \\ 3 \end{bmatrix}$ が平面 $ax - 5y + z = 1$ に平行であるとする．a を求めよ．

(3) ベクトル $\begin{bmatrix} a \\ b \\ -1 \end{bmatrix}$ が平面 $2x + 3y + 5z = 1$ に垂直であるとする．a, b を求めよ．

(4) a, b を定数とする．ベクトル $\begin{bmatrix} 1 \\ 2 \\ 3 \end{bmatrix}$ が平面 $ax + by + z = 1$ に垂直であるとする．a, b を求めよ．

(5) a を定数とする．平面 $x + y + z = 1$ と平面 $ax + y + z = 0$ が垂直であるとする．a を求めよ．

(6) a, b を定数とする．平面 $x + y + z = 1$ と平面 $ax + by + 2z = 0$ が平行であるとする．a, b を求めよ．

□ ベクトル $\begin{bmatrix} a \\ b \\ c \end{bmatrix}$ と $\begin{bmatrix} p \\ q \\ r \end{bmatrix}$ がたがいに垂直でないとき，平面 $ax + by + cz = d$ と直線

$$\begin{bmatrix} x \\ y \\ z \end{bmatrix} = \begin{bmatrix} x_0 \\ y_0 \\ z_0 \end{bmatrix} + t \begin{bmatrix} p \\ q \\ r \end{bmatrix}$$

の交点の座標 (x, y, z) を求める．

□直線のパラメータ表示の式を平面の方程式に代入すると,
$$a(x_0 + tp) + b(y_0 + tq) + c(z_0 + tr) = d.$$
これを t について解くと,
$$t = \frac{-(ax_0 + by_0 + cz) + d}{ap + bq + cr}.$$
この値を直線のパラメータ表示の式に代入すればよい.

□次に,点 (x_0, y_0, z_0) と,$\boldsymbol{n} = \begin{bmatrix} a \\ b \\ c \end{bmatrix} \left(\neq \begin{bmatrix} 0 \\ 0 \\ 0 \end{bmatrix} \right)$ に垂直な平面 $ax + by + cz = d$ の間の距離を求める.
$$\boldsymbol{n}_0 = \frac{1}{\|\boldsymbol{n}\|} \boldsymbol{n} = \frac{1}{\sqrt{a^2 + b^2 + c^2}} \begin{bmatrix} a \\ b \\ c \end{bmatrix}$$
とおくと,これはこの平面の法ベクトルであり,単位ベクトルである.

点 $\begin{bmatrix} x_0 \\ y_0 \\ z_0 \end{bmatrix} + t\boldsymbol{n}_0$ が平面 $ax + by + cz = d$ 上にあるとき,$|t|$ が点 (x_0, y_0, z_0) とこの平面の間の距離になる.したがって,
$$ax_0 + by_0 + cz_0 + \boldsymbol{n} \cdot (t\boldsymbol{n}_0) = d,$$
$$\boldsymbol{n} \cdot \boldsymbol{n}_0 = \frac{a^2 + b^2 + c^2}{\sqrt{a^2 + b^2 + c^2}} = \sqrt{a^2 + b^2 + c^2}$$
より,
$$|t| = \frac{|ax_0 + by_0 + cz_0 - d|}{\sqrt{a^2 + b^2 + c^2}}.$$

●問題 1.7 (1) 直線 $\begin{bmatrix} x \\ y \\ z \end{bmatrix} = \begin{bmatrix} 1 \\ 0 \\ -2 \end{bmatrix} + t \begin{bmatrix} 2 \\ -3 \\ 4 \end{bmatrix}$ と平面 $x + y + z = 2$ の交点の座標を求めよ.

(2) $\begin{bmatrix} 2 \\ -3 \\ 4 \end{bmatrix}$ と平行な単位ベクトルを求めよ.

(3) 点 $(1, 2, 3)$ と平面 $x + y + z = 1$ の間の距離を求めよ.

1.2.4 直線の方程式

□平面 $ax + by + cz = d$ と平面 $a'x + b'y + c'z = d'$ が平行でないとき,すなわち,それぞれの法ベクトル $\begin{bmatrix} a \\ b \\ c \end{bmatrix}$, $\begin{bmatrix} a' \\ b' \\ c' \end{bmatrix}$ が平行でないとき,その共通部分 l は直線である.このとき,
$$ax + by + cz = d, \quad a'x + b'y + c'z = d'$$
を **直線 l の方程式** という.

1.2.5 超平面

□ 絵には描けないが，n 次座標空間というものを考えることもできる．n 個の実数の組 $(x_1, x_2, \ldots, x_n)$ がその上の点の位置を表している．

□ $(a_1, a_2, \ldots, a_n)$ を n 個の実数の組であって，0 でない成分があるものとする．変数 $x_1, x_2, \ldots, x_n$ の関数
$$\sum_{k=1}^{n} a_k x_k = a_1 x_1 + a_2 x_2 + \cdots + a_n x_n$$
の値が定数 b に等しいという方程式

── 1 次方程式 ──
$$a_1 x_1 + a_2 x_2 + \cdots + a_n x_n = b$$

を，**1 次方程式** あるいは **線形方程式** (linear equation) とよぶ．これをみたす点 $(x_1, x_2, \ldots, x_n)$ 全体は，動ける方向が 1 つ制限されている．この図形を **超平面** (hyperplane) という．

□ たとえば，$n=3$ のとき，超平面は空間上の平面のことである．$n=2$ のとき，超平面は平面上の直線のことであり，$n=1$ のとき，超平面は直線上の点のことである．

1.3 線形形式

1.3.1 比例から線形形式へ

□ 数学は複数の量の間の関係を取り扱う．その中でももっとも基本的なのは **比例** (proportion) である．

□ 変数 y が変数 x に比例するとき，この関係は

$$y = a x$$

という等式で表される．

□ 係数 a を **比例定数** という．比例という関係は，比例定数というデータによって完全に決まる．

□ 次に，変数 y が複数の変数，たとえば，3 つの変数 x_1, x_2, x_3 によって決まるという関係について考える．

□ もっとも基本的なものは，変数 y が，

　x_1 に比例する量 $a_1 x_1$，x_2 に比例する量 $a_2 x_2$，x_3 に比例する量 $a_3 x_3$

の和に等しいという関係，すなわち，

$$y = a_1 x_1 + a_2 x_2 + a_3 x_3$$

という等式で表される関係である．

□このとき比例定数に相当するデータは，係数の組

$$(a_1, a_2, a_3)$$

である．

□一般に，変数 y が n 個の変数 $x_1, x_2, \ldots, x_n$ により，

$$y = a_1 x_1 + a_2 x_2 + \cdots + a_n x_n$$

のように決まるという関係を考える．この等式は自然科学・工学・社会科学のもろもろの場面に現れる．

□この場合，比例定数に相当するデータは，係数の組

$$(a_1, a_2, \ldots, a_n)$$

である．

□n 個の変数 $x_1, \ldots, x_n$ の関数

線形形式
$$f(x_1, \ldots, x_n) = a_1 x_1 + \cdots + a_n x_n = \sum_{i=1}^{n} a_i x_i$$

を，**線形形式** (linear form) あるいは **1次形式** とよぶことにする．

例 1.1 (1) 内積 $\begin{bmatrix} a \\ b \\ c \end{bmatrix} \cdot \begin{bmatrix} x \\ y \\ z \end{bmatrix} = ax + by + cz$ は，x, y, z の線形形式である．

(2) 平面の方程式 $ax + by + cz = d$ は，「x, y, z の線形形式 $ax + by + cz$ の値が一定」という条件である．

(3) より一般に，超平面の方程式 $a_1 x_1 + \cdots + a_n x_n = b$ は，「$x_1, \ldots, x_n$ の線形形式 $a_1 x_1 + \cdots + a_n x_n$ の値が一定」という条件である．

1.3.2 線形形式と基本ベクトル

□線形形式 $f(x_1, \ldots, x_n) = \sum_{i=1}^{n} a_i x_i$ を列ベクトル $\boldsymbol{x} = \begin{bmatrix} x_1 \\ \vdots \\ x_n \end{bmatrix}$ の関数とみなして，記号 $f(\boldsymbol{x})$ で表す．

1.3 線形形式

定理 1.1 線形形式 $f(\boldsymbol{x}) = f(x_1, \ldots, x_n) = \sum\limits_{i=1}^{n} a_i x_i$ に対し，次が成り立つ．

$$f(\boldsymbol{x} + \boldsymbol{x}') = f(\boldsymbol{x}) + f(\boldsymbol{x}'), \quad f(c\boldsymbol{x}) = c f(\boldsymbol{x}).$$

[証明] $f(\boldsymbol{x} + \boldsymbol{x}') = \sum\limits_{i=1}^{n} a_i (x_i + x_i') = \sum\limits_{i=1}^{n} (a_i x_i + a_i x_i') = \sum\limits_{i=1}^{n} a_i x_i + \sum\limits_{i=1}^{n} a_i x_i'$
$= f(\boldsymbol{x}) + f(\boldsymbol{x}'),$
$f(c\boldsymbol{x}) = \sum\limits_{i=1}^{n} a_i (c x_i) = \sum\limits_{i=1}^{n} c (a_i x_i) = c \sum\limits_{i=1}^{n} a_i x_i = c f(\boldsymbol{x}).$ ∎

□ 線形形式のもつこの性質を，「線形形式は加法とスカラー倍を保つ」と表現する．

□ n 個の n 次列ベクトル

---基本ベクトル---
$$\mathbf{e}_1 = \begin{bmatrix} 1 \\ 0 \\ \vdots \\ 0 \end{bmatrix}, \quad \mathbf{e}_2 = \begin{bmatrix} 0 \\ 1 \\ \vdots \\ 0 \end{bmatrix}, \quad \ldots, \quad \mathbf{e}_n = \begin{bmatrix} 0 \\ 0 \\ \vdots \\ 1 \end{bmatrix}$$

を n 次 **基本ベクトル** (elementary vector) とよぶ．$\mathbf{e}_i$ は第 i 成分が 1，他が 0 であるような列ベクトルである．

□ $n = 2$ のとき，$\mathbf{e}_1 = \begin{bmatrix} 1 \\ 0 \end{bmatrix}, \mathbf{e}_2 = \begin{bmatrix} 0 \\ 1 \end{bmatrix}$．

□ $n = 3$ のとき，$\mathbf{e}_1 = \begin{bmatrix} 1 \\ 0 \\ 0 \end{bmatrix}, \mathbf{e}_2 = \begin{bmatrix} 0 \\ 1 \\ 0 \end{bmatrix}, \mathbf{e}_3 = \begin{bmatrix} 0 \\ 0 \\ 1 \end{bmatrix}$．

□ 任意の n 次列ベクトル $\boldsymbol{x} = \begin{bmatrix} x_1 \\ x_2 \\ \vdots \\ x_n \end{bmatrix}$ に対し，

$$\boldsymbol{x} = \begin{bmatrix} x_1 \\ x_2 \\ \vdots \\ x_n \end{bmatrix} = \begin{bmatrix} x_1 \\ 0 \\ \vdots \\ 0 \end{bmatrix} + \begin{bmatrix} 0 \\ x_2 \\ \vdots \\ 0 \end{bmatrix} + \cdots + \begin{bmatrix} 0 \\ 0 \\ \vdots \\ x_n \end{bmatrix}$$
$$= \sum_{i=1}^{n} x_i \mathbf{e}_i$$

である．

□ n 変数の線形形式 $f(\boldsymbol{x}) = \sum_{i=1}^{n} a_i x_i$ の, n 次基本ベクトル $\mathbf{e}_j$ $(j = 1, \ldots, n)$ における値は,

$$f(\mathbf{e}_j) = a_j$$

である. このことから次が従う.

定理 1.2 線形形式は, 基本ベクトルにおける値によって決まる. すなわち, n 変数の線形形式 $f(\boldsymbol{x})$, $g(\boldsymbol{x})$ に対し,

$$f(\mathbf{e}_i) = g(\mathbf{e}_i) \quad (i = 1, \ldots, n)$$

ならば, $f(\boldsymbol{x}) = g(\boldsymbol{x})$ である.

□ 逆に, n 次列ベクトル $\boldsymbol{x} = \begin{bmatrix} x_1 \\ \vdots \\ x_n \end{bmatrix}$ の関数 $f(\boldsymbol{x})$ が,

$$f(\boldsymbol{x} + \boldsymbol{x}') = f(\boldsymbol{x}) + f(\boldsymbol{x}'),$$
$$f(c\boldsymbol{x}) = c f(\boldsymbol{x})$$

をみたすとする. これに対し, $a_i = f(\mathbf{e}_i)$ $(i = 1, \ldots, n)$ とおくと,

$$f(\boldsymbol{x}) = f\left(\sum_{i=1}^{n} x_i \mathbf{e}_i\right) = \sum_{i=1}^{n} f(x_i \mathbf{e}_i) = \sum_{i=1}^{n} x_i f(\mathbf{e}_i) = \sum_{i=1}^{n} a_i x_i.$$

よって $f(\boldsymbol{x})$ は線形形式である.

□ したがって, n 次列ベクトル $\boldsymbol{x} = \begin{bmatrix} x_1 \\ \vdots \\ x_n \end{bmatrix}$ の関数 $f(\boldsymbol{x})$ が線形形式であることは, 条件

$$f(\boldsymbol{x} + \boldsymbol{x}') = f(\boldsymbol{x}) + f(\boldsymbol{x}'),$$
$$f(c\boldsymbol{x}) = c f(\boldsymbol{x})$$

に同値である.

●**問題 1.8** 線形形式 $f(x, y) = a x + b y$ について次の問に答えよ.
 (1) $f(1, 0) = 3$, $f(0, 1) = 2$ であるとき, a, b を求めよ.
 (2) $f(1, 2) = 3$, $f(-2, 3) = 2$ であるとき, a, b を求めよ.

2
行　列

2.1 行列の和とスカラー倍

2.1.1 行列の書き方

□ m, n を自然数とする．実数の組 $a_{i,j}$ $(i = 1, \ldots, m;\ j = 1, \ldots, n)$ を，

───── 行　列 ─────
$$A = \begin{bmatrix} a_{1,1} & a_{1,2} & \cdots & a_{1,n} \\ a_{2,1} & a_{2,2} & \cdots & a_{2,n} \\ \vdots & \vdots & & \vdots \\ a_{m,1} & a_{m,2} & \cdots & a_{m,n} \end{bmatrix}$$

のように矩形に並べたものを **一つの量** とみて，これを (m, n) 型の **行列** (matrix) あるいは **$m \times n$ 行列** という．

□ 実数 $a_{i,j}$ を行列 A の **(i, j) 成分** という．(i, j) 成分が $a_{i,j}$ である行列を，

$$\bigl[a_{i,j} \bigr]_{i=1,\ldots,m;\ j=1,\ldots,n}$$

で表す．これをしばしば $\bigl[a_{i,j} \bigr]_{i,j}$，$\bigl[a_{i,j} \bigr]$ と略記する[†]．

□ 複素数を成分とする行列を考えることもできるが，本書ではまず，行列の成分は実数であるとして話を進める．

□ 横の並び

───── 行 ─────
$$\begin{bmatrix} a_{i,1} & a_{i,2} & \cdots & a_{i,n} \end{bmatrix} \quad (i = 1, \ldots, m)$$

を行列 A の **第 i 行** といい，縦の並び

[†] 本当は，$a_{i,j}$ とカンマを打って表すほうがよいが，書く手間を省き，また見た目を簡潔にするためカンマを省略することが多い．

$$\boldsymbol{a}_j = \begin{bmatrix} a_{1,j} \\ a_{2,j} \\ \vdots \\ a_{m,j} \end{bmatrix} \quad (j = 1, \ldots, n) \qquad \text{列}$$

を行列 A の **第 j 列** という.

□$1 \times n$ 行列を n 次 **行ベクトル** (row vector) といい, $m \times 1$ 行列を m 次 **列ベクトル** (column vector) という.

□$n \times n$ 行列を n 次 **正方行列** (square matrix) という. 1×1 行列は実数と同一視する.

例 2.1 行列

$$\begin{bmatrix} 1 & 0 & 2 & 0 & 3 \\ 0 & 4 & 0 & 5 & 0 \\ 6 & 7 & 8 & 9 & 10 \end{bmatrix}$$

は $(3, 5)$ 型である. $(3, 4)$ 成分は 9, 第 2 行は $\begin{bmatrix} 0 & 4 & 0 & 5 & 0 \end{bmatrix}$, 第 3 列は $\begin{bmatrix} 2 \\ 0 \\ 8 \end{bmatrix}$ である.

●**問題 2.1** この行列の $(1, 1)$ 成分, 第 3 行, 第 4 列をいえ.

□列を横に並べた形で,

$$A = \begin{bmatrix} \boldsymbol{a}_1 & \boldsymbol{a}_2 & \cdots & \boldsymbol{a}_n \end{bmatrix}$$

のように行列を表すと, すっきりして見やすい. **今後この記法をしばしば用いる** ので慣れてほしい.

●**問題 2.2** 2×3 行列 $A = \begin{bmatrix} \boldsymbol{a}_1 & \boldsymbol{a}_2 & \boldsymbol{a}_3 \end{bmatrix}$ において,

$$\boldsymbol{a}_1 = \begin{bmatrix} 0 \\ 1 \end{bmatrix}, \quad \boldsymbol{a}_2 = \begin{bmatrix} 2 \\ 3 \end{bmatrix}, \quad \boldsymbol{a}_3 = \begin{bmatrix} 4 \\ 5 \end{bmatrix}$$

であるとする. A を, 成分をすべて書く形で書け.

2.1.2 行列の和・スカラー倍・1 次結合

□行列に対しても, 加法とスカラー倍が定義される.

2.1 行列の和とスカラー倍

定義 2.1 $m \times n$ 行列 $A = [a_{i,j}]$, $B = [b_{i,j}]$ に対し，和を

---- 行列の和 ----
$$A + B = [a_{i,j} + b_{i,j}] = \begin{bmatrix} a_{1,1}+b_{1,1} & a_{1,2}+b_{1,2} & \cdots & a_{1,n}+b_{1,n} \\ a_{2,1}+b_{2,1} & a_{2,2}+b_{2,2} & \cdots & a_{2,n}+b_{2,n} \\ \vdots & \vdots & & \vdots \\ a_{m,1}+b_{m,1} & a_{m,2}+b_{m,2} & \cdots & a_{m,n}+b_{m,n} \end{bmatrix}$$

と定義する．

$m \times n$ 行列 $A = [a_{i,j}]$ と実数 c に対し，スカラー倍を

---- 行列のスカラー倍 ----
$$cA = Ac = [c\,a_{i,j}] = \begin{bmatrix} c\,a_{1,1} & c\,a_{1,2} & \cdots & c\,a_{1,n} \\ c\,a_{2,1} & c\,a_{2,2} & \cdots & c\,a_{2,n} \\ \vdots & \vdots & & \vdots \\ c\,a_{m,1} & c\,a_{m,2} & \cdots & c\,a_{m,n} \end{bmatrix}$$

と定義する．

□ $(-1)A$ を $-A$ と書く．また，$A + (-B)$ を $A - B$ と書く．

□ $m \times n$ 行列 A, B に対し和 $A + B$ を対応させる **演算** を **加法** という．$m \times n$ 行列 A と実数 c に対し，A のスカラー倍 cA を対応させる演算を，やはり **スカラー倍** とよんでいる．

□ 与えられた $m \times n$ 行列から，スカラー倍と加法をくりかえし用いて新しい $m \times n$ 行列をつくることができる．

定義 2.2 $m \times n$ 行列 $A_1, A_2, \ldots, A_k$ と実数 $c_1, c_2, \ldots, c_k$ に対し，

---- 行列の 1 次結合 ----
$$\sum_{i=1}^{k} c_i A_i = c_1 A_1 + c_2 A_2 + \cdots + c_k A_k$$

を，行列 $A_1, A_2, \ldots, A_k$ の **1 次結合** (linear combination) という．

● **問題 2.3** 次を計算せよ．

(1) $\begin{bmatrix} 1 & 0 \\ 2 & -1 \end{bmatrix} + \begin{bmatrix} 3 & 1 \\ 4 & 2 \end{bmatrix}$ 　　(2) $5 \begin{bmatrix} 3 & 0 \\ 2 & 1 \\ 1 & -1 \end{bmatrix}$ 　　(3) $\begin{bmatrix} 4 \\ 2 \\ 3 \end{bmatrix} x + \begin{bmatrix} 0 \\ 3 \\ -2 \end{bmatrix} y$

● **問題 2.4** $\mathbf{e}_1 = \begin{bmatrix} 1 \\ 0 \\ 0 \end{bmatrix}, \mathbf{e}_2 = \begin{bmatrix} 0 \\ 1 \\ 0 \end{bmatrix}, \mathbf{e}_3 = \begin{bmatrix} 0 \\ 0 \\ 1 \end{bmatrix}$ とする．

(1) $\begin{bmatrix} 3 \\ 4 \\ 5 \end{bmatrix}$ を $\mathbf{e}_1, \mathbf{e}_2, \mathbf{e}_3$ の 1 次結合で表せ.

(2) $x\mathbf{e}_1 + y\mathbf{e}_2 + z\mathbf{e}_3 = \mathbf{0}$ とする. x, y, z を求めよ.

(3) $\begin{bmatrix} x \\ y \\ z \end{bmatrix}$ が $\mathbf{e}_1, \mathbf{e}_2$ の 1 次結合で表されるための必要十分条件は何か.

●問題 2.5 $\boldsymbol{x} = \begin{bmatrix} 1 \\ 2 \end{bmatrix}, \boldsymbol{y} = \begin{bmatrix} 3 \\ 4 \end{bmatrix}, \boldsymbol{z} = \begin{bmatrix} 5 \\ 6 \end{bmatrix}$ とする.

(1) $\boldsymbol{x}$ を $\boldsymbol{y}, \boldsymbol{z}$ の 1 次結合で表せ.
(2) $\boldsymbol{y}$ を $\boldsymbol{x}, \boldsymbol{z}$ の 1 次結合で表せ.
(3) $\boldsymbol{z}$ を $\boldsymbol{x}, \boldsymbol{y}$ の 1 次結合で表せ.

●問題 2.6 行列 $\begin{bmatrix} a & b \\ c & d \end{bmatrix}$ を,

$$\begin{bmatrix} 1 & 0 \\ 0 & 0 \end{bmatrix}, \begin{bmatrix} 0 & 1 \\ 0 & 0 \end{bmatrix}, \begin{bmatrix} 0 & 0 \\ 1 & 0 \end{bmatrix}, \begin{bmatrix} 0 & 0 \\ 0 & 1 \end{bmatrix}$$

の 1 次結合で表せ.

□ 行列の加法とスカラー倍に関する基本的な性質をあげる. $m \times n$ 行列 A, B, C および実数 a, b に対し,

---- 加法とスカラー倍の性質 ----
$$(A+B)+C = A+(B+C), \quad B+A = A+B,$$
$$a(A+B) = aA + aB, \quad (a+b)A = aA + bA,$$
$$(ab)A = a(bA), \quad 1A = A$$

が成り立つ.

◎演習 2.1 $m = n = 2$ の場合に, 上の等式を確かめよ.

□ 成分がすべて 0 である $m \times n$ 行列を **ゼロ行列** といい, $O = O_{m,n}$ で表す. たとえば, $O_{2,2} = \begin{bmatrix} 0 & 0 \\ 0 & 0 \end{bmatrix}, O_{2,3} = \begin{bmatrix} 0 & 0 & 0 \\ 0 & 0 & 0 \end{bmatrix}$.

□ $m \times n$ 行列 A と実数 a に対し,

---- ゼロ行列の性質 ----
$$A + O = A, \quad O + A = A,$$
$$A + (-A) = O, \quad (-A) + A = O,$$
$$0A = O, \quad aO = O$$

が成り立つ.

2.2 行列の積

◎演習 2.2　$m = n = 2$ の場合に，上の等式を確かめよ．

□ 1 次結合の性質として，次が基本的である．

定理 2.1　行列 A が $B_1, \ldots, B_k$ の 1 次結合であり，$B_1, \ldots, B_k$ のそれぞれが $C_1, \ldots, C_r$ の 1 次結合であるとき，A は $C_1, \ldots, C_r$ の 1 次結合である．

[証明]　$A = \sum_{j=1}^{k} p_j B_j$, $B_j = \sum_{i=1}^{r} q_{i,j} C_i$ とすると，

$$A = \sum_{j=1}^{k} p_j \left(\sum_{i=1}^{r} q_{i,j} C_i \right) = \sum_{i=1}^{r} \left(\sum_{j=1}^{k} p_j q_{i,j} \right) C_i.$$

∎

2.2　行列の積

2.2.1　2×2 行列と 2 次列ベクトルの積

□ 線形代数でもっとも重要な演算は，行列と列ベクトルの積である．まず，2×2 行列と 2 次列ベクトルの積を考える．

□ 変数 x, y の 2 つの線形形式 $a_1 x + b_1 y$, $a_2 x + b_2 y$ を並べて 2 次列ベクトル

$$\begin{bmatrix} a_1 x + b_1 y \\ a_2 x + b_2 y \end{bmatrix}$$

をつくる．そしてこれを，係数を並べた 2×2 行列 $\begin{bmatrix} a_1 & b_1 \\ a_2 & b_2 \end{bmatrix}$ と，変数を並べた 2 次列ベクトル $\begin{bmatrix} x \\ y \end{bmatrix}$ の積

$$\begin{bmatrix} a_1 & b_1 \\ a_2 & b_2 \end{bmatrix} \begin{bmatrix} x \\ y \end{bmatrix}$$

の定義とする．

定義 2.3　2×2 行列 $A = \begin{bmatrix} a_1 & b_1 \\ a_2 & b_2 \end{bmatrix}$ と 2 次列ベクトル $\boldsymbol{u} = \begin{bmatrix} x \\ y \end{bmatrix}$ の積を，

─── 行列と列ベクトルの積 (1) ───

$$A\boldsymbol{u} = \begin{bmatrix} a_1 & b_1 \\ a_2 & b_2 \end{bmatrix} \begin{bmatrix} x \\ y \end{bmatrix} = \begin{bmatrix} a_1 x + b_1 y \\ a_2 x + b_2 y \end{bmatrix}$$

によって定義する．

□ 右辺は次のようにみることができる．

$$\begin{bmatrix} a_1 x + b_1 y \\ a_2 x + b_2 y \end{bmatrix} = \begin{bmatrix} a_1 x \\ a_2 x \end{bmatrix} + \begin{bmatrix} b_1 y \\ b_2 y \end{bmatrix} = \begin{bmatrix} a_1 \\ a_2 \end{bmatrix} x + \begin{bmatrix} b_1 \\ b_2 \end{bmatrix} y$$

これは，A の 2 つの列 $\begin{bmatrix} a_1 \\ a_2 \end{bmatrix}, \begin{bmatrix} b_1 \\ b_2 \end{bmatrix}$ の 1 次結合である．

―― 行列と列ベクトルの積 (2) ――
$$A\boldsymbol{u} = \begin{bmatrix} a_1 & b_1 \\ a_2 & b_2 \end{bmatrix} \begin{bmatrix} x \\ y \end{bmatrix} = \begin{bmatrix} a_1 \\ a_2 \end{bmatrix} x + \begin{bmatrix} b_1 \\ b_2 \end{bmatrix} y.$$

□ このように，行列 A と列ベクトル $\boldsymbol{u}$ の積に対しては次の 2 つの見方がある．
 (1) $A\boldsymbol{u}$ の成分は，x, y の線形形式である．
 (2) $A\boldsymbol{u}$ は，A の列 $\begin{bmatrix} a_1 \\ a_2 \end{bmatrix}, \begin{bmatrix} b_1 \\ b_2 \end{bmatrix}$ の 1 次結合である．

●問題 **2.7** 次を計算せよ．

(1) $\begin{bmatrix} a & 0 \\ 0 & 0 \end{bmatrix} \begin{bmatrix} x \\ 0 \end{bmatrix}$
(2) $\begin{bmatrix} 0 & b \\ 0 & 0 \end{bmatrix} \begin{bmatrix} x \\ 0 \end{bmatrix}$
(3) $\begin{bmatrix} 0 & 0 \\ c & 0 \end{bmatrix} \begin{bmatrix} x \\ 0 \end{bmatrix}$
(4) $\begin{bmatrix} 0 & 0 \\ 0 & d \end{bmatrix} \begin{bmatrix} x \\ 0 \end{bmatrix}$

(5) $\begin{bmatrix} a & 0 \\ 0 & 0 \end{bmatrix} \begin{bmatrix} 0 \\ y \end{bmatrix}$
(6) $\begin{bmatrix} 0 & b \\ 0 & 0 \end{bmatrix} \begin{bmatrix} 0 \\ y \end{bmatrix}$
(7) $\begin{bmatrix} 0 & 0 \\ c & 0 \end{bmatrix} \begin{bmatrix} 0 \\ y \end{bmatrix}$
(8) $\begin{bmatrix} 0 & 0 \\ 0 & d \end{bmatrix} \begin{bmatrix} 0 \\ y \end{bmatrix}$

(9) $\begin{bmatrix} a & 0 \\ 0 & d \end{bmatrix} \begin{bmatrix} x \\ y \end{bmatrix}$
(10) $\begin{bmatrix} 0 & b \\ c & 0 \end{bmatrix} \begin{bmatrix} x \\ y \end{bmatrix}$
(11) $\begin{bmatrix} a & 0 \\ c & 0 \end{bmatrix} \begin{bmatrix} x \\ y \end{bmatrix}$
(12) $\begin{bmatrix} 0 & b \\ 0 & d \end{bmatrix} \begin{bmatrix} x \\ y \end{bmatrix}$

(13) $\begin{bmatrix} a & b \\ 0 & 0 \end{bmatrix} \begin{bmatrix} x \\ y \end{bmatrix}$
(14) $\begin{bmatrix} 0 & 0 \\ c & d \end{bmatrix} \begin{bmatrix} x \\ y \end{bmatrix}$
(15) $\begin{bmatrix} a & b \\ c & d \end{bmatrix} \begin{bmatrix} x \\ 0 \end{bmatrix}$
(16) $\begin{bmatrix} a & b \\ c & d \end{bmatrix} \begin{bmatrix} 0 \\ y \end{bmatrix}$

(17) $\begin{bmatrix} a & b \\ c & d \end{bmatrix} \begin{bmatrix} 1 \\ 0 \end{bmatrix}$
(18) $\begin{bmatrix} a & b \\ c & d \end{bmatrix} \begin{bmatrix} 0 \\ 1 \end{bmatrix}$
(19) $\begin{bmatrix} a & b \\ c & d \end{bmatrix} \begin{bmatrix} 0 \\ 0 \end{bmatrix}$
(20) $\begin{bmatrix} 0 & 0 \\ 0 & 0 \end{bmatrix} \begin{bmatrix} x \\ y \end{bmatrix}$

(21) $\begin{bmatrix} 1 & 0 \\ 0 & 1 \end{bmatrix} \begin{bmatrix} x \\ y \end{bmatrix}$
(22) $\begin{bmatrix} 0 & 1 \\ 1 & 0 \end{bmatrix} \begin{bmatrix} x \\ y \end{bmatrix}$
(23) $\begin{bmatrix} a & b \\ c & d \end{bmatrix} \begin{bmatrix} d \\ -c \end{bmatrix}$
(24) $\begin{bmatrix} a & b \\ c & d \end{bmatrix} \begin{bmatrix} -b \\ a \end{bmatrix}$

(25) $\begin{bmatrix} \cos(\alpha) & -\sin(\alpha) \\ \sin(\alpha) & \cos(\alpha) \end{bmatrix} \begin{bmatrix} \cos(\beta) \\ \sin(\beta) \end{bmatrix}$
(26) $\begin{bmatrix} \cos(\alpha) & \sin(\alpha) \\ -\sin(\alpha) & \cos(\alpha) \end{bmatrix} \begin{bmatrix} \cos(\beta) \\ \sin(\beta) \end{bmatrix}$

(27) $\begin{bmatrix} \cosh(\alpha) & \sinh(\alpha) \\ \sinh(\alpha) & \cosh(\alpha) \end{bmatrix} \begin{bmatrix} \cosh(\beta) \\ \sinh(\beta) \end{bmatrix}$

(28) $\begin{bmatrix} \cosh(\alpha) & -\sinh(\alpha) \\ -\sinh(\alpha) & \cosh(\alpha) \end{bmatrix} \begin{bmatrix} \cosh(\beta) \\ \sinh(\beta) \end{bmatrix}$

2.2.2 行列と列ベクトルの積

□ 以上の話は，$m \times n$ 行列と n 次列ベクトルの積へ一般化される．すなわち，n 個の変数 $x_1, \ldots, x_n$ の m 個の線形形式を並べた列ベクトル

$$\begin{bmatrix} a_{1,1} x_1 + \cdots + a_{1,n} x_n \\ \vdots \\ a_{m,1} x_1 + \cdots + a_{m,n} x_n \end{bmatrix}$$

を，係数を並べた行列

2.2 行列の積

$$A = \begin{bmatrix} a_{1,1} & \cdots & a_{1,n} \\ \vdots & & \vdots \\ a_{m,1} & \cdots & a_{m,n} \end{bmatrix}$$

と，変数を並べた列ベクトル $\boldsymbol{x} = \begin{bmatrix} x_1 \\ \vdots \\ x_n \end{bmatrix}$ の積 $A\boldsymbol{x}$ の定義とする．

定義 2.4 $m \times n$ 行列 A と n 次列ベクトル $\boldsymbol{x}$，すなわち

$$A = \begin{bmatrix} a_{1,1} & a_{1,2} & \cdots & a_{1,n} \\ \vdots & \vdots & & \vdots \\ a_{m,1} & a_{m,2} & \cdots & a_{m,n} \end{bmatrix}, \quad \boldsymbol{x} = \begin{bmatrix} x_1 \\ \vdots \\ x_n \end{bmatrix}$$

の積を，

――――――――――――――― 行列と列ベクトルの積 (1) ―

$$A\boldsymbol{x} = \begin{bmatrix} a_{1,1}\,x_1 + a_{1,2}\,x_2 + \cdots + a_{1,n}\,x_n \\ \vdots \\ a_{m,1}\,x_1 + a_{m,2}\,x_2 + \cdots + a_{m,n}\,x_n \end{bmatrix}$$

によって定義する．

□右辺は次のようにみることができる．

$$\begin{bmatrix} a_{1,1}\,x_1 + \cdots + a_{1,n}\,x_n \\ \vdots \\ a_{m,1}\,x_1 + \cdots + a_{m,n}\,x_n \end{bmatrix} = \begin{bmatrix} a_{1,1}\,x_1 \\ \vdots \\ a_{m,1}\,x_1 \end{bmatrix} + \cdots + \begin{bmatrix} a_{1,n}\,x_n \\ \vdots \\ a_{m,n}\,x_n \end{bmatrix}$$

$$= \begin{bmatrix} a_{1,1} \\ \vdots \\ a_{m,1} \end{bmatrix} x_1 + \cdots + \begin{bmatrix} a_{1,n} \\ \vdots \\ a_{m,n} \end{bmatrix} x_n.$$

これは，A の n 個の列の 1 次結合である．

――――――――――――――― 行列と列ベクトルの積 (2) ―

$$A\boldsymbol{x} = \begin{bmatrix} a_{1,1} \\ \vdots \\ a_{m,1} \end{bmatrix} x_1 + \cdots + \begin{bmatrix} a_{1,n} \\ \vdots \\ a_{m,n} \end{bmatrix} x_n.$$

□次の点に注意する．

(1) 積 $A\boldsymbol{x}$ が定義されるのは，列ベクトル $\boldsymbol{x}$ の次数が行列 A の列の個数に一致するときだけである．

(2) 列ベクトル $A\boldsymbol{x}$ の次数は，行列 A の行の個数に一致する．

●問題 2.8 次を計算せよ.

(1) $\begin{bmatrix} a & 0 & 0 \\ 0 & 0 & 0 \\ 0 & 0 & 0 \end{bmatrix} \begin{bmatrix} x \\ y \\ z \end{bmatrix}$
(2) $\begin{bmatrix} 0 & b & 0 \\ 0 & 0 & 0 \\ 0 & 0 & 0 \end{bmatrix} \begin{bmatrix} x \\ y \\ z \end{bmatrix}$
(3) $\begin{bmatrix} 0 & 0 & c \\ 0 & 0 & 0 \\ 0 & 0 & 0 \end{bmatrix} \begin{bmatrix} x \\ y \\ z \end{bmatrix}$

(4) $\begin{bmatrix} 0 & 0 & 0 \\ p & 0 & 0 \\ 0 & 0 & 0 \end{bmatrix} \begin{bmatrix} x \\ y \\ z \end{bmatrix}$
(5) $\begin{bmatrix} 0 & 0 & 0 \\ 0 & q & 0 \\ 0 & 0 & 0 \end{bmatrix} \begin{bmatrix} x \\ y \\ z \end{bmatrix}$
(6) $\begin{bmatrix} 0 & 0 & 0 \\ 0 & 0 & r \\ 0 & 0 & 0 \end{bmatrix} \begin{bmatrix} x \\ y \\ z \end{bmatrix}$

(7) $\begin{bmatrix} 0 & 0 & 0 \\ 0 & 0 & 0 \\ s & 0 & 0 \end{bmatrix} \begin{bmatrix} x \\ y \\ z \end{bmatrix}$
(8) $\begin{bmatrix} 0 & 0 & 0 \\ 0 & 0 & 0 \\ 0 & t & 0 \end{bmatrix} \begin{bmatrix} x \\ y \\ z \end{bmatrix}$
(9) $\begin{bmatrix} 0 & 0 & 0 \\ 0 & 0 & 0 \\ 0 & 0 & u \end{bmatrix} \begin{bmatrix} x \\ y \\ z \end{bmatrix}$

(10) $\begin{bmatrix} a & b & c \\ p & q & r \\ s & t & u \end{bmatrix} \begin{bmatrix} x \\ 0 \\ 0 \end{bmatrix}$
(11) $\begin{bmatrix} a & b & c \\ p & q & r \\ s & t & u \end{bmatrix} \begin{bmatrix} 0 \\ y \\ 0 \end{bmatrix}$
(12) $\begin{bmatrix} a & b & c \\ p & q & r \\ s & t & u \end{bmatrix} \begin{bmatrix} 0 \\ 0 \\ z \end{bmatrix}$

(13) $\begin{bmatrix} a & b & c \\ p & q & r \\ s & t & u \end{bmatrix} \begin{bmatrix} 0 \\ 0 \\ 0 \end{bmatrix}$
(14) $\begin{bmatrix} 0 & 0 & 0 \\ 0 & 0 & 0 \\ 0 & 0 & 0 \end{bmatrix} \begin{bmatrix} x \\ y \\ z \end{bmatrix}$
(15) $\begin{bmatrix} 1 & 0 & 0 \\ 0 & 1 & 0 \\ 0 & 0 & 1 \end{bmatrix} \begin{bmatrix} x \\ y \\ z \end{bmatrix}$

(16) $\begin{bmatrix} 0 & 1 & 0 \\ 1 & 0 & 0 \\ 0 & 0 & 1 \end{bmatrix} \begin{bmatrix} x \\ y \\ z \end{bmatrix}$
(17) $\begin{bmatrix} 0 & 0 & 1 \\ 0 & 1 & 0 \\ 1 & 0 & 0 \end{bmatrix} \begin{bmatrix} x \\ y \\ z \end{bmatrix}$
(18) $\begin{bmatrix} 1 & 0 & 0 \\ 0 & 0 & 1 \\ 0 & 1 & 0 \end{bmatrix} \begin{bmatrix} x \\ y \\ z \end{bmatrix}$

(19) $\begin{bmatrix} 0 & 1 & 0 \\ 0 & 0 & 1 \\ 1 & 0 & 0 \end{bmatrix} \begin{bmatrix} x \\ y \\ z \end{bmatrix}$
(20) $\begin{bmatrix} 0 & 0 & 1 \\ 1 & 0 & 0 \\ 0 & 1 & 0 \end{bmatrix} \begin{bmatrix} x \\ y \\ z \end{bmatrix}$
(21) $\begin{bmatrix} a & 0 & 0 \\ 0 & b & 0 \\ 0 & 0 & c \end{bmatrix} \begin{bmatrix} x \\ y \\ z \end{bmatrix}$

例 2.2 $\begin{bmatrix} a_1 & b_1 & c_1 & d_1 \\ a_2 & b_2 & c_2 & d_2 \end{bmatrix} \begin{bmatrix} 1 \\ 0 \\ 0 \\ 0 \end{bmatrix} = \begin{bmatrix} a_1 \\ a_2 \end{bmatrix}$, $\begin{bmatrix} a_1 & b_1 & c_1 & d_1 \\ a_2 & b_2 & c_2 & d_2 \end{bmatrix} \begin{bmatrix} 0 \\ 1 \\ 0 \\ 0 \end{bmatrix} = \begin{bmatrix} b_1 \\ b_2 \end{bmatrix}$,

$\begin{bmatrix} a_1 & b_1 & c_1 & d_1 \\ a_2 & b_2 & c_2 & d_2 \end{bmatrix} \begin{bmatrix} 0 \\ 0 \\ 1 \\ 0 \end{bmatrix} = \begin{bmatrix} c_1 \\ c_2 \end{bmatrix}$, $\begin{bmatrix} a_1 & b_1 & c_1 & d_1 \\ a_2 & b_2 & c_2 & d_2 \end{bmatrix} \begin{bmatrix} 0 \\ 0 \\ 0 \\ 1 \end{bmatrix} = \begin{bmatrix} d_1 \\ d_2 \end{bmatrix}$.

□ A を $m \times n$ 行列とする. n 次基本ベクトル $\mathbf{e}_j$ ($j = 1, \ldots, n$) に対し, $A\mathbf{e}_j$ は $A = \begin{bmatrix} \boldsymbol{a}_1 & \cdots & \boldsymbol{a}_n \end{bmatrix}$ の第 j 列である. すなわち,

$$A\mathbf{e}_j = \boldsymbol{a}_j.$$

定理 2.2 A, B を $m \times n$ 行列とする.
 (1) 任意の n 次列ベクトル $\boldsymbol{x}$ に対し $A\boldsymbol{x} = B\boldsymbol{x}$ ならば, $A = B$ である.
 (2) 任意の n 次列ベクトル $\boldsymbol{x}$ と任意の m 次列ベクトル $\boldsymbol{y}$ に対し, $\boldsymbol{y} = A\boldsymbol{x}$ と $\boldsymbol{y} = B\boldsymbol{x}$ が同値ならば, $A = B$ である.

2.2 行列の積

[証明] (1) を示す．(2) は (1) から直ちに従う．

A, B の第 j 列 $(j = 1, \ldots, n)$ をそれぞれ $\boldsymbol{a}_j, \boldsymbol{b}_j$ とすると，$A\mathbf{e}_j = \boldsymbol{a}_j$, $B\mathbf{e}_j = \boldsymbol{b}_j$．仮定より，$A\mathbf{e}_j = B\mathbf{e}_j$．すなわち $\boldsymbol{a}_j = \boldsymbol{b}_j$．よって $A = B$． ∎

定理 2.3 $m \times n$ 行列 A, n 次列ベクトル $\boldsymbol{u}, \boldsymbol{v}$, 実数 c に対し，

$$A(\boldsymbol{u} + \boldsymbol{v}) = A\boldsymbol{u} + A\boldsymbol{v}, \quad A(c\boldsymbol{u}) = c(A\boldsymbol{u}).$$

[証明] $i = 1, \ldots, m$ に対し，両辺の第 i 行が等しいことを示せばよい．それは定理 1.1 より従う． ∎

□ $m \times n$ 行列 A に対し，$A\mathbf{0}_n = \mathbf{0}_m$．

□ n 次列ベクトル $\boldsymbol{x}$ に対し，$O_{m,n}\boldsymbol{x} = \mathbf{0}_m$．

□ n 次正方行列で，$i = 1, \ldots, n$ に対し (i, i) 成分が 1 であり，他の成分が 0 であるものを **単位行列** といい，$E = E_n$ で表す．たとえば，

$$E_2 = \begin{bmatrix} 1 & 0 \\ 0 & 1 \end{bmatrix}, \quad E_3 = \begin{bmatrix} 1 & 0 & 0 \\ 0 & 1 & 0 \\ 0 & 0 & 1 \end{bmatrix}, \quad E_4 = \begin{bmatrix} 1 & 0 & 0 & 0 \\ 0 & 1 & 0 & 0 \\ 0 & 0 & 1 & 0 \\ 0 & 0 & 0 & 1 \end{bmatrix}.$$

列ベクトルを横に並べた形で表すと，

―― 単位行列 ――
$$E_n = \begin{bmatrix} \mathbf{e}_1 & \mathbf{e}_2 & \cdots & \mathbf{e}_n \end{bmatrix}.$$

□ 単位行列 E の (i, j) 成分を $\delta_{i,j}$ と書く．これは，

―― クロネッカーのデルタ ――
$$\delta_{i,j} = \begin{cases} 1 & (i = j) \\ 0 & (i \neq j) \end{cases}$$

をみたす．この記号を **クロネッカーのデルタ** (Kronecker's delta) という†．

□ 単位行列の基本的性質は，次である．

定理 2.4 任意の n 次列ベクトル $\boldsymbol{x} = \begin{bmatrix} x_1 \\ \vdots \\ x_n \end{bmatrix}$ に対し，$E_n \boldsymbol{x} = \boldsymbol{x}$．

[証明] $E_n \boldsymbol{x} = \begin{bmatrix} \mathbf{e}_1 & \cdots & \mathbf{e}_n \end{bmatrix} \begin{bmatrix} x_1 \\ \vdots \\ x_n \end{bmatrix} = \sum_{i=1}^{n} \mathbf{e}_i \, x_i = \boldsymbol{x}$． ∎

---

† こんなものがと思うかもしれないが，非常に便利な記号で，広く用いられている．

□ 次は容易に示される．

定理 2.5 (1) A, B を $m \times n$ 行列，$\boldsymbol{x}$ を n 次列ベクトルとすると，

$$(A + B)\boldsymbol{x} = A\boldsymbol{x} + B\boldsymbol{x}.$$

(2) A を $m \times n$ 行列，$\boldsymbol{x}$ を n 次列ベクトル，c を実数とすると，

$$(cA)\boldsymbol{x} = c(A\boldsymbol{x}) = A(c\boldsymbol{x}).$$

□ $(cA)\boldsymbol{x} = c(A\boldsymbol{x})$ より，これを括弧を省いて $cA\boldsymbol{x}$ と書いてもかまわない．

2.2.3 行列の積

□ 変数 x, y の2つの線形形式を並べた2次列ベクトル

$$\begin{bmatrix} f_1(x, y) \\ f_2(x, y) \end{bmatrix} = \begin{bmatrix} a_1 x + b_1 y \\ a_2 x + b_2 y \end{bmatrix}$$

に対し，変数 $\begin{bmatrix} x \\ y \end{bmatrix}$ に2つの値 $\begin{bmatrix} x_1 \\ y_1 \end{bmatrix}, \begin{bmatrix} x_2 \\ y_2 \end{bmatrix}$ を代入することを考える．線形形式の値

$$f_i(x_k, y_k) \quad (i = 1, 2;\ k = 1, 2)$$

を並べて行列

$$\begin{bmatrix} f_1(x_1, y_1) & f_1(x_2, y_2) \\ f_2(x_1, y_1) & f_2(x_2, y_2) \end{bmatrix} = \begin{bmatrix} a_1 x_1 + b_1 y_1 & a_1 x_2 + b_1 y_2 \\ a_2 x_1 + b_2 y_1 & a_2 x_2 + b_2 y_2 \end{bmatrix}$$

をつくる．そしてこれを，係数を並べた行列

$$A = \begin{bmatrix} a_1 & b_1 \\ a_2 & b_2 \end{bmatrix}$$

と，変数の値を並べた行列

$$X = \begin{bmatrix} x_1 & x_2 \\ y_1 & y_2 \end{bmatrix}$$

の積 AX の定義とする．すなわち，

───── 行列の積 ─────
$$AX = \begin{bmatrix} a_1 & b_1 \\ a_2 & b_2 \end{bmatrix} \begin{bmatrix} x_1 & x_2 \\ y_1 & y_2 \end{bmatrix} = \begin{bmatrix} a_1 x_1 + b_1 y_1 & a_1 x_2 + b_1 y_2 \\ a_2 x_1 + b_2 y_1 & a_2 x_2 + b_2 y_2 \end{bmatrix}.$$

AX の第1列は，

$$\begin{bmatrix} a_1 x_1 + b_1 y_1 \\ a_2 x_1 + b_2 y_1 \end{bmatrix} = \begin{bmatrix} a_1 & b_1 \\ a_2 & b_2 \end{bmatrix} \begin{bmatrix} x_1 \\ y_1 \end{bmatrix} = A(X \text{ の第1列}),$$

AX の第2列は，

2.2 行列の積

$$\begin{bmatrix} a_1 x_2 + b_1 y_2 \\ a_2 x_2 + b_2 y_2 \end{bmatrix} = \begin{bmatrix} a_1 & b_1 \\ a_2 & b_2 \end{bmatrix} \begin{bmatrix} x_2 \\ y_2 \end{bmatrix} = A\,(X \text{ の第 2 列})$$

である.

●**問題 2.9** 次を計算せよ.

(1) $\begin{bmatrix} a & 0 \\ 0 & 0 \end{bmatrix} \begin{bmatrix} p & 0 \\ 0 & 0 \end{bmatrix}$
(2) $\begin{bmatrix} a & 0 \\ 0 & 0 \end{bmatrix} \begin{bmatrix} 0 & q \\ 0 & 0 \end{bmatrix}$
(3) $\begin{bmatrix} a & 0 \\ 0 & 0 \end{bmatrix} \begin{bmatrix} 0 & 0 \\ r & 0 \end{bmatrix}$

(4) $\begin{bmatrix} a & 0 \\ 0 & 0 \end{bmatrix} \begin{bmatrix} 0 & 0 \\ 0 & s \end{bmatrix}$
(5) $\begin{bmatrix} 0 & b \\ 0 & 0 \end{bmatrix} \begin{bmatrix} p & 0 \\ 0 & 0 \end{bmatrix}$
(6) $\begin{bmatrix} 0 & b \\ 0 & 0 \end{bmatrix} \begin{bmatrix} 0 & q \\ 0 & 0 \end{bmatrix}$

(7) $\begin{bmatrix} 0 & b \\ 0 & 0 \end{bmatrix} \begin{bmatrix} 0 & 0 \\ r & 0 \end{bmatrix}$
(8) $\begin{bmatrix} 0 & b \\ 0 & 0 \end{bmatrix} \begin{bmatrix} 0 & 0 \\ 0 & s \end{bmatrix}$
(9) $\begin{bmatrix} 0 & 0 \\ c & 0 \end{bmatrix} \begin{bmatrix} p & 0 \\ 0 & 0 \end{bmatrix}$

(10) $\begin{bmatrix} 0 & 0 \\ c & 0 \end{bmatrix} \begin{bmatrix} 0 & q \\ 0 & 0 \end{bmatrix}$
(11) $\begin{bmatrix} 0 & 0 \\ c & 0 \end{bmatrix} \begin{bmatrix} 0 & 0 \\ r & 0 \end{bmatrix}$
(12) $\begin{bmatrix} 0 & 0 \\ c & 0 \end{bmatrix} \begin{bmatrix} 0 & 0 \\ 0 & s \end{bmatrix}$

(13) $\begin{bmatrix} 0 & 0 \\ 0 & d \end{bmatrix} \begin{bmatrix} p & 0 \\ 0 & 0 \end{bmatrix}$
(14) $\begin{bmatrix} 0 & 0 \\ 0 & d \end{bmatrix} \begin{bmatrix} 0 & q \\ 0 & 0 \end{bmatrix}$
(15) $\begin{bmatrix} 0 & 0 \\ 0 & d \end{bmatrix} \begin{bmatrix} 0 & 0 \\ r & 0 \end{bmatrix}$

(16) $\begin{bmatrix} 0 & 0 \\ 0 & d \end{bmatrix} \begin{bmatrix} 0 & 0 \\ 0 & s \end{bmatrix}$

□一般に,n 個の変数 $\bm{x} = \begin{bmatrix} x_1 \\ \vdots \\ x_n \end{bmatrix}$ の m 個の線形形式

$$f_i(\bm{x}) = \sum_{j=1}^{n} a_{i,j}\, x_j \quad (i = 1, \ldots, m)$$

に対し,変数 $\bm{x}$ に p 個の値 $\bm{x}^{(k)} = \begin{bmatrix} x_{1,k} \\ \vdots \\ x_{n,k} \end{bmatrix}$ $(k = 1, \ldots, p)$ を代入し,線形形式の値 $f_i(\bm{x}^{(k)})$ を並べた行列

$$\left[f_i(\bm{x}^{(k)}) \right]_{i,k} = \left[\sum_{j=1}^{n} a_{i,j}\, x_{j,k} \right]_{i,k}$$

を考える.そしてこれを,係数を並べた行列 $A = \left[a_{i,j} \right]_{i,j}$ と変数の値を並べた行列

$$X = \begin{bmatrix} \bm{x}^{(1)} & \cdots & \bm{x}^{(p)} \end{bmatrix} = \left[x_{j,k} \right]_{j,k}$$

の積 AX の定義とする.

定義 2.5 $m \times n$ 行列 $A = \left[a_{i,j} \right]_{i,j}$ と $n \times p$ 行列 $X = \left[x_{j,k} \right]_{j,k}$ に対し,

―― 行列の積 (1) ――
$$AX = \left[\sum_{j=1}^{n} a_{i,j}\, x_{j,k} \right]_{i,k}.$$

□これは $m \times p$ 行列である．積が定義できるためには，A の列の個数と X の行の個数が一致していなければならないことに注意する．

□AX の第 k 列は，$\begin{bmatrix} f_1(\boldsymbol{x}^{(k)}) \\ \vdots \\ f_m(\boldsymbol{x}^{(k)}) \end{bmatrix} = A\boldsymbol{x}^{(k)}$ である．よって次のようにみることもできる．

―――― 行列の積 (2) ――――
$$AX = \begin{bmatrix} A\boldsymbol{x}^{(1)} & A\boldsymbol{x}^{(2)} & \cdots & A\boldsymbol{x}^{(p)} \end{bmatrix}.$$

□$p = 1$ の場合，行列と列ベクトルの積に一致する．

例 2.3 $\begin{bmatrix} a & b \end{bmatrix} \begin{bmatrix} x \\ y \end{bmatrix} = ax + by, \quad \begin{bmatrix} x \\ y \end{bmatrix} \begin{bmatrix} a & b \end{bmatrix} = \begin{bmatrix} xa & xb \\ ya & yb \end{bmatrix}.$

□2 次行ベクトルと 2×2 行列の積は，
$$\begin{bmatrix} a & b \end{bmatrix} \begin{bmatrix} p & q \\ r & s \end{bmatrix} = \begin{bmatrix} ap + br & aq + bs \end{bmatrix}.$$

●**問題 2.10** 次を計算せよ．

(1) $\begin{bmatrix} a & 0 \end{bmatrix} \begin{bmatrix} p & 0 \\ 0 & 0 \end{bmatrix}$ (2) $\begin{bmatrix} a & 0 \end{bmatrix} \begin{bmatrix} 0 & q \\ 0 & 0 \end{bmatrix}$ (3) $\begin{bmatrix} a & 0 \end{bmatrix} \begin{bmatrix} 0 & 0 \\ r & 0 \end{bmatrix}$

(4) $\begin{bmatrix} a & 0 \end{bmatrix} \begin{bmatrix} 0 & 0 \\ 0 & s \end{bmatrix}$ (5) $\begin{bmatrix} 0 & b \end{bmatrix} \begin{bmatrix} p & 0 \\ 0 & 0 \end{bmatrix}$ (6) $\begin{bmatrix} 0 & b \end{bmatrix} \begin{bmatrix} 0 & q \\ 0 & 0 \end{bmatrix}$

(7) $\begin{bmatrix} 0 & b \end{bmatrix} \begin{bmatrix} 0 & 0 \\ r & 0 \end{bmatrix}$ (8) $\begin{bmatrix} 0 & b \end{bmatrix} \begin{bmatrix} 0 & 0 \\ 0 & s \end{bmatrix}$

□n 次正方行列 A, B に対し，積 AB, BA はいずれも n 次正方行列だが，**一般に AB と BA は異なる**．

例 2.4 $\begin{bmatrix} 0 & 1 \\ 0 & 0 \end{bmatrix} \begin{bmatrix} 0 & 0 \\ 1 & 0 \end{bmatrix} = \begin{bmatrix} 1 & 0 \\ 0 & 0 \end{bmatrix}, \quad \begin{bmatrix} 0 & 0 \\ 1 & 0 \end{bmatrix} \begin{bmatrix} 0 & 1 \\ 0 & 0 \end{bmatrix} = \begin{bmatrix} 0 & 0 \\ 0 & 1 \end{bmatrix}.$

◎**演習 2.3** 2 次正方行列 A, B で，$AB \neq BA$ となる他の例をつくれ．

□数の場合，$ab = 0$ ならば $a = 0$ か $b = 0$ かがいえるが，行列の場合，これは成り立たない．

例 2.5 $\begin{bmatrix} 0 & 1 \\ 0 & 0 \end{bmatrix} \begin{bmatrix} 0 & 1 \\ 0 & 0 \end{bmatrix} = \begin{bmatrix} 0 & 0 \\ 0 & 0 \end{bmatrix}.$

◎**演習 2.4** 2 次正方行列 A, B で，$AB = O, A \neq O, B \neq O$ となる他の例をつくれ．

2.2 行列の積

□ 行列の積は，結合則をみたす．

定理 2.6 A を $m \times n$ 行列，B を $n \times p$ 行列，$\boldsymbol{x}$ を p 次列ベクトルとすると，
$$(AB)\boldsymbol{x} = A(B\boldsymbol{x}).$$

[証明]　$B = [\boldsymbol{b}_1 \ \cdots \ \boldsymbol{b}_p]$, $\boldsymbol{x} = \begin{bmatrix} x_1 \\ \vdots \\ x_p \end{bmatrix}$ とおくと，

$$(AB)\boldsymbol{x} = [A\boldsymbol{b}_1 \ \cdots \ A\boldsymbol{b}_p]\boldsymbol{x} = (A\boldsymbol{b}_1)x_1 + \cdots + (A\boldsymbol{b}_p)x_p,$$
$$A(B\boldsymbol{x}) = A(\boldsymbol{b}_1 x_1 + \cdots + \boldsymbol{b}_p x_p) = A(\boldsymbol{b}_1 x_1) + \cdots + A(\boldsymbol{b}_p x_p)$$
$$= (A\boldsymbol{b}_1)x_1 + \cdots + (A\boldsymbol{b}_p)x_p.$$
∎

定理 2.7　$m \times n$ 行列 A，$n \times p$ 行列 B，$p \times q$ 行列 C に対し，結合則

―――――― 結合則 ――――――
$$(AB)C = A(BC)$$

が成り立つ．

[証明]　C の第 j 列を $\boldsymbol{c}_j$ とすると，$(AB)C$ の第 j 行は $(AB)\boldsymbol{c}_j$ であり，$A(BC)$ の第 j 行は $A(B\boldsymbol{c}_j)$．一方，定理 2.6 より，$(AB)\boldsymbol{c}_j = A(B\boldsymbol{c}_j)$． ∎

□ $(AB)C = A(BC)$ より，これを ABC と書いてもかまわない．さらに，$q \times r$ 行列 D に対し，積 $ABCD$ が定義される．括弧をどのようにつけても結果は同じになるので，括弧を省くことができる．

●**問題 2.11**　次を計算せよ．

(1) $\begin{bmatrix} 1 & 0 \end{bmatrix} \begin{bmatrix} a & b \\ c & d \end{bmatrix} \begin{bmatrix} 1 \\ 0 \end{bmatrix}$
(2) $\begin{bmatrix} 1 & 0 \end{bmatrix} \begin{bmatrix} a & b \\ c & d \end{bmatrix} \begin{bmatrix} 0 \\ 1 \end{bmatrix}$
(3) $\begin{bmatrix} 0 & 1 \end{bmatrix} \begin{bmatrix} a & b \\ c & d \end{bmatrix} \begin{bmatrix} 1 \\ 0 \end{bmatrix}$

(4) $\begin{bmatrix} 0 & 1 \end{bmatrix} \begin{bmatrix} a & b \\ c & d \end{bmatrix} \begin{bmatrix} 0 \\ 1 \end{bmatrix}$
(5) $\begin{bmatrix} a & b \end{bmatrix} \begin{bmatrix} 0 & 0 \\ 0 & 0 \end{bmatrix} \begin{bmatrix} x \\ y \end{bmatrix}$
(6) $\begin{bmatrix} a & b \end{bmatrix} \begin{bmatrix} 1 & 0 \\ 0 & 0 \end{bmatrix} \begin{bmatrix} x \\ y \end{bmatrix}$

(7) $\begin{bmatrix} a & b \end{bmatrix} \begin{bmatrix} 0 & 1 \\ 0 & 0 \end{bmatrix} \begin{bmatrix} x \\ y \end{bmatrix}$
(8) $\begin{bmatrix} a & b \end{bmatrix} \begin{bmatrix} 0 & 0 \\ 1 & 0 \end{bmatrix} \begin{bmatrix} x \\ y \end{bmatrix}$
(9) $\begin{bmatrix} a & b \end{bmatrix} \begin{bmatrix} 0 & 0 \\ 0 & 1 \end{bmatrix} \begin{bmatrix} x \\ y \end{bmatrix}$

(10) $\begin{bmatrix} x & y \end{bmatrix} \begin{bmatrix} a & 0 \\ 0 & d \end{bmatrix} \begin{bmatrix} x \\ y \end{bmatrix}$
(11) $\begin{bmatrix} x & y \end{bmatrix} \begin{bmatrix} 0 & b \\ c & 0 \end{bmatrix} \begin{bmatrix} x \\ y \end{bmatrix}$

(12) $\begin{bmatrix} 1 & 0 & 0 \end{bmatrix} \begin{bmatrix} a & b & c \\ p & q & r \\ s & t & u \end{bmatrix} \begin{bmatrix} 1 \\ 0 \\ 0 \end{bmatrix}$
(13) $\begin{bmatrix} 1 & 0 & 0 \end{bmatrix} \begin{bmatrix} a & b & c \\ p & q & r \\ s & t & u \end{bmatrix} \begin{bmatrix} 0 \\ 1 \\ 0 \end{bmatrix}$

(14) $\begin{bmatrix} 1 & 0 & 0 \end{bmatrix} \begin{bmatrix} a & b & c \\ p & q & r \\ s & t & u \end{bmatrix} \begin{bmatrix} 0 \\ 0 \\ 1 \end{bmatrix}$
(15) $\begin{bmatrix} 0 & 1 & 0 \end{bmatrix} \begin{bmatrix} a & b & c \\ p & q & r \\ s & t & u \end{bmatrix} \begin{bmatrix} 1 \\ 0 \\ 0 \end{bmatrix}$

$(16)\ \begin{bmatrix} 0 & 1 & 0 \end{bmatrix} \begin{bmatrix} a & b & c \\ p & q & r \\ s & t & u \end{bmatrix} \begin{bmatrix} 0 \\ 1 \\ 0 \end{bmatrix}$
$(17)\ \begin{bmatrix} 0 & 1 & 0 \end{bmatrix} \begin{bmatrix} a & b & c \\ p & q & r \\ s & t & u \end{bmatrix} \begin{bmatrix} 0 \\ 0 \\ 1 \end{bmatrix}$

$(18)\ \begin{bmatrix} 0 & 0 & 1 \end{bmatrix} \begin{bmatrix} a & b & c \\ p & q & r \\ s & t & u \end{bmatrix} \begin{bmatrix} 1 \\ 0 \\ 0 \end{bmatrix}$
$(19)\ \begin{bmatrix} 0 & 0 & 1 \end{bmatrix} \begin{bmatrix} a & b & c \\ p & q & r \\ s & t & u \end{bmatrix} \begin{bmatrix} 0 \\ 1 \\ 0 \end{bmatrix}$

$(20)\ \begin{bmatrix} 0 & 0 & 1 \end{bmatrix} \begin{bmatrix} a & b & c \\ p & q & r \\ s & t & u \end{bmatrix} \begin{bmatrix} 0 \\ 0 \\ 1 \end{bmatrix}$
$(21)\ \begin{bmatrix} a & b & c \end{bmatrix} \begin{bmatrix} 0 & 0 & 0 \\ 0 & 0 & 0 \\ 0 & 0 & 0 \end{bmatrix} \begin{bmatrix} x \\ y \\ z \end{bmatrix}$

$(22)\ \begin{bmatrix} a & b & c \end{bmatrix} \begin{bmatrix} 1 & 0 & 0 \\ 0 & 0 & 0 \\ 0 & 0 & 0 \end{bmatrix} \begin{bmatrix} x \\ y \\ z \end{bmatrix}$
$(23)\ \begin{bmatrix} a & b & c \end{bmatrix} \begin{bmatrix} 0 & 1 & 0 \\ 0 & 0 & 0 \\ 0 & 0 & 0 \end{bmatrix} \begin{bmatrix} x \\ y \\ z \end{bmatrix}$

$(24)\ \begin{bmatrix} a & b & c \end{bmatrix} \begin{bmatrix} 0 & 0 & 1 \\ 0 & 0 & 0 \\ 0 & 0 & 0 \end{bmatrix} \begin{bmatrix} x \\ y \\ z \end{bmatrix}$
$(25)\ \begin{bmatrix} a & b & c \end{bmatrix} \begin{bmatrix} 0 & 0 & 0 \\ 1 & 0 & 0 \\ 0 & 0 & 0 \end{bmatrix} \begin{bmatrix} x \\ y \\ z \end{bmatrix}$

$(26)\ \begin{bmatrix} a & b & c \end{bmatrix} \begin{bmatrix} 0 & 0 & 0 \\ 0 & 1 & 0 \\ 0 & 0 & 0 \end{bmatrix} \begin{bmatrix} x \\ y \\ z \end{bmatrix}$
$(27)\ \begin{bmatrix} a & b & c \end{bmatrix} \begin{bmatrix} 0 & 0 & 0 \\ 0 & 0 & 1 \\ 0 & 0 & 0 \end{bmatrix} \begin{bmatrix} x \\ y \\ z \end{bmatrix}$

$(28)\ \begin{bmatrix} a & b & c \end{bmatrix} \begin{bmatrix} 0 & 0 & 0 \\ 0 & 0 & 0 \\ 1 & 0 & 0 \end{bmatrix} \begin{bmatrix} x \\ y \\ z \end{bmatrix}$
$(29)\ \begin{bmatrix} a & b & c \end{bmatrix} \begin{bmatrix} 0 & 0 & 0 \\ 0 & 0 & 0 \\ 0 & 1 & 0 \end{bmatrix} \begin{bmatrix} x \\ y \\ z \end{bmatrix}$

$(30)\ \begin{bmatrix} a & b & c \end{bmatrix} \begin{bmatrix} 0 & 0 & 0 \\ 0 & 0 & 0 \\ 0 & 0 & 1 \end{bmatrix} \begin{bmatrix} x \\ y \\ z \end{bmatrix}$
$(31)\ \begin{bmatrix} x & y & z \end{bmatrix} \begin{bmatrix} a & 0 & 0 \\ 0 & b & 0 \\ 0 & 0 & c \end{bmatrix} \begin{bmatrix} x \\ y \\ z \end{bmatrix}$

$(32)\ \begin{bmatrix} x & y & z \end{bmatrix} \begin{bmatrix} 0 & c & b \\ c' & 0 & a \\ b' & a' & 0 \end{bmatrix} \begin{bmatrix} x \\ y \\ z \end{bmatrix}$

□ 行列の和・積も，分配則をみたす．

定理 2.8 (1) $m \times n$ 行列 A, $n \times p$ 行列 B_1, B_2 に対し，

――― 分配則 (1) ―――
$$A(B_1 + B_2) = AB_1 + AB_2$$

が成り立つ．

(2) $n \times p$ 行列 B と $m \times n$ 行列 A_1, A_2 に対し，

――― 分配則 (2) ―――
$$(A_1 + A_2)B = A_1 B + A_2 B$$

が成り立つ．

2.2 行列の積

[証明] (1) 両辺の第 j 列 ($j = 1, \ldots, p$) が等しいことをいえばよい．それは定理 2.3 から従う．

(2) 両辺の第 j 列 ($j = 1, \ldots, p$) が等しいことをいえばよい．それは定理 2.5 (1) から従う． ∎

定理 2.9 (1) $m \times n$ 行列 A に対し，

――― ゼロ行列との積 ―――
$$AO_{n,p} = O_{m,p}, \quad O_{p,m}A = O_{p,n}.$$

(2) $m \times n$ 行列 A に対し，

――― 単位行列との積 ―――
$$AE_n = A, \quad E_m A = A.$$

[証明] (1) は明らか．

(2) を示す．$A = [\boldsymbol{a}_1 \ \cdots \ \boldsymbol{a}_n]$ とする．$E_n = [\mathbf{e}_1 \ \cdots \ \mathbf{e}_n]$ より，AE_n の第 j 列は $A\mathbf{e}_j = \boldsymbol{a}_j$ である．よって $AE_n = A$．また，$E_m A$ の第 j 列は，$E_m \boldsymbol{a}_j = \boldsymbol{a}_j$ である．よって $E_m A = A$． ∎

□ n 次正方行列 A に対し，

$$A^2 = AA, \quad A^3 = A^2 A = AAA, \quad A^4 = A^3 A = AAAA, \quad \ldots$$

などと書く．これらはすべて n 次正方行列である．これを行列の**べき乗**という．

●**問題 2.12** 次の正方行列 A に対し，A^2, A^3, A^4 を求めよ．

(1) $A = \begin{bmatrix} 0 & 0 \\ 0 & 0 \end{bmatrix}$ (2) $A = \begin{bmatrix} 1 & 0 \\ 0 & 0 \end{bmatrix}$ (3) $A = \begin{bmatrix} 0 & 1 \\ 0 & 0 \end{bmatrix}$ (4) $A = \begin{bmatrix} 0 & 0 \\ 1 & 0 \end{bmatrix}$

(5) $A = \begin{bmatrix} 0 & 0 \\ 0 & 1 \end{bmatrix}$ (6) $A = \begin{bmatrix} 1 & 1 \\ 0 & 0 \end{bmatrix}$ (7) $A = \begin{bmatrix} 1 & 0 \\ 1 & 0 \end{bmatrix}$ (8) $A = \begin{bmatrix} 1 & 0 \\ 0 & 1 \end{bmatrix}$

(9) $A = \begin{bmatrix} 0 & 1 \\ 1 & 0 \end{bmatrix}$ (10) $A = \begin{bmatrix} 0 & 1 \\ 0 & 1 \end{bmatrix}$ (11) $A = \begin{bmatrix} 0 & 0 \\ 1 & 1 \end{bmatrix}$ (12) $A = \begin{bmatrix} 1 & 1 \\ 0 & 1 \end{bmatrix}$

(13) $A = \begin{bmatrix} 1 & 0 \\ 1 & 1 \end{bmatrix}$ (14) $A = \begin{bmatrix} 1 & 1 \\ 1 & 1 \end{bmatrix}$ (15) $A = \begin{bmatrix} 0 & -1 \\ 1 & 0 \end{bmatrix}$

(16) $A = \begin{bmatrix} 0 & 1 & 0 \\ 0 & 0 & 1 \\ 0 & 0 & 0 \end{bmatrix}$ (17) $A = \begin{bmatrix} 0 & 0 & 0 \\ 1 & 0 & 0 \\ 0 & 1 & 0 \end{bmatrix}$ (18) $A = \begin{bmatrix} 0 & 1 & 0 \\ 0 & 0 & 1 \\ 1 & 0 & 0 \end{bmatrix}$

(19) $A = \begin{bmatrix} 0 & 0 & 1 \\ 1 & 0 & 0 \\ 0 & 1 & 0 \end{bmatrix}$

●**問題 2.13** 次を計算せよ．

(1) $\begin{bmatrix} 0 & 0 \\ 0 & 0 \end{bmatrix} \begin{bmatrix} a & b \\ c & d \end{bmatrix}$ (2) $\begin{bmatrix} a & b \\ c & d \end{bmatrix} \begin{bmatrix} 0 & 0 \\ 0 & 0 \end{bmatrix}$ (3) $\begin{bmatrix} 1 & 0 \\ 0 & 1 \end{bmatrix} \begin{bmatrix} a & b \\ c & d \end{bmatrix}$

(4) $\begin{bmatrix} a & b \\ c & d \end{bmatrix} \begin{bmatrix} 1 & 0 \\ 0 & 1 \end{bmatrix}$
(5) $\begin{bmatrix} p & 0 \\ 0 & s \end{bmatrix} \begin{bmatrix} a & b \\ c & d \end{bmatrix}$
(6) $\begin{bmatrix} a & b \\ c & d \end{bmatrix} \begin{bmatrix} p & 0 \\ 0 & s \end{bmatrix}$

(7) $\begin{bmatrix} 0 & 1 \\ 1 & 0 \end{bmatrix} \begin{bmatrix} a & b \\ c & d \end{bmatrix}$
(8) $\begin{bmatrix} a & b \\ c & d \end{bmatrix} \begin{bmatrix} 0 & 1 \\ 1 & 0 \end{bmatrix}$
(9) $\begin{bmatrix} 1 & 1 \\ 0 & 1 \end{bmatrix} \begin{bmatrix} a & b \\ c & d \end{bmatrix}$

(10) $\begin{bmatrix} 1 & 0 \\ 1 & 1 \end{bmatrix} \begin{bmatrix} a & b \\ c & d \end{bmatrix}$
(11) $\begin{bmatrix} a & b \\ c & d \end{bmatrix} \begin{bmatrix} 1 & 1 \\ 0 & 1 \end{bmatrix}$
(12) $\begin{bmatrix} a & b \\ c & d \end{bmatrix} \begin{bmatrix} 1 & 0 \\ 1 & 1 \end{bmatrix}$

(13) $\begin{bmatrix} a & b \\ c & d \end{bmatrix} \begin{bmatrix} d & -b \\ -c & a \end{bmatrix}$
(14) $\begin{bmatrix} d & -b \\ -c & a \end{bmatrix} \begin{bmatrix} a & b \\ c & d \end{bmatrix}$
(15) $\begin{bmatrix} a & b \\ c & -a \end{bmatrix} \begin{bmatrix} a & b \\ c & -a \end{bmatrix}$

(16) $\begin{bmatrix} a & 0 \\ c & (ad-bc)/a \end{bmatrix} \begin{bmatrix} 1 & b/a \\ 0 & 1 \end{bmatrix}$
(17) $\begin{bmatrix} 1 & 0 \\ c/a & 1 \end{bmatrix} \begin{bmatrix} a & b \\ 0 & (ad-bc)/a \end{bmatrix}$

(18) $\begin{bmatrix} (ad-bc)/d & b \\ 0 & d \end{bmatrix} \begin{bmatrix} 1 & 0 \\ c/d & 1 \end{bmatrix}$
(19) $\begin{bmatrix} 1 & b/d \\ 0 & 1 \end{bmatrix} \begin{bmatrix} (ad-bc)/d & 0 \\ c & d \end{bmatrix}$

(20) $\begin{bmatrix} 1 & x \\ 0 & 1 \end{bmatrix} \begin{bmatrix} 1 & y \\ 0 & 1 \end{bmatrix}$
(21) $\begin{bmatrix} 1 & 0 \\ x & 1 \end{bmatrix} \begin{bmatrix} 1 & 0 \\ y & 1 \end{bmatrix}$

(22) $\begin{bmatrix} \cos(\alpha) & -\sin(\alpha) \\ \sin(\alpha) & \cos(\alpha) \end{bmatrix} \begin{bmatrix} \cos(\beta) & -\sin(\beta) \\ \sin(\beta) & \cos(\beta) \end{bmatrix}$

(23) $\begin{bmatrix} \cosh(\alpha) & \sinh(\alpha) \\ \sinh(\alpha) & \cosh(\alpha) \end{bmatrix} \begin{bmatrix} \cosh(\beta) & \sinh(\beta) \\ \sinh(\beta) & \cosh(\beta) \end{bmatrix}$

●問題 **2.14** 次を計算せよ．

(1) $\begin{bmatrix} 1 & 1 & 1 \end{bmatrix} \begin{bmatrix} 1 \\ 2 \\ 3 \end{bmatrix}$
(2) $\begin{bmatrix} 1 & 1 & 1 \\ 1 & 2 & 2 \end{bmatrix} \begin{bmatrix} 1 \\ 2 \\ 3 \end{bmatrix}$
(3) $\begin{bmatrix} 1 & 1 & 1 \\ 2 & 2 & 2 \\ 3 & 3 & 3 \end{bmatrix} \begin{bmatrix} 1 \\ 2 \\ 3 \end{bmatrix}$

(4) $\begin{bmatrix} 1 & 1 & 1 \end{bmatrix} \begin{bmatrix} 1 & 0 \\ 2 & 1 \\ 3 & 2 \end{bmatrix}$
(5) $\begin{bmatrix} 1 & 1 & 1 \\ 2 & 2 & 2 \end{bmatrix} \begin{bmatrix} 1 & 0 \\ 2 & 1 \\ 3 & 2 \end{bmatrix}$
(6) $\begin{bmatrix} 1 & 1 & 1 \\ 2 & 2 & 2 \\ 3 & 3 & 3 \end{bmatrix} \begin{bmatrix} 1 & 0 \\ 2 & 1 \\ 3 & 2 \end{bmatrix}$

(7) $\begin{bmatrix} 1 & 1 & 1 \end{bmatrix} \begin{bmatrix} 1 & 0 & -1 \\ 2 & 1 & 0 \\ 3 & 2 & 1 \end{bmatrix}$
(8) $\begin{bmatrix} 1 & 1 & 1 \\ 2 & 2 & 2 \end{bmatrix} \begin{bmatrix} 1 & 0 & -1 \\ 2 & 1 & 0 \\ 3 & 2 & 1 \end{bmatrix}$

(9) $\begin{bmatrix} 1 & 1 & 1 \\ 2 & 2 & 2 \\ 3 & 3 & 3 \end{bmatrix} \begin{bmatrix} 1 & 0 & -1 \\ 2 & 1 & 0 \\ 3 & 2 & 1 \end{bmatrix}$
(10) $\begin{bmatrix} 1 \\ 2 \\ 3 \end{bmatrix} \begin{bmatrix} 1 & 1 \end{bmatrix}$
(11) $\begin{bmatrix} 1 \\ 2 \\ 3 \end{bmatrix} \begin{bmatrix} 1 & 1 & 1 \end{bmatrix}$

(12) $\begin{bmatrix} 1 & 0 \\ 2 & 1 \\ 3 & 2 \end{bmatrix} \begin{bmatrix} 1 \\ 2 \end{bmatrix}$
(13) $\begin{bmatrix} 1 & 0 \\ 2 & 1 \\ 3 & 2 \end{bmatrix} \begin{bmatrix} 1 & 1 \\ 2 & 2 \end{bmatrix}$
(14) $\begin{bmatrix} 1 & 0 \\ 2 & 1 \\ 3 & 2 \end{bmatrix} \begin{bmatrix} 1 & 1 & 1 \\ 2 & 2 & 2 \end{bmatrix}$

(15) $\begin{bmatrix} 1 \\ 2 \end{bmatrix} \begin{bmatrix} 1 & 0 & -1 \end{bmatrix}$
(16) $\begin{bmatrix} 1 & 1 \end{bmatrix} \begin{bmatrix} 1 & 0 & -1 \\ 2 & 1 & 0 \end{bmatrix}$
(17) $\begin{bmatrix} 1 & 1 \\ 2 & 2 \end{bmatrix} \begin{bmatrix} 1 & 0 & -1 \\ 2 & 1 & 0 \end{bmatrix}$

●問題 **2.15** 次を計算せよ．

(1) $\begin{bmatrix} 1 & 0 & 0 \\ 0 & 1 & 0 \\ 0 & 0 & 1 \end{bmatrix} \begin{bmatrix} a_1 & b_1 & c_1 \\ a_2 & b_2 & c_2 \\ a_3 & b_3 & c_3 \end{bmatrix}$
(2) $\begin{bmatrix} t & 0 & 0 \\ 0 & 1 & 0 \\ 0 & 0 & 1 \end{bmatrix} \begin{bmatrix} a_1 & b_1 & c_1 \\ a_2 & b_2 & c_2 \\ a_3 & b_3 & c_3 \end{bmatrix}$

2.2 行列の積

$$(3)\quad \begin{bmatrix} 1 & 0 & 0 \\ 0 & t & 0 \\ 0 & 0 & 1 \end{bmatrix} \begin{bmatrix} a_1 & b_1 & c_1 \\ a_2 & b_2 & c_2 \\ a_3 & b_3 & c_3 \end{bmatrix} \qquad (4)\quad \begin{bmatrix} 1 & 0 & 0 \\ 0 & 1 & 0 \\ 0 & 0 & t \end{bmatrix} \begin{bmatrix} a_1 & b_1 & c_1 \\ a_2 & b_2 & c_2 \\ a_3 & b_3 & c_3 \end{bmatrix}$$

$$(5)\quad \begin{bmatrix} 0 & 1 & 0 \\ 1 & 0 & 0 \\ 0 & 0 & 1 \end{bmatrix} \begin{bmatrix} a_1 & b_1 & c_1 \\ a_2 & b_2 & c_2 \\ a_3 & b_3 & c_3 \end{bmatrix} \qquad (6)\quad \begin{bmatrix} 0 & 0 & 1 \\ 0 & 1 & 0 \\ 1 & 0 & 0 \end{bmatrix} \begin{bmatrix} a_1 & b_1 & c_1 \\ a_2 & b_2 & c_2 \\ a_3 & b_3 & c_3 \end{bmatrix}$$

$$(7)\quad \begin{bmatrix} 1 & 0 & 0 \\ 0 & 0 & 1 \\ 0 & 1 & 0 \end{bmatrix} \begin{bmatrix} a_1 & b_1 & c_1 \\ a_2 & b_2 & c_2 \\ a_3 & b_3 & c_3 \end{bmatrix} \qquad (8)\quad \begin{bmatrix} a_1 & b_1 & c_1 \\ a_2 & b_2 & c_2 \\ a_3 & b_3 & c_3 \end{bmatrix} \begin{bmatrix} 1 & 0 & 0 \\ 0 & 1 & 0 \\ 0 & 0 & 1 \end{bmatrix}$$

$$(9)\quad \begin{bmatrix} a_1 & b_1 & c_1 \\ a_2 & b_2 & c_2 \\ a_3 & b_3 & c_3 \end{bmatrix} \begin{bmatrix} t & 0 & 0 \\ 0 & 1 & 0 \\ 0 & 0 & 1 \end{bmatrix} \qquad (10)\quad \begin{bmatrix} a_1 & b_1 & c_1 \\ a_2 & b_2 & c_2 \\ a_3 & b_3 & c_3 \end{bmatrix} \begin{bmatrix} 1 & 0 & 0 \\ 0 & t & 0 \\ 0 & 0 & 1 \end{bmatrix}$$

$$(11)\quad \begin{bmatrix} a_1 & b_1 & c_1 \\ a_2 & b_2 & c_2 \\ a_3 & b_3 & c_3 \end{bmatrix} \begin{bmatrix} 1 & 0 & 0 \\ 0 & 1 & 0 \\ 0 & 0 & t \end{bmatrix} \qquad (12)\quad \begin{bmatrix} a_1 & b_1 & c_1 \\ a_2 & b_2 & c_2 \\ a_3 & b_3 & c_3 \end{bmatrix} \begin{bmatrix} 0 & 1 & 0 \\ 1 & 0 & 0 \\ 0 & 0 & 1 \end{bmatrix}$$

$$(13)\quad \begin{bmatrix} a_1 & b_1 & c_1 \\ a_2 & b_2 & c_2 \\ a_3 & b_3 & c_3 \end{bmatrix} \begin{bmatrix} 0 & 0 & 1 \\ 0 & 1 & 0 \\ 1 & 0 & 0 \end{bmatrix} \qquad (14)\quad \begin{bmatrix} a_1 & b_1 & c_1 \\ a_2 & b_2 & c_2 \\ a_3 & b_3 & c_3 \end{bmatrix} \begin{bmatrix} 1 & 0 & 0 \\ 0 & 0 & 1 \\ 0 & 1 & 0 \end{bmatrix}$$

□最後に,複素数と 2 次正方行列の関係について述べておく.

□$J = \begin{bmatrix} 0 & -1 \\ 1 & 0 \end{bmatrix}$ とすると,$J^2 = -E$.

□$i^2 = -1$ とする (i:虚数単位).複素数 $z = x + yi$ (x, y は実数) に対し,

$$\varphi(z) = xE + yJ = \begin{bmatrix} x & -y \\ y & x \end{bmatrix}$$

とおくと,

(1) $\varphi(0) = O$, $\varphi(1) = E$, $\varphi(i) = J$.

(2) 複素数 $z = x + yi$, $w = u + vi$ (x, y, u, v は実数) に対し,

$$\varphi(z + w) = \varphi(z) + \varphi(w), \quad \varphi(zw) = \varphi(z)\varphi(w).$$

◎演習 2.5 $\varphi(zw) = \varphi(z)\varphi(w)$ を確かめよ.

2.2.4 対角行列

□行列の積が,簡単になるような行列について述べる.これは第 7 章できわめて重要になる.

定義 2.6 (1) n 次正方行列の (i, i) 成分 ($i = 1, \ldots, n$) を,**対角成分** という.

(2) 対角成分以外の成分がすべて 0 である正方行列を,**対角行列** (diagnonal matrix) という.

□ 2 次，3 次対角行列の積を計算してみよう．

例 2.6 $\begin{bmatrix} a & 0 \\ 0 & b \end{bmatrix} \begin{bmatrix} p & 0 \\ 0 & q \end{bmatrix} = \begin{bmatrix} ap & 0 \\ 0 & bq \end{bmatrix}, \quad \begin{bmatrix} p & 0 \\ 0 & q \end{bmatrix} \begin{bmatrix} a & 0 \\ 0 & b \end{bmatrix} = \begin{bmatrix} ap & 0 \\ 0 & bq \end{bmatrix}.$

$$\begin{bmatrix} a & 0 & 0 \\ 0 & b & 0 \\ 0 & 0 & c \end{bmatrix} \begin{bmatrix} p & 0 & 0 \\ 0 & q & 0 \\ 0 & 0 & r \end{bmatrix} = \begin{bmatrix} ap & 0 & 0 \\ 0 & bq & 0 \\ 0 & 0 & cr \end{bmatrix},$$

$$\begin{bmatrix} p & 0 & 0 \\ 0 & q & 0 \\ 0 & 0 & r \end{bmatrix} \begin{bmatrix} a & 0 & 0 \\ 0 & b & 0 \\ 0 & 0 & c \end{bmatrix} = \begin{bmatrix} ap & 0 & 0 \\ 0 & bq & 0 \\ 0 & 0 & cr \end{bmatrix}.$$

□ 一般に，次が成り立つ．

定理 2.10 n 次対角行列 A, B に対し，AB も n 次対角行列であり，$AB = BA$ が成り立つ．

[証明] $A = [a_{i,j}]$，$B = [b_{j,k}]$ とおくと，AB の (i, k) 成分は，

$$\sum_{j=1}^{n} a_{i,j} b_{j,k}.$$

A, B が対角行列だとする．$i \neq k$ ならば，j が何であっても，$j \neq i$ かまたは $j \neq k$ となるので，$a_{i,j} b_{j,k} = 0$．よって AB は対角行列である．

AB の (i, i) 成分は，$a_{i,i} b_{i,i}$ である．また，BA も対角行列であり，その (i, i) 成分は $b_{i,i} a_{i,i}$ であるから，$BA = AB$ がいえる． ∎

2.2.5 行列の転置

□ 行列の縦横を入れ替える操作について述べる．これは第 4, 6, 7 章で用いられる．

定義 2.7 $m \times n$ 行列 $A = [a_{i,j}]$ に対し，(j, i) 成分が $a_{i,j}$ であるような $n \times m$ 行列 ${}^t\!A$ を A の**転置行列** (transposed matrix) という．

例 2.7 ${}^t\!\begin{bmatrix} a \\ b \end{bmatrix} = \begin{bmatrix} a & b \end{bmatrix}, \quad {}^t\!\begin{bmatrix} a & b \end{bmatrix} = \begin{bmatrix} a \\ b \end{bmatrix}, \quad {}^t\!\begin{bmatrix} a & b \\ c & d \end{bmatrix} = \begin{bmatrix} a & c \\ b & d \end{bmatrix},$

$${}^t\!\begin{bmatrix} a_1 & b_1 & c_1 \\ a_2 & b_2 & c_2 \end{bmatrix} = \begin{bmatrix} a_1 & a_2 \\ b_1 & b_2 \\ c_1 & c_2 \end{bmatrix}, \quad {}^t\!\begin{bmatrix} a_1 & a_2 \\ b_1 & b_2 \\ c_1 & c_2 \end{bmatrix} = \begin{bmatrix} a_1 & b_1 & c_1 \\ a_2 & b_2 & c_2 \end{bmatrix}.$$

□ $m \times n$ 行列 A に対し，${}^t({}^t\!A) = A$．

定理 2.11 $m \times n$ 行列 A と $n \times p$ 行列 B に対し，${}^t(AB) = {}^t\!B \, {}^t\!A$．

[証明] $A = [a_{i,j}]$，$B = [b_{j,k}]$ とすると，${}^t(AB)$ の (k, i) 成分は，AB の (i, k) 成分だから，$\sum_{j=1}^{n} a_{i,j} b_{j,k}$ に等しい．

${}^t B$ の (k, j) 成分は $b_{j,k}$ であり，${}^t A$ の (j, i) 成分は $a_{i,j}$ であるから，${}^t B \, {}^t A$ の (k, i) 成分は $\sum_{j=1}^{n} b_{jk} a_{ij}$ に等しい．

したがって，${}^t(AB)$ の (k, i) 成分と ${}^t B \, {}^t A$ の (k, i) 成分は一致する． ∎

□ 正方行列 A で，
$$ {}^t A = A $$
であるものを **対称行列** (symmetric matrix) といい，
$$ {}^t A = -A $$
であるものを **反対称行列** (skew-symmetric matrix) あるいは **交代行列** (alternating matrix) という．

□ 2 次対称行列は $\begin{bmatrix} a & b \\ b & c \end{bmatrix}$ の形をしている．また，3 次対称行列は $\begin{bmatrix} a & b & c \\ b & d & e \\ c & e & f \end{bmatrix}$ の形をしている．

□ 2 次反対称行列は $\begin{bmatrix} 0 & -a \\ a & 0 \end{bmatrix}$ の形をしている．また，3 次反対称行列は $\begin{bmatrix} 0 & -c & b \\ c & 0 & -a \\ -b & a & 0 \end{bmatrix}$ の形をしている．

2.2.6 行列の分割

□ $m \times n$ 行列 A，$m \times n'$ 行列 B，$m' \times n$ 行列 C，$m' \times n'$ 行列 D を用いて，$(m+m') \times (n+n')$ 行列を $\begin{bmatrix} A & B \\ C & D \end{bmatrix}$ のように表すことができる．これを **行列の分割** という．

□ これは，サイズの大きい行列の計算をするとき，便利な記法である．これに対し，次の定理が成り立つ．証明は略す．

定理 2.12 $m \times n$ 行列 A，$m \times n'$ 行列 B，$m' \times n$ 行列 C，$m' \times n'$ 行列 D と，$n \times k$ 行列 P，$n \times k'$ 行列 Q，$n' \times k$ 行列 R，$n' \times k'$ 行列 S に対し，
$$ \begin{bmatrix} A & B \\ C & D \end{bmatrix} \begin{bmatrix} P & Q \\ R & S \end{bmatrix} = \begin{bmatrix} AP+BR & AQ+BS \\ CP+DR & CQ+DS \end{bmatrix}. $$

◎ 演習 2.6 $m = n = k = 2$，$m' = n' = k' = 1$ の場合に上の定理を確かめよ．

3
連立1次方程式とランク

3.1 連立1次方程式と行列

3.1.1 連立1次方程式

□ 未知数 x, y に関する連立1次方程式

$$3x + 5y = 1,$$
$$2x + 4y = 2$$

は，行列と列ベクトルの積を用いて，

$$\begin{bmatrix} 3 & 5 \\ 2 & 4 \end{bmatrix} \begin{bmatrix} x \\ y \end{bmatrix} = \begin{bmatrix} 1 \\ 2 \end{bmatrix}$$

と表すことができる．

□ 一般に，未知数 $x_1, x_2, \ldots, x_n$ に関する連立1次方程式

```
                                                          ── 連立1次方程式 ──
```
$$a_{1,1} x_1 + a_{1,2} x_2 + \cdots + a_{1,n} x_n = b_1,$$
$$a_{2,1} x_1 + a_{2,2} x_2 + \cdots + a_{2,n} x_n = b_2,$$
$$\vdots$$
$$a_{m,1} x_1 + a_{m,2} x_2 + \cdots + a_{m,n} x_n = b_m$$

は，

$$A = \begin{bmatrix} a_{1,1} & a_{1,2} & \cdots & a_{1,n} \\ a_{2,1} & a_{2,2} & \cdots & a_{2,n} \\ \vdots & \vdots & & \vdots \\ a_{m,1} & a_{m,2} & \cdots & a_{m,n} \end{bmatrix}, \quad \boldsymbol{x} = \begin{bmatrix} x_1 \\ x_2 \\ \vdots \\ x_n \end{bmatrix}, \quad \boldsymbol{b} = \begin{bmatrix} b_1 \\ b_2 \\ \vdots \\ b_m \end{bmatrix}$$

とおくと，行列と列ベクトルの積を用いて，

3.1 連立 1 次方程式と行列

$$Ax = b$$

と簡潔に表すことができる.

□ $A = \begin{bmatrix} a_1 & \cdots & a_n \end{bmatrix}$ とおくと,これを

$$b = a_1 x_1 + \cdots + a_n x_n$$

と表すこともできる.すなわち,連立 1 次方程式 $Ax = b$ は,

ベクトル b を A の列 $a_1, \ldots, a_n$ の 1 次結合で表せ

という問題である.

□ $\begin{bmatrix} a_{i,1} & \cdots & a_{i,n} \end{bmatrix} \neq \mathbf{0}$ ($i = 1, \ldots, m$) の場合,連立 1 次方程式 $Ax = b$ は,

点 $(x_1, \ldots, x_n)$ が m 個の超平面

$$a_{i,1} x_1 + \cdots + a_{i,n} x_n = b_i \quad (i = 1, \ldots, m)$$

の共通部分の上にある

という条件を表している.

3.1.2 同次型連立 1 次方程式

□ 実数 $a_1, a_2, \ldots, a_n$ に対し,$x = \begin{bmatrix} x_1 \\ x_2 \\ \vdots \\ x_n \end{bmatrix}$ に関する方程式

$$a_1 x_1 + a_2 x_2 + \cdots + a_n x_n = 0$$

を **同次型 1 次方程式** という.

□ このとき,$x = \mathbf{0}$ はこの方程式の解である.これを同次型 1 次方程式の **自明な解** という.

補題 3.1 $n \geqq 2$ とすると,任意の実数 $a_1, a_2, \ldots, a_n$ に対し,方程式

$$a_1 x_1 + a_2 x_2 + \cdots + a_n x_n = 0$$

に自明でない解が存在する.

[証明] $x = \begin{bmatrix} x_1 \\ \vdots \\ x_n \end{bmatrix} = \sum_{i=1}^{n} x_i \mathbf{e}_i$ とおく.

$a_1 = 0$ の場合,$x = \mathbf{e}_1$ が自明でない解になる.

$a_1 \neq 0$ の場合,$x = -a_2 \mathbf{e}_1 + a_1 \mathbf{e}_2$ が自明でない解になる. ∎

□ $m \times n$ 行列 A に対し，方程式 $A\boldsymbol{x} = \boldsymbol{0}$ を **同次型連立1次方程式** という.

□ このとき，$\boldsymbol{x} = \boldsymbol{0}$ は方程式 $A\boldsymbol{x} = \boldsymbol{0}$ の解である．これを同次型連立1次方程式の **自明な解** という．

□ 同次型連立1次方程式に関する基本的な定理は次である．

定理 3.1 $m \times n$ 行列 A に対し，次の3つの条件は同値である:
  (1) 方程式 $A\boldsymbol{x} = \boldsymbol{0}$ の解は自明な解のみである．
  (2) 任意の n 次列ベクトル $\boldsymbol{x}$ に対し，$A\boldsymbol{x} = \boldsymbol{0}$ ならば $\boldsymbol{x} = \boldsymbol{0}$ である．
  (3) 任意の n 次列ベクトル $\boldsymbol{u}, \boldsymbol{v}$ に対し，$A\boldsymbol{u} = A\boldsymbol{v}$ ならば $\boldsymbol{u} = \boldsymbol{v}$ である．

[証明]　(1) ⇔ (2) は『自明な解』という用語の定義から直ちにわかる．
(2) ⇒ (3)：$A\boldsymbol{u} = A\boldsymbol{v}$ とすると，$A(\boldsymbol{u}-\boldsymbol{v}) = A\boldsymbol{u} - A\boldsymbol{v} = \boldsymbol{0}$. よって仮定より，$\boldsymbol{u} - \boldsymbol{v} = \boldsymbol{0}$. よって $\boldsymbol{u} = \boldsymbol{v}$.
(3) ⇒ (2)：$A\boldsymbol{x} = \boldsymbol{0}$ とする．$A\boldsymbol{0} = \boldsymbol{0}$ だから，仮定より，$\boldsymbol{x} = \boldsymbol{0}$. ∎

3.1.3 連立1次方程式の基本問題

□ 連立1次方程式の基本問題は次の2つである．

  (1) 方程式 $A\boldsymbol{x} = \boldsymbol{b}$ に解が存在するのはどういう場合か．
  (2) 方程式 $A\boldsymbol{x} = \boldsymbol{0}$ の解が自明な解のみであるのはどういう場合か．

定理 3.2 A を $m \times n$ 行列とする．
  (1) $\boldsymbol{x} = \boldsymbol{u}, \boldsymbol{v}$ が同次型連立1次方程式 $A\boldsymbol{x} = \boldsymbol{0}$ の解であるならば，$\boldsymbol{x} = \boldsymbol{u} + \boldsymbol{v}$ も解である．
  (2) $\boldsymbol{x} = \boldsymbol{u}$ が同次型連立1次方程式 $A\boldsymbol{x} = \boldsymbol{0}$ の解であるならば，任意の実数 c に対し，$\boldsymbol{x} = c\boldsymbol{u}$ も解である．
  (3) $\boldsymbol{x} = \boldsymbol{u}, \boldsymbol{v}$ が同次型連立1次方程式 $A\boldsymbol{x} = \boldsymbol{0}$ の2つの解であるならば，任意の実数 a, b に対し，$\boldsymbol{x} = a\boldsymbol{u} + b\boldsymbol{v}$ も解である．
  (4) $\boldsymbol{x} = \boldsymbol{u}^{(i)}$ $(i = 1, \ldots, k)$ が同次型連立1次方程式 $A\boldsymbol{x} = \boldsymbol{0}$ の k 個の解であるならば，これらの任意の1次結合 $\boldsymbol{x} = \sum_{i=1}^{k} a_i \boldsymbol{u}^{(k)}$ も解である．

[証明]　(1) $A(\boldsymbol{u}+\boldsymbol{v}) = A\boldsymbol{u} + A\boldsymbol{v} = \boldsymbol{0} + \boldsymbol{0} = \boldsymbol{0}$.
(2) $A(c\boldsymbol{u}) = cA(\boldsymbol{u}) = c\boldsymbol{0} = \boldsymbol{0}$.
(3) $A(a\boldsymbol{u}+b\boldsymbol{v}) = A(a\boldsymbol{u}) + A(b\boldsymbol{v}) = a(A\boldsymbol{u}) + b(A\boldsymbol{v}) = a\boldsymbol{0} + b\boldsymbol{0} = \boldsymbol{0}$.
(4) $A\left(\sum_{i=1}^{k} a_i \boldsymbol{u}^{(k)}\right) = \sum_{i=1}^{k} A(a_i \boldsymbol{u}^{(k)}) = \sum_{i=1}^{k} a_i A \boldsymbol{u}^{(k)} = \sum_{i=1}^{k} a_i \boldsymbol{0} = \boldsymbol{0}$. ∎

定理 3.3 A を $m \times n$ 行列とし，$\boldsymbol{b}$ を m 次列ベクトルとする．
  (1) $\boldsymbol{x} = \boldsymbol{u}, \boldsymbol{v}$ が方程式 $A\boldsymbol{x} = \boldsymbol{b}$ の2つの解であるならば，$\boldsymbol{x} = \boldsymbol{v} - \boldsymbol{u}$ は同次型連立1次方程式 $A\boldsymbol{x} = \boldsymbol{0}$ の解である．

3.1 連立 1 次方程式と行列　37

(2) 方程式 $A\bm{x} = \bm{b}$ の 1 つの解を $\bm{x} = \bm{u}$ とすると，この方程式の任意の解は，同次型連立 1 次方程式 $A\bm{x} = \bm{0}$ の解 $\bm{x} = \bm{w}$ を用いて，$\bm{x} = \bm{w} + \bm{u}$ と表される．

[証明]　(1) $A(\bm{v} - \bm{u}) = A\bm{v} - A\bm{u} = \bm{b} - \bm{b} = \bm{0}$.
(2) $A\bm{x} = \bm{b}$ とする．$\bm{w} = \bm{x} - \bm{x}^{(0)}$ とおくと，$A\bm{w} = A\bm{x} - A\bm{x}^{(0)} = \bm{b} - \bm{b} = \bm{0}$. ∎

3.1.4　簡単な連立 1 次方程式の解法

□未知数 x, y に関する連立 1 次方程式

$$3x + 5y = 1, \qquad (1)$$
$$2x + 4y = 2 \qquad (2)$$

は以下のように解かれる．

式 (2) を $(2) \times \frac{1}{2}$ で置き換えると，

$$3x + 5y = 1, \qquad (\text{a1})$$
$$x + 2y = 1 \qquad (\text{a2})$$

式 (a1) を式 $(\text{a1}) - (\text{a2}) \times 3$ で置き換えると，

$$-y = -2, \qquad (\text{b1})$$
$$x + 2y = 1 \qquad (\text{b2})$$

式 (b1) を式 $(\text{b1}) \times (-1)$ で置き換えると，

$$y = 2, \qquad (\text{c1})$$
$$x + 2y = 1 \qquad (\text{c2})$$

式 (c2) を式 $(\text{c2}) - (\text{c1}) \times 2$ で置き換えると，

$$y = 2, \qquad (\text{d1})$$
$$x = -3 \qquad (\text{d2})$$

x を先にするために，2 つの等式を入れ替えると，

$$x = -3, \qquad (\text{e1})$$
$$y = 2 \qquad (\text{e2})$$

こうして解が得られた．

□一般に，連立 1 次方程式は，

- 1 つの式を $a(\neq 0)$ 倍する．
- 1 つの式に，他の式を何倍かしたものを加える．

という操作をくりかえし行って解く．この操作が，**連立方程式をそれと同値な連立方程式に書き換える** ことに注意する．この操作により，連立方程式の見かけの形を徐々に簡単にしてゆく．

3.1.5 行基本変形

□ 行列に対する次の3種類の操作およびその合成を **行基本変形** という．

---- 行基本変形 ----
(I) 1つの行を $a(\neq 0)$ 倍する．
(II) 2つの行を入れ替える．
(III) 1つの行に，他の行を何倍かしたものを加える．

□ 操作 III において，書き換えられるのは，他の行を何倍かしたものを加えた行のほうであり，『他の行』のほうは前のままであることに注意する．

□ 行基本変形は可逆な操作である．すなわち，行列 A が行基本変形によって行列 B になったとすると，B を行基本変形によって A にもどすことができる．

□ 同様に，**列基本変形** I, II, III を定義することができる．

□ 次の2つの定理が成り立つことは明らかであろう．

定理 3.4 連立1次方程式 $A\boldsymbol{x}=\boldsymbol{b}$ に対し，行列 $[A \ \boldsymbol{b}]$ を行基本変形したものを $[A' \ \boldsymbol{b}']$ とすると，$A\boldsymbol{x}=\boldsymbol{b}$ と $A'\boldsymbol{x}=\boldsymbol{b}'$ は同値である．

定理 3.5 連立1次方程式 $A\boldsymbol{x}=\boldsymbol{0}$ に対し，行列 A を行基本変形したものを A' とすると，$A\boldsymbol{x}=\boldsymbol{0}$ と $A'\boldsymbol{x}=\boldsymbol{0}$ は同値である．

□ 行列 $[A \ \boldsymbol{b}]$ を方程式 $A\boldsymbol{x}=\boldsymbol{b}$ の **拡大係数行列** とよぶ．連立1次方程式を，拡大係数行列を行基本変形でなるべく簡単な形に直すことによって解く方法は，**掃き出し法** (sweep-out method) または **ガウスの消去法** (Gaussian elimination) とよばれている．

定理 3.6 n 次正方行列 A，n 次単位行列 E，n 次列ベクトル $\boldsymbol{x}, \boldsymbol{b}, \boldsymbol{c}$ に対し，行列 $[A \ \boldsymbol{b}]$ が行基本変形によって $[E \ \boldsymbol{c}]$ になったとすると，

$$A\boldsymbol{x}=\boldsymbol{b} \iff \boldsymbol{x}=\boldsymbol{c}.$$

[証明] $A\boldsymbol{x}=\boldsymbol{b}$ は $E\boldsymbol{x}=\boldsymbol{c}$ に同値であり，また $E\boldsymbol{x}=\boldsymbol{x}$ である． ∎

例 3.1 未知数 x, y に関する連立1次方程式

$$\begin{bmatrix} 3 & 5 \\ 2 & 4 \end{bmatrix} \begin{bmatrix} x \\ y \end{bmatrix} = \begin{bmatrix} 1 \\ 2 \end{bmatrix}$$

は，拡大係数行列を以下のように基本変形することによって解くことができる．

$$\begin{bmatrix} 3 & 5 & 1 \\ 2 & 4 & 2 \end{bmatrix} \underset{\text{I}}{\rightarrow} \begin{bmatrix} 3 & 5 & 1 \\ 1 & 2 & 1 \end{bmatrix} \quad \text{第2行を } \tfrac{1}{2} \text{ 倍}$$

3.1 連立1次方程式と行列

$$\underset{\mathrm{II}}{\to} \begin{bmatrix} 1 & 2 & 1 \\ 3 & 5 & 1 \end{bmatrix} \quad \text{第1,2行の入れ替え}$$

$$\underset{\mathrm{III}}{\to} \begin{bmatrix} 1 & 2 & 1 \\ 0 & -1 & -2 \end{bmatrix} \quad \text{第2行に第1行の}(-3)\text{倍を足す}$$

$$\underset{\mathrm{I}}{\to} \begin{bmatrix} 1 & 2 & 1 \\ 0 & 1 & 2 \end{bmatrix} \quad \text{第2行を}(-1)\text{倍}$$

$$\underset{\mathrm{III}}{\to} \begin{bmatrix} 1 & 0 & -3 \\ 0 & 1 & 2 \end{bmatrix} \quad \text{第1行に第2行の}(-2)\text{倍を足す}$$

よって解は, $x = -3, y = 2.$

例 3.2 未知数 x, y に関する連立1次方程式

$$\begin{bmatrix} 3 & 5 \\ 2 & 4 \end{bmatrix} \begin{bmatrix} x \\ y \end{bmatrix} = \begin{bmatrix} a \\ b \end{bmatrix}$$

は,拡大係数行列を以下のように基本変形することによって,解くことができる.

$$\begin{bmatrix} 3 & 5 & a \\ 2 & 4 & b \end{bmatrix} \underset{\mathrm{I}}{\to} \begin{bmatrix} 3 & 5 & a \\ 1 & 2 & \frac{1}{2}b \end{bmatrix} \quad \text{第2行を}\frac{1}{2}\text{倍}$$

$$\underset{\mathrm{II}}{\to} \begin{bmatrix} 1 & 2 & \frac{1}{2}b \\ 3 & 5 & a \end{bmatrix} \quad \text{第1,2行の入れ替え}$$

$$\underset{\mathrm{III}}{\to} \begin{bmatrix} 1 & 2 & \frac{1}{2}b \\ 0 & -1 & a - \frac{3}{2}b \end{bmatrix} \quad \text{第2行に第1行の}(-3)\text{倍を足す}$$

$$\underset{\mathrm{I}}{\to} \begin{bmatrix} 1 & 2 & \frac{1}{2}b \\ 0 & 1 & -a + \frac{3}{2}b \end{bmatrix} \quad \text{第2行を}(-1)\text{倍}$$

$$\underset{\mathrm{III}}{\to} \begin{bmatrix} 1 & 0 & 2a - \frac{5}{2}b \\ 0 & 1 & -a + \frac{3}{2}b \end{bmatrix} \quad \text{第1行に第2行の}(-2)\text{倍を足す}$$

よって解は, $x = 2a - \dfrac{5}{2}b, y = -a + \dfrac{3}{2}b.$

例 3.3 未知数 x, y, z に関する連立1次方程式

$$\begin{bmatrix} 2 & 3 & 2 \\ 1 & 1 & 0 \\ -1 & 2 & 3 \end{bmatrix} \begin{bmatrix} x \\ y \\ z \end{bmatrix} = \begin{bmatrix} a \\ b \\ c \end{bmatrix}$$

は,拡大係数行列を以下のように基本変形することによって,解くことができる.

$$\begin{bmatrix} 2 & 3 & 2 & a \\ 1 & 1 & 0 & b \\ -1 & 2 & 3 & c \end{bmatrix} \underset{\mathrm{II}}{\to} \begin{bmatrix} 1 & 1 & 0 & b \\ 2 & 3 & 2 & a \\ -1 & 2 & 3 & c \end{bmatrix} \quad \dotfill$$

$$\underset{\mathrm{III}}{\to} \begin{bmatrix} 1 & 1 & 0 & b \\ 0 & 1 & 2 & a - 2b \\ -1 & 2 & 3 & c \end{bmatrix} \quad \dotfill$$

$$\underset{\text{III}}{\rightarrow} \begin{bmatrix} 1 & 1 & 0 & b \\ 0 & 1 & 2 & a-2b \\ 0 & 3 & 3 & b+c \end{bmatrix} \quad \dots\dots\dots\dots\dots\dots$$

$$\underset{\text{III}}{\rightarrow} \begin{bmatrix} 1 & 0 & -2 & -a+3b \\ 0 & 1 & 2 & a-2b \\ 0 & 3 & 3 & b+c \end{bmatrix} \quad \dots\dots\dots\dots\dots\dots$$

$$\underset{\text{III}}{\rightarrow} \begin{bmatrix} 1 & 0 & -2 & -a+3b \\ 0 & 1 & 2 & a-2b \\ 0 & 0 & -3 & -3a+7b+c \end{bmatrix} \quad \dots\dots\dots\dots\dots\dots$$

$$\underset{\text{I}}{\rightarrow} \begin{bmatrix} 1 & 0 & -2 & -a+3b \\ 0 & 1 & 2 & a-2b \\ 0 & 0 & 1 & a-\frac{7}{3}b-\frac{1}{3}c \end{bmatrix} \quad \dots\dots\dots\dots\dots\dots$$

$$\underset{\text{III}}{\rightarrow} \begin{bmatrix} 1 & 0 & 0 & a-\frac{5}{3}b-\frac{2}{3}c \\ 0 & 1 & 2 & a-2b \\ 0 & 0 & 1 & a-\frac{7}{3}b-\frac{1}{3}c \end{bmatrix} \quad \dots\dots\dots\dots\dots\dots$$

$$\underset{\text{III}}{\rightarrow} \begin{bmatrix} 1 & 0 & 0 & a-\frac{5}{3}b-\frac{2}{3}c \\ 0 & 1 & 0 & -a+\frac{8}{3}b+\frac{2}{3}c \\ 0 & 0 & 1 & a-\frac{7}{3}b-\frac{1}{3}c \end{bmatrix} \quad \dots\dots\dots\dots\dots\dots$$

よって解は，
$$x = a - \frac{5}{3}b - \frac{2}{3}c, \quad y = -a + \frac{8}{3}b + \frac{2}{3}c, \quad z = a - \frac{7}{3}b - \frac{1}{3}c.$$

◎**演習 3.1** 上の変形の各ステップがどのようなものかを書け．

●**問題 3.1** 次の方程式をみたす x, y, z を求めよ．

(1) $\begin{bmatrix} 1 & 0 & 0 \\ 0 & 1 & 0 \\ 0 & 0 & 1 \end{bmatrix} \begin{bmatrix} x \\ y \\ z \end{bmatrix} = \begin{bmatrix} a \\ b \\ c \end{bmatrix}$
(2) $\begin{bmatrix} 0 & 1 & 0 \\ 1 & 0 & 0 \\ 0 & 0 & 1 \end{bmatrix} \begin{bmatrix} x \\ y \\ z \end{bmatrix} = \begin{bmatrix} a \\ b \\ c \end{bmatrix}$

(3) $\begin{bmatrix} 0 & 0 & 1 \\ 0 & 1 & 0 \\ 1 & 0 & 0 \end{bmatrix} \begin{bmatrix} x \\ y \\ z \end{bmatrix} = \begin{bmatrix} a \\ b \\ c \end{bmatrix}$
(4) $\begin{bmatrix} 1 & 0 & 0 \\ 0 & 0 & 1 \\ 0 & 1 & 0 \end{bmatrix} \begin{bmatrix} x \\ y \\ z \end{bmatrix} = \begin{bmatrix} a \\ b \\ c \end{bmatrix}$

(5) $\begin{bmatrix} 0 & 1 & 0 \\ 0 & 0 & 1 \\ 1 & 0 & 0 \end{bmatrix} \begin{bmatrix} x \\ y \\ z \end{bmatrix} = \begin{bmatrix} a \\ b \\ c \end{bmatrix}$
(6) $\begin{bmatrix} 0 & 0 & 1 \\ 1 & 0 & 0 \\ 0 & 1 & 0 \end{bmatrix} \begin{bmatrix} x \\ y \\ z \end{bmatrix} = \begin{bmatrix} a \\ b \\ c \end{bmatrix}$

(7) $\begin{bmatrix} 2 & 0 & 0 \\ 0 & 3 & 0 \\ 0 & 0 & -1 \end{bmatrix} \begin{bmatrix} x \\ y \\ z \end{bmatrix} = \begin{bmatrix} a \\ b \\ c \end{bmatrix}$
(8) $\begin{bmatrix} 1 & 0 & 0 \\ 1 & 1 & 0 \\ 1 & 1 & 1 \end{bmatrix} \begin{bmatrix} x \\ y \\ z \end{bmatrix} = \begin{bmatrix} a \\ b \\ c \end{bmatrix}$

(9) $\begin{bmatrix} 1 & 1 & 1 \\ 0 & 1 & 1 \\ 0 & 0 & 1 \end{bmatrix} \begin{bmatrix} x \\ y \\ z \end{bmatrix} = \begin{bmatrix} a \\ b \\ c \end{bmatrix}$
(10) $\begin{bmatrix} 1 & 1 & 1 \\ 1 & 2 & 2 \\ 1 & 2 & 3 \end{bmatrix} \begin{bmatrix} x \\ y \\ z \end{bmatrix} = \begin{bmatrix} a \\ b \\ c \end{bmatrix}$

3.1 連立1次方程式と行列

●**問題 3.2** (1) x, y, z に関する方程式
$$\begin{bmatrix} 1 & 4 & 4 \\ 1 & 2 & 0 \\ 1 & 2 & 1 \end{bmatrix} \begin{bmatrix} x \\ y \\ z \end{bmatrix} = \begin{bmatrix} 1 \\ -1+3a \\ 2a-b \end{bmatrix}$$
を解け.

(2) 1辺の長さが1の正方形 ABCD の中の点で，どの頂点との距離も1以下である点全体の集合の面積を x とし，A との距離が1以上で B, D との距離が1以下である点全体の集合の面積を y とし，A, B との距離が1以上である点全体の集合の面積を z とする．x, y, z を求めよ．

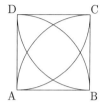

3.1.6 逆行列と正則行列

□ $a \neq 0$ のとき，1次方程式 $ax = b$ の解は，$x = a^{-1}b$ と表された．

□ $\boldsymbol{x}$ を n 次列ベクトルとする．与えられた n 次正方行列 A と n 次列ベクトル $\boldsymbol{b}$ に対し，連立1次方程式 $A\boldsymbol{x} = \boldsymbol{b}$ の解 $\boldsymbol{x}$ を，同じように表すことを考える．

定義 3.1 (1) n 次正方行列 A, B に対し，$AB = E$, $BA = E$ が成り立つとき，B は A の **逆行列** (inverse matrix) であるという．

(2) 正方行列 A の逆行列が存在するとき，A は **正則行列** (regular matrix) であるという．

□ ゼロ行列である正方行列 $O = O_{n,n}$ は正則行列ではない．なぜなら，O にどんな正方行列を左または右からかけても O になり，E にはならないからである．

□ ゼロ行列以外にも正則行列でない正方行列がある．

例 3.4 $A = \begin{bmatrix} 1 & 1 \\ 0 & 0 \end{bmatrix}$ は正則行列でない．任意の2次正方行列 X に対し，AX は $\begin{bmatrix} * & * \\ 0 & 0 \end{bmatrix}$ の形になるので，$E = \begin{bmatrix} 1 & 0 \\ 0 & 1 \end{bmatrix}$ に一致しない．

定理 3.7 n 次正方行列 A, B, B' に対し，$AB = E$, $B'A = E$ ならば，$B' = B$.

[証明] $B' = B'E = B'(AB) = (B'A)B = EB = B$. ∎

□ したがって，正則行列 A に対し，A の逆行列はただ一つである．A の逆行列を A^{-1} と書く．

□ $AB = E$, $BA = E$ という条件は，A, B について対称な条件である．よって，B が A の逆行列であるとき，A は B の逆行列である．よって次が成り立つ．

定理 3.8 n 次正則行列 A に対し，A^{-1} は正則で，$(A^{-1})^{-1} = A$.

定理 3.9 n 次正則行列 A, B に対し，AB は正則で，$(AB)^{-1} = B^{-1}A^{-1}$.

[証明] $(B^{-1}A^{-1})(AB) = B^{-1}A^{-1}AB = B^{-1}EB = B^{-1}B = E$.
$(AB)(B^{-1}A^{-1}) = ABB^{-1}A^{-1} = AEA^{-1} = AA^{-1} = E$. ∎

定理 3.10 行列 $A = \begin{bmatrix} a & b \\ c & d \end{bmatrix}$ に対し，

(1) $ad - bc \neq 0$ ならば，A は正則で，
$$A^{-1} = \frac{1}{ad-bc}\begin{bmatrix} d & -b \\ -c & a \end{bmatrix}.$$

(2) $ad - bc = 0$ ならば，A は正則でない．

[証明] (1) 計算により，
$$\begin{bmatrix} a & b \\ c & d \end{bmatrix}\begin{bmatrix} d & -b \\ -c & a \end{bmatrix} = (ad-bc)E, \quad \begin{bmatrix} d & -b \\ -c & a \end{bmatrix}\begin{bmatrix} a & b \\ c & d \end{bmatrix} = (ad-bc)E$$
を確かめることができる．

(2) $\tilde{A} = \begin{bmatrix} d & -b \\ -c & a \end{bmatrix}$ とおく．$ad-bc = 0$ ならば，$\tilde{A}A = O$.
A が正則だとすると，$\tilde{A} = \tilde{A}E = \tilde{A}AA^{-1} = OA^{-1} = O$. よって $a = b = c = d = 0$. すなわち，$A = O$. これは，O が正則行列でないことに矛盾する． ∎

定理 3.11 n 次正方行列 A, B に対し，次の 2 つの条件は同値である：

(1) B は A の逆行列である．
(2) 任意の n 次列ベクトル $\boldsymbol{x}, \boldsymbol{y}$ に対し，$\boldsymbol{y} = A\boldsymbol{x}$ と $B\boldsymbol{y} = \boldsymbol{x}$ は同値である．

[証明] (1) ⇒ (2)：$AB = BA = E$ とする．
$\boldsymbol{y} = A\boldsymbol{x}$ とすると，$B\boldsymbol{y} = B(A\boldsymbol{x}) = (BA)\boldsymbol{x} = E\boldsymbol{x} = \boldsymbol{x}$.
$\boldsymbol{x} = B\boldsymbol{y}$ とすると，$A\boldsymbol{x} = A(B\boldsymbol{y}) = (AB)\boldsymbol{y} = E\boldsymbol{y} = \boldsymbol{y}$.
(2) ⇒ (1)：n 次列ベクトル $\boldsymbol{x}$ を任意にとる．$\boldsymbol{y} = A\boldsymbol{x}$ とおくと，仮定より $\boldsymbol{x} = B\boldsymbol{y}$.
よって，$(BA)\boldsymbol{x} = B(A\boldsymbol{x}) = B\boldsymbol{y} = \boldsymbol{x} = E\boldsymbol{x}$. 定理 2.2 (1) により，$BA = E$.
また，n 次列ベクトル $\boldsymbol{y}$ を任意にとる．$\boldsymbol{x} = B\boldsymbol{y}$ とおくと，仮定より $\boldsymbol{y} = A\boldsymbol{x}$. よって，
$(AB)\boldsymbol{y} = A(B\boldsymbol{y}) = A\boldsymbol{x} = \boldsymbol{y} = E\boldsymbol{y}$. 定理 2.2 (1) により，$AB = E$. ∎

定理 3.12 n 次正則行列 A と n 次列ベクトル $\boldsymbol{b}, \boldsymbol{x}$ に対し，次が成り立つ．

(1) 方程式 $A\boldsymbol{x} = \boldsymbol{b}$ の解は $\boldsymbol{x} = A^{-1}\boldsymbol{b}$ である．
(2) 方程式 $A\boldsymbol{x} = \boldsymbol{0}$ の解は自明な解のみである．

[証明] (1) は定理 3.11 の (1) ⇒ (2) より．
(2) (1) の $\boldsymbol{b} = \boldsymbol{0}$ の場合より，$\boldsymbol{x} = A^{-1}\boldsymbol{0} = \boldsymbol{0}$. ∎

例 3.5 未知数 x, y に関する連立 1 次方程式
$$\begin{bmatrix} 3 & 5 \\ 2 & 4 \end{bmatrix}\begin{bmatrix} x \\ y \end{bmatrix} = \begin{bmatrix} 1 \\ 2 \end{bmatrix}$$
の解を，逆行列を用いて表すことができる．
$$\begin{bmatrix} x \\ y \end{bmatrix} = \begin{bmatrix} 3 & 5 \\ 2 & 4 \end{bmatrix}^{-1}\begin{bmatrix} 1 \\ 2 \end{bmatrix} = \frac{1}{3\cdot 4 - 5\cdot 2}\begin{bmatrix} 4 & -5 \\ -2 & 3 \end{bmatrix}\begin{bmatrix} 1 \\ 2 \end{bmatrix} = \begin{bmatrix} -3 \\ 2 \end{bmatrix}.$$

3.1 連立1次方程式と行列

□逆行列は，次の定理を用いて求めることができる．

定理 3.13 E を n 次単位行列とする．n 次正方行列 A, B に対し，$n \times 2n$ 行列 $[A \ \ E]$ が行基本変形により，$[E \ \ B]$ になったとする．このとき，B は A の逆行列である．

[証明] n 次列ベクトル $\boldsymbol{x}, \boldsymbol{y}$ に対し，

$$[A \ \ E]\begin{bmatrix} \boldsymbol{x} \\ -\boldsymbol{y} \end{bmatrix} = A\boldsymbol{x} - E\boldsymbol{y} = A\boldsymbol{x} - \boldsymbol{y},$$

$$[E \ \ B]\begin{bmatrix} \boldsymbol{x} \\ -\boldsymbol{y} \end{bmatrix} = E\boldsymbol{x} - B\boldsymbol{y} = \boldsymbol{x} - B\boldsymbol{y}.$$

$[A \ \ E]\begin{bmatrix} \boldsymbol{x} \\ -\boldsymbol{y} \end{bmatrix} = \boldsymbol{0}$ と $[E \ \ B]\begin{bmatrix} \boldsymbol{x} \\ -\boldsymbol{y} \end{bmatrix} = \boldsymbol{0}$ は同値である．よって $A\boldsymbol{x} = \boldsymbol{y}$ と $\boldsymbol{x} = B\boldsymbol{y}$ は同値である．したがって，B は A の逆行列である． ∎

□この定理より次が従う．

定理 3.14 正方行列 A が行基本変形により単位行列に変形できるならば，A は正則行列である．

□逆に，A が正則行列ならば，A は行基本変形により単位行列に変形できる．証明は後で述べる (定理 3.24)．

例 3.6 定理 3.13 を用いると，行列 $A = \begin{bmatrix} 3 & 5 \\ 2 & 4 \end{bmatrix}$ の逆行列 A^{-1} を，以下のように求めることができる．

$$\begin{bmatrix} 3 & 5 & 1 & 0 \\ 2 & 4 & 0 & 1 \end{bmatrix} \xrightarrow[\text{I}]{} \begin{bmatrix} 3 & 5 & 1 & 0 \\ 1 & 2 & 0 & \frac{1}{2} \end{bmatrix} \quad \text{第 2 行を } \frac{1}{2} \text{ 倍}$$

$$\xrightarrow[\text{II}]{} \begin{bmatrix} 1 & 2 & 0 & \frac{1}{2} \\ 3 & 5 & 1 & 0 \end{bmatrix} \quad \text{第 1, 2 行の入れ替え}$$

$$\xrightarrow[\text{III}]{} \begin{bmatrix} 1 & 2 & 0 & \frac{1}{2} \\ 0 & -1 & 1 & -\frac{3}{2} \end{bmatrix} \quad \text{第 2 行に第 1 行の } (-3) \text{ 倍を足す}$$

$$\xrightarrow[\text{I}]{} \begin{bmatrix} 1 & 2 & 0 & \frac{1}{2} \\ 0 & 1 & -1 & \frac{3}{2} \end{bmatrix} \quad \text{第 2 行を } (-1) \text{ 倍}$$

$$\xrightarrow[\text{III}]{} \begin{bmatrix} 1 & 0 & 2 & -\frac{5}{2} \\ 0 & 1 & -1 & \frac{3}{2} \end{bmatrix} \quad \text{第 1 行に第 2 行の } (-2) \text{ 倍を足す}$$

よって，$A^{-1} = \begin{bmatrix} 2 & -\frac{5}{2} \\ -1 & \frac{3}{2} \end{bmatrix}$．(定理 3.10 を用いて，

$$A^{-1} = \frac{1}{3 \cdot 4 - 5 \cdot 2}\begin{bmatrix} 4 & -5 \\ -2 & 3 \end{bmatrix} = \begin{bmatrix} 2 & -\frac{5}{2} \\ -1 & \frac{3}{2} \end{bmatrix}$$

のように求めることもできる．)

例 3.7 $A = \begin{bmatrix} 1 & 2 & 0 \\ 1 & 4 & 4 \\ 1 & 2 & 1 \end{bmatrix}$ の逆行列を求める.

$$\begin{bmatrix} 1 & 2 & 0 & 1 & 0 & 0 \\ 1 & 4 & 4 & 0 & 1 & 0 \\ 1 & 2 & 1 & 0 & 0 & 1 \end{bmatrix} \xrightarrow[\text{III, III}]{} \begin{bmatrix} 1 & 2 & 0 & 1 & 0 & 0 \\ 0 & 2 & 4 & -1 & 1 & 0 \\ 0 & 0 & 1 & -1 & 0 & 1 \end{bmatrix}$$

$$\xrightarrow[\text{I}]{} \begin{bmatrix} 1 & 2 & 0 & 1 & 0 & 0 \\ 0 & 1 & 2 & -\frac{1}{2} & \frac{1}{2} & 0 \\ 0 & 0 & 1 & -1 & 0 & 1 \end{bmatrix} \xrightarrow[\text{III}]{} \begin{bmatrix} 1 & 0 & -4 & 2 & -1 & 0 \\ 0 & 1 & 2 & -\frac{1}{2} & \frac{1}{2} & 0 \\ 0 & 0 & 1 & -1 & 0 & 1 \end{bmatrix}$$

$$\xrightarrow[\text{III, III}]{} \begin{bmatrix} 1 & 0 & 0 & -2 & -1 & 4 \\ 0 & 1 & 0 & \frac{3}{2} & \frac{1}{2} & -2 \\ 0 & 0 & 1 & -1 & 0 & 1 \end{bmatrix}$$

よって $A^{-1} = \begin{bmatrix} -2 & -1 & 4 \\ \frac{3}{2} & \frac{1}{2} & -2 \\ -1 & 0 & 1 \end{bmatrix}$.

□ A の逆行列 A^{-1} を求めたら,$AA^{-1}, A^{-1}A$ を計算して,本当に E になるかどうか検算するとよい.

●問題 3.3 次の行列を求めよ.

(1) $\begin{bmatrix} 1 & 2 \\ 3 & 4 \end{bmatrix}^{-1}$
(2) $\begin{bmatrix} 1 & 0 & 0 \\ 0 & 1 & 0 \\ 0 & 0 & 1 \end{bmatrix}^{-1}$
(3) $\begin{bmatrix} 2 & 0 & 0 \\ 0 & 3 & 0 \\ 0 & 0 & 4 \end{bmatrix}^{-1}$

(4) $\begin{bmatrix} 1 & 0 & 0 \\ 0 & 0 & 1 \\ 0 & 1 & 0 \end{bmatrix}^{-1}$
(5) $\begin{bmatrix} 0 & 0 & 1 \\ 0 & 1 & 0 \\ 1 & 0 & 0 \end{bmatrix}^{-1}$
(6) $\begin{bmatrix} 0 & 1 & 0 \\ 1 & 0 & 0 \\ 0 & 0 & 1 \end{bmatrix}^{-1}$

(7) $\begin{bmatrix} 0 & 1 & 0 \\ 0 & 0 & 1 \\ 1 & 0 & 0 \end{bmatrix}^{-1}$
(8) $\begin{bmatrix} 0 & 0 & 1 \\ 1 & 0 & 0 \\ 0 & 1 & 0 \end{bmatrix}^{-1}$
(9) $\begin{bmatrix} 1 & 0 & a \\ 0 & 1 & b \\ 0 & 0 & 1 \end{bmatrix}^{-1}$

(10) $\begin{bmatrix} 1 & a & 0 \\ 0 & 1 & 0 \\ 0 & b & 1 \end{bmatrix}^{-1}$
(11) $\begin{bmatrix} 1 & 0 & 0 \\ a & 1 & 0 \\ b & 0 & 1 \end{bmatrix}^{-1}$
(12) $\begin{bmatrix} 1 & a & b \\ 0 & 1 & 0 \\ 0 & 0 & 1 \end{bmatrix}^{-1}$

(13) $\begin{bmatrix} 1 & 0 & 0 \\ a & 1 & b \\ 0 & 0 & 1 \end{bmatrix}^{-1}$
(14) $\begin{bmatrix} 1 & 0 & 0 \\ 0 & 1 & 0 \\ a & b & 1 \end{bmatrix}^{-1}$
(15) $\begin{bmatrix} 1 & 0 & 0 \\ 1 & 1 & 0 \\ 1 & 1 & 1 \end{bmatrix}^{-1}$

(16) $\begin{bmatrix} 1 & 1 & 1 \\ 0 & 1 & 1 \\ 0 & 0 & 1 \end{bmatrix}^{-1}$
(17) $\begin{bmatrix} 3 & 4 & 0 \\ 2 & 3 & 0 \\ 0 & 0 & 1 \end{bmatrix}^{-1}$
(18) $\begin{bmatrix} -1 & 0 & 3 \\ 0 & -1 & 2 \\ 1 & 0 & 0 \end{bmatrix}^{-1}$

(19) $\begin{bmatrix} 2 & 1 & 0 \\ 1 & 2 & 1 \\ 0 & 1 & 2 \end{bmatrix}^{-1}$
(20) $\begin{bmatrix} 1 & 2 & 3 \\ 2 & 3 & 1 \\ 3 & 1 & 2 \end{bmatrix}^{-1}$

3.2 行列の簡約化

3.2.1 階段行列とそのランク

□ 以下，一般の連立1次方程式を解く方法について述べる．まず，次の概念を準備する．

定義 3.2 次の条件をみたす行列を **階段行列** (echelon matrix) という．

(1) $i = 1, \ldots, r$ に対し，第 i 行は 0 でない成分をもつ．そのうち一番左にある成分が第 p(i) 列にあるとすると，
$$\text{p}(1) < \text{p}(2) < \cdots < \text{p}(r).$$

(2) 第 $(r+1)$ 行以降の成分はすべて 0 である．

□ 負でない整数 r を階段行列 B の **ランク** (階数) といい，rank(B) で表す．集合 $\{\text{p}(1), \ldots, \text{p}(r)\}$ を階段行列 B の **階段型** とよぶことにする．

ゼロ行列は，ランクが 0，階段型が空集合 $\emptyset$ である階段行列であると考える．

□ 要するに，階段行列とは

$$B = \begin{bmatrix} 0 & a & * & * & * & * \\ 0 & 0 & 0 & b & * & * \\ 0 & 0 & 0 & 0 & c & * \\ 0 & 0 & 0 & 0 & 0 & 0 \end{bmatrix} \quad (a, b, c \neq 0)$$

のような形の行列のことである．$*$ に入る数は何でもよい．この例では rank(B) = 3 であり，階段型は $\{\text{p}(1), \text{p}(2), \text{p}(3)\} = \{2, 4, 5\}$ である．

□ n 次単位行列は階段行列である．ランクは n であり，階段型は $\{1, 2, \ldots, n\}$ である．

□ ランクという量には，じつは深い意味があり，線形代数を学ぶなかで，その理解が深まっていく．

□ 定義 3.2 から，直ちに次が従う．

定理 3.15 $m \times n$ 階段行列 B に対し，
$$\text{rank}(B) \leqq m, \quad \text{rank}(B) \leqq n.$$

●**問題 3.4** 次の階段行列のランクと階段型をいえ．

(1) $\begin{bmatrix} 1 & 2 & 4 \\ 0 & 2 & 4 \end{bmatrix}$ (2) $\begin{bmatrix} 1 & 2 & 4 \\ 0 & 0 & 2 \end{bmatrix}$ (3) $\begin{bmatrix} 1 & 2 & 4 \\ 0 & 0 & 0 \end{bmatrix}$ (4) $\begin{bmatrix} 0 & 1 & 2 \\ 0 & 0 & 2 \end{bmatrix}$

(5) $\begin{bmatrix} 0 & 1 & 2 \\ 0 & 0 & 0 \end{bmatrix}$ (6) $\begin{bmatrix} 0 & 0 & 1 \\ 0 & 0 & 0 \end{bmatrix}$ (7) $\begin{bmatrix} 0 & 0 & 0 \\ 0 & 0 & 0 \end{bmatrix}$

(8) $\begin{bmatrix} 1 & 2 & 4 & 8 \\ 0 & 2 & 4 & 8 \\ 0 & 0 & 4 & 8 \end{bmatrix}$
(9) $\begin{bmatrix} 1 & 2 & 4 & 8 \\ 0 & 2 & 4 & 8 \\ 0 & 0 & 0 & 4 \end{bmatrix}$
(10) $\begin{bmatrix} 1 & 2 & 4 & 8 \\ 0 & 2 & 4 & 8 \\ 0 & 0 & 0 & 0 \end{bmatrix}$

(11) $\begin{bmatrix} 1 & 2 & 4 & 8 \\ 0 & 0 & 2 & 4 \\ 0 & 0 & 0 & 4 \end{bmatrix}$
(12) $\begin{bmatrix} 1 & 2 & 4 & 8 \\ 0 & 0 & 2 & 4 \\ 0 & 0 & 0 & 0 \end{bmatrix}$
(13) $\begin{bmatrix} 1 & 2 & 4 & 8 \\ 0 & 0 & 0 & 2 \\ 0 & 0 & 0 & 0 \end{bmatrix}$

(14) $\begin{bmatrix} 1 & 2 & 4 & 8 \\ 0 & 0 & 0 & 0 \\ 0 & 0 & 0 & 0 \end{bmatrix}$
(15) $\begin{bmatrix} 0 & 1 & 2 & 4 \\ 0 & 0 & 2 & 4 \\ 0 & 0 & 0 & 4 \end{bmatrix}$
(16) $\begin{bmatrix} 0 & 1 & 2 & 4 \\ 0 & 0 & 2 & 4 \\ 0 & 0 & 0 & 0 \end{bmatrix}$

(17) $\begin{bmatrix} 0 & 1 & 2 & 4 \\ 0 & 0 & 0 & 2 \\ 0 & 0 & 0 & 0 \end{bmatrix}$
(18) $\begin{bmatrix} 0 & 1 & 2 & 4 \\ 0 & 0 & 0 & 0 \\ 0 & 0 & 0 & 0 \end{bmatrix}$
(19) $\begin{bmatrix} 0 & 0 & 1 & 2 \\ 0 & 0 & 0 & 2 \\ 0 & 0 & 0 & 0 \end{bmatrix}$

(20) $\begin{bmatrix} 0 & 0 & 1 & 2 \\ 0 & 0 & 0 & 0 \\ 0 & 0 & 0 & 0 \end{bmatrix}$
(21) $\begin{bmatrix} 0 & 0 & 0 & 1 \\ 0 & 0 & 0 & 0 \\ 0 & 0 & 0 & 0 \end{bmatrix}$
(22) $\begin{bmatrix} 0 & 0 & 0 & 0 \\ 0 & 0 & 0 & 0 \\ 0 & 0 & 0 & 0 \end{bmatrix}$

3.2.2 行列の簡約化

□ 行基本変形により，与えられた行列を階段行列に変形することができる．階段行列は，さらに簡単な形に変形することができる．

定義 3.3 階段型が $\{p(1), \ldots, p(r)\}$ である階段行列 $B = \begin{bmatrix} \boldsymbol{b}_1 & \cdots & \boldsymbol{b}_n \end{bmatrix}$ であって，$\boldsymbol{b}_{p(i)} = \mathbf{e}_i$ $(i = 1, \ldots, r)$ であるものを，**簡約行列** という．

□ 要するに，簡約行列とは，たとえば

$$B = \begin{bmatrix} 0 & 1 & b_{1,3} & 0 & b_{1,5} & 0 & b_{1,7} \\ 0 & 0 & 0 & 1 & b_{2,5} & 0 & b_{2,7} \\ 0 & 0 & 0 & 0 & 0 & 1 & b_{3,7} \\ 0 & 0 & 0 & 0 & 0 & 0 & 0 \end{bmatrix}$$

のような形の行列のことである．この場合，階段型は $\{2, 4, 6\}$ であり，$\boldsymbol{b}_2 = \mathbf{e}_1$, $\boldsymbol{b}_4 = \mathbf{e}_2$, $\boldsymbol{b}_6 = \mathbf{e}_3$ である．

□ 与えられた行列 A の行の 0 でない成分のうち，一番左にあるものを **ピボット** (pivot) とよぶ．階段行列のピボットは，相異なる列にある．

□ 2 つの行のピボットが同じ第 j 列にあるとき，行基本変形 III によって下にあるほうの行を取り換えて，第 j 成分を 0 にすることができる．この操作をくりかえすことにより，ピボットを 2 つ以上含む列を **左から順に** 消していくことができる．

□ こうして得られた，ピボットを 2 つ以上含む列をもたない行列は，行基本変形 II (行の並べ替え) により，階段行列 B に変形することができる．

3.2 行列の簡約化

□ B の階段型を $\{p(1), \ldots, p(r)\}$ とする.行基本変形 III によって,さらに第 $p(i)$ 列の成分が第 i 成分を除いて 0 であるような,同じ階段型の階段行列に変形することができる.

□ さらに行基本変形 I (行を $c\,(\neq 0)$ 倍する) を用いれば,同じ階段型の簡約行列に変形することができる.

□ 以上の議論により,次がいえたことになる.

定理 3.16 任意の行列は,行基本変形により,簡約行列に変形することができる.

□ 行列 A を行基本変形により簡約行列 B に変形することを,**行列 A を簡約化する** といい,B を **A の簡約化** という.

例 3.8
$$\begin{bmatrix} 2 & 3 & 4 & 5 \\ 1 & 2 & 3 & 4 \\ 3 & 4 & 5 & 6 \end{bmatrix} \xrightarrow[\text{II}]{} \begin{bmatrix} 1 & 2 & 3 & 4 \\ 2 & 3 & 4 & 5 \\ 3 & 4 & 5 & 6 \end{bmatrix} \xrightarrow[\text{III, III}]{} \begin{bmatrix} 1 & 2 & 3 & 4 \\ 0 & -1 & -2 & -3 \\ 0 & -2 & -4 & -6 \end{bmatrix}$$
$$\xrightarrow[\text{I}]{} \begin{bmatrix} 1 & 2 & 3 & 4 \\ 0 & 1 & 2 & 3 \\ 0 & -2 & -4 & -6 \end{bmatrix} \xrightarrow[\text{III, III}]{} \begin{bmatrix} 1 & 0 & -1 & -2 \\ 0 & 1 & 2 & 3 \\ 0 & 0 & 0 & 0 \end{bmatrix}$$

●**問題 3.5** 問題 3.4 (1)–(22) の行列に対し,その簡約化を求めよ.

3.2.3 行列のランク

□ 階段行列は,行基本変形 I, III により,同じ階段型の簡約行列に変形することができる.

□ 簡約行列 B の階段型が $\{p(1), \ldots, p(r)\}$ であるとき,次が成り立つ.
  (1) $j = p(1), \ldots, p(r)$ に対し,B の第 j 列は,その列より左にある列の 1 次結合で書けない.
  (2) $j \neq p(1), \ldots, p(r)$ に対し,B の第 j 列は,その列より左にある列の 1 次結合で書ける.

ただし,第 1 列については,『その列より左にある列の 1 次結合で書ける』とは $\mathbf{0}$ であることを意味することにする.

□ たとえば,$\boldsymbol{b}_i = \begin{bmatrix} b_{1,i} \\ b_{2,i} \\ b_{3,i} \\ b_{4,i} \end{bmatrix}$ ($i = 1, \ldots 7$) に対して

$$B = \begin{bmatrix} \boldsymbol{b}_1 & \boldsymbol{b}_2 & \boldsymbol{b}_3 & \boldsymbol{b}_4 & \boldsymbol{b}_5 & \boldsymbol{b}_6 & \boldsymbol{b}_7 \end{bmatrix} = \begin{bmatrix} 0 & 1 & b_{1,3} & 0 & b_{1,5} & 0 & b_{1,7} \\ 0 & 0 & 0 & 1 & b_{2,5} & 0 & b_{2,7} \\ 0 & 0 & 0 & 0 & 0 & 1 & b_{3,7} \\ 0 & 0 & 0 & 0 & 0 & 0 & 0 \end{bmatrix}$$

の場合, 型は $\{2, 4, 6\}$ である. $b_1 = 0$ である. b_2 は b_1 の 1 次結合ではない. $b_3 = b_{1,3} b_2$ である. b_4 は b_1, b_2, b_3 の 1 次結合ではない. $b_5 = b_{1,5} b_2 + b_{2,5} b_4$ である. b_6 は b_1, b_2, b_3, b_4, b_5 の 1 次結合ではない. $b_7 = b_{1,7} b_2 + b_{2,7} b_4 + b_{3,7} b_6$ である.

補題 3.2 階段行列 A の階段型が $\{p(1), \ldots, p(r)\}$ であるとき, 次が成り立つ.

(1) $j = p(1), \ldots, p(r)$ に対し, A の第 j 列は, その列より左にある列の 1 次結合で書けない.

(2) $j \neq p(1), \ldots, p(r)$ に対し, A の第 j 列は, その列より左にある列の 1 次結合で書ける.

[証明] 行基本変形によって, A を同じ階段型の簡約行列に変形することができる. 行列 A の第 j 列がその列より左にある列の 1 次結合で書けるか否かは, A に行基本変形を施しても変わらないので, 主張は A が簡約行列である場合に帰着されるが, それは 3.2.3 項のはじめで述べた. ∎

□ よって次がいえる.

定理 3.17 階段行列のランクは, 『その列より左にある列の 1 次結合で書けない列』の個数に等しい.

□ 行列 A の第 j 列がその列より左にある列の 1 次結合で書けるか否かは, A に行基本変形を施しても変わらない. よって次が成り立つ.

定理 3.18 階段行列 A が行基本変形によって階段行列 B になるならば, A, B の階段型は一致する. 特に, $\mathrm{rank}(A) = \mathrm{rank}(B)$.

□ 行列 A に対し, 行基本変形によって得られる階段行列は一意的ではないが, 上の定理より, そのランクはどれも同じである. そこで次のように定義する.

定義 3.4 行列 A が行基本変形により, ランクが r の階段行列になるとき, r を A の **ランク** といい, $\mathrm{rank}(A)$ で表す.

□ 行列 A のランクは, 『その列より左にある列の 1 次結合で書けない列』の個数である.

□ 階段行列のランクの性質より, 次がいえる.

定理 3.19 $m \times n$ 行列 A に対し,

$$\mathrm{rank}(A) \leqq m, \quad \mathrm{rank}(A) \leqq n.$$

●**問題 3.6** 次の行列のランクを求めよ.

(1) $\begin{bmatrix} a & 0 \\ 0 & a \end{bmatrix}$ (2) $\begin{bmatrix} a & 1 \\ 0 & a \end{bmatrix}$ (3) $\begin{bmatrix} a & 1 & 0 \\ 0 & a & 1 \\ 0 & 0 & a \end{bmatrix}$

3.2 行列の簡約化

●**問題 3.7** 次の行列のランクを求めよ．

(1) $\begin{bmatrix} 1 & 1 & 1 \\ 2 & 4 & 8 \end{bmatrix}$ (2) $\begin{bmatrix} 1 & 1 & 1 \\ 2 & 2 & 4 \end{bmatrix}$ (3) $\begin{bmatrix} 1 & 1 & 1 \\ 2 & 2 & 2 \end{bmatrix}$ (4) $\begin{bmatrix} 0 & 1 & 1 \\ 0 & 2 & 4 \end{bmatrix}$

(5) $\begin{bmatrix} 0 & 1 & 1 \\ 0 & 2 & 2 \end{bmatrix}$ (6) $\begin{bmatrix} 0 & 0 & 1 \\ 0 & 0 & 2 \end{bmatrix}$ (7) $\begin{bmatrix} 1 & 1 & 1 & 1 \\ 2 & 4 & 8 & 0 \\ 4 & 4 & 8 & 0 \end{bmatrix}$ (8) $\begin{bmatrix} 1 & 1 & 1 & 1 \\ 2 & 4 & 8 & 0 \\ 4 & 4 & 4 & 8 \end{bmatrix}$

(9) $\begin{bmatrix} 1 & 1 & 1 & 1 \\ 2 & 4 & 8 & 0 \\ 4 & 4 & 4 & 4 \end{bmatrix}$ (10) $\begin{bmatrix} 1 & 1 & 1 & 1 \\ 2 & 2 & 4 & 8 \\ 4 & 4 & 4 & 8 \end{bmatrix}$ (11) $\begin{bmatrix} 1 & 1 & 1 & 1 \\ 2 & 2 & 4 & 8 \\ 4 & 4 & 4 & 4 \end{bmatrix}$

(12) $\begin{bmatrix} 1 & 1 & 1 & 1 \\ 2 & 2 & 2 & 8 \\ 4 & 4 & 4 & 4 \end{bmatrix}$ (13) $\begin{bmatrix} 1 & 1 & 1 & 1 \\ 2 & 2 & 2 & 2 \\ 4 & 4 & 4 & 4 \end{bmatrix}$ (14) $\begin{bmatrix} 0 & 1 & 1 & 1 \\ 0 & 2 & 4 & 8 \\ 0 & 4 & 4 & 8 \end{bmatrix}$

(15) $\begin{bmatrix} 0 & 1 & 1 & 1 \\ 0 & 2 & 4 & 8 \\ 0 & 4 & 4 & 4 \end{bmatrix}$ (16) $\begin{bmatrix} 0 & 1 & 1 & 1 \\ 0 & 2 & 2 & 4 \\ 0 & 4 & 4 & 4 \end{bmatrix}$ (17) $\begin{bmatrix} 0 & 1 & 1 & 1 \\ 0 & 2 & 2 & 2 \\ 0 & 4 & 4 & 4 \end{bmatrix}$

(18) $\begin{bmatrix} 0 & 0 & 1 & 1 \\ 0 & 0 & 2 & 4 \\ 0 & 0 & 4 & 4 \end{bmatrix}$ (19) $\begin{bmatrix} 0 & 0 & 1 & 1 \\ 0 & 0 & 2 & 2 \\ 0 & 0 & 4 & 4 \end{bmatrix}$ (20) $\begin{bmatrix} 0 & 0 & 0 & 1 \\ 0 & 0 & 0 & 2 \\ 0 & 0 & 0 & 4 \end{bmatrix}$

●**問題 3.8** 問題 3.7 (1)–(20) の行列に対し，その簡約化を求めよ．

□正方行列の場合，簡約行列はどのような形をしているかをみよう．

定理 3.20 (1) n 次単位行列は簡約行列であり，そのランクは n である．
(2) 単位行列以外の $n \times n$ 簡約行列のランクは n より小さい．

例 3.9 2×2 簡約行列は次の 4 通り．

$$\begin{bmatrix} 1 & 0 \\ 0 & 1 \end{bmatrix}, \begin{bmatrix} 1 & a \\ 0 & 0 \end{bmatrix}, \begin{bmatrix} 0 & 1 \\ 0 & 0 \end{bmatrix}, \begin{bmatrix} 0 & 0 \\ 0 & 0 \end{bmatrix}.$$

●**問題 3.9** 例 3.9 の各行列のそれぞれのランクをいえ．

例 3.10 3×3 簡約行列は次の 8 通り．

$$\begin{bmatrix} 1 & 0 & 0 \\ 0 & 1 & 0 \\ 0 & 0 & 1 \end{bmatrix}, \begin{bmatrix} 1 & 0 & a \\ 0 & 1 & b \\ 0 & 0 & 0 \end{bmatrix}, \begin{bmatrix} 1 & a & 0 \\ 0 & 0 & 1 \\ 0 & 0 & 0 \end{bmatrix}, \begin{bmatrix} 0 & 1 & 0 \\ 0 & 0 & 1 \\ 0 & 0 & 0 \end{bmatrix},$$

$$\begin{bmatrix} 1 & a & b \\ 0 & 0 & 0 \\ 0 & 0 & 0 \end{bmatrix}, \begin{bmatrix} 0 & 1 & a \\ 0 & 0 & 0 \\ 0 & 0 & 0 \end{bmatrix}, \begin{bmatrix} 0 & 0 & 1 \\ 0 & 0 & 0 \\ 0 & 0 & 0 \end{bmatrix}, \begin{bmatrix} 0 & 0 & 0 \\ 0 & 0 & 0 \\ 0 & 0 & 0 \end{bmatrix}.$$

●**問題 3.10** 例 3.10 の各行列のそれぞれのランクをいえ．

例 3.11 4×4 簡約行列は次の 16 通り.

$$\begin{bmatrix} 1 & 0 & 0 & 0 \\ 0 & 1 & 0 & 0 \\ 0 & 0 & 1 & 0 \\ 0 & 0 & 0 & 1 \end{bmatrix}, \begin{bmatrix} 1 & 0 & 0 & a \\ 0 & 1 & 0 & b \\ 0 & 0 & 1 & c \\ 0 & 0 & 0 & 0 \end{bmatrix}, \begin{bmatrix} 1 & 0 & a & 0 \\ 0 & 1 & b & 0 \\ 0 & 0 & 0 & 1 \\ 0 & 0 & 0 & 0 \end{bmatrix}, \begin{bmatrix} 1 & a & 0 & 0 \\ 0 & 0 & 1 & 0 \\ 0 & 0 & 0 & 1 \\ 0 & 0 & 0 & 0 \end{bmatrix},$$

$$\begin{bmatrix} 0 & 1 & 0 & 0 \\ 0 & 0 & 1 & 0 \\ 0 & 0 & 0 & 1 \\ 0 & 0 & 0 & 0 \end{bmatrix}, \begin{bmatrix} 1 & 0 & a & b \\ 0 & 1 & c & d \\ 0 & 0 & 0 & 0 \\ 0 & 0 & 0 & 0 \end{bmatrix}, \begin{bmatrix} 1 & a & 0 & b \\ 0 & 0 & 1 & c \\ 0 & 0 & 0 & 0 \\ 0 & 0 & 0 & 0 \end{bmatrix}, \begin{bmatrix} 1 & a & b & 0 \\ 0 & 0 & 0 & 1 \\ 0 & 0 & 0 & 0 \\ 0 & 0 & 0 & 0 \end{bmatrix},$$

$$\begin{bmatrix} 0 & 1 & 0 & a \\ 0 & 0 & 1 & b \\ 0 & 0 & 0 & 0 \\ 0 & 0 & 0 & 0 \end{bmatrix}, \begin{bmatrix} 0 & 1 & a & 0 \\ 0 & 0 & 0 & 1 \\ 0 & 0 & 0 & 0 \\ 0 & 0 & 0 & 0 \end{bmatrix}, \begin{bmatrix} 0 & 0 & 1 & 0 \\ 0 & 0 & 0 & 1 \\ 0 & 0 & 0 & 0 \\ 0 & 0 & 0 & 0 \end{bmatrix}, \begin{bmatrix} 1 & a & b & c \\ 0 & 0 & 0 & 0 \\ 0 & 0 & 0 & 0 \\ 0 & 0 & 0 & 0 \end{bmatrix},$$

$$\begin{bmatrix} 0 & 1 & a & b \\ 0 & 0 & 0 & 0 \\ 0 & 0 & 0 & 0 \\ 0 & 0 & 0 & 0 \end{bmatrix}, \begin{bmatrix} 0 & 0 & 1 & a \\ 0 & 0 & 0 & 0 \\ 0 & 0 & 0 & 0 \\ 0 & 0 & 0 & 0 \end{bmatrix}, \begin{bmatrix} 0 & 0 & 0 & 1 \\ 0 & 0 & 0 & 0 \\ 0 & 0 & 0 & 0 \\ 0 & 0 & 0 & 0 \end{bmatrix}, \begin{bmatrix} 0 & 0 & 0 & 0 \\ 0 & 0 & 0 & 0 \\ 0 & 0 & 0 & 0 \\ 0 & 0 & 0 & 0 \end{bmatrix}.$$

●問題 3.11 例 3.11 の各行列のそれぞれのランクをいえ.

3.2.4 ランクと連立 1 次方程式

□ $m \times n$ 行列 A を行基本変形により,A を階段行列 B に変形する.A のランクが r であるとき,B のゼロ・ベクトルでない行は r 個ある.

□ このとき,未知数 $x_1, \ldots, x_n$ に関する連立 1 次方程式 $A\boldsymbol{x} = \boldsymbol{0}$ ($\boldsymbol{x} = \begin{bmatrix} x_1 \\ \vdots \\ x_n \end{bmatrix}$) は,連立 1 次方程式 $B\boldsymbol{x} = \boldsymbol{0}$ に同値である.$A\boldsymbol{x} = \boldsymbol{0}$ は m 個の 1 次方程式であるが,$B\boldsymbol{x} = \boldsymbol{0}$ は r 個の 1 次方程式である.

□ つまり,行列 A のランクとは,連立 1 次方程式 $A\boldsymbol{x} = \boldsymbol{0}$ に対し,1 次方程式の個数を何個にまで減らせるか,ということでもある.

□ 簡約化により,次がいえる.

定理 3.21 A を $m \times n$ 行列とすると,次の 3 つの条件は同値である:
(1) 方程式 $A\boldsymbol{x} = \boldsymbol{0}$ の解は自明な解 $\boldsymbol{x} = \boldsymbol{0}$ のみである.
(2) A の簡約化は,$\begin{bmatrix} \mathbf{e}_1 & \cdots & \mathbf{e}_n \end{bmatrix}$ である.
(3) $\mathrm{rank}(A) = n$.

定理 3.22 A を $m \times n$ 行列とすると,次の 3 つの条件は同値である:
(1) 任意の m 次列ベクトル $\boldsymbol{b}$ に対し,方程式 $A\boldsymbol{x} = \boldsymbol{b}$ の解が存在する.
(2) A の簡約化の列の中に,基本ベクトル $\mathbf{e}_1, \ldots, \mathbf{e}_m$ のすべてが現れる.
(3) $\mathrm{rank}(A) = m$.

3.2 行列の簡約化

定理 3.23 A を n 次正方行列とすると，次の 4 つの条件は同値である：
  (1) 方程式 $A\boldsymbol{x} = \boldsymbol{0}$ の解は自明な解 $\boldsymbol{x} = \boldsymbol{0}$ のみである．
  (2) 任意の n 次列ベクトル $\boldsymbol{b}$ に対し，方程式 $A\boldsymbol{x} = \boldsymbol{b}$ の解が存在する．
  (3) A の簡約化は単位行列である．
  (4) $\mathrm{rank}(A) = n$.

□ よって定理 3.12 より，次がいえる．

定理 3.24 正則行列の簡約化は単位行列である．

□ 定理 3.14 とあわせて次を得る．

定理 3.25 A を n 次正方行列とすると，次の 3 つの条件は同値である：
  (1) A は正則行列である．
  (2) 方程式 $A\boldsymbol{x} = \boldsymbol{0}$ の解は自明な解 $\boldsymbol{x} = \boldsymbol{0}$ のみである．
  (3) 任意の n 次列ベクトル $\boldsymbol{b}$ に対し，方程式 $A\boldsymbol{x} = \boldsymbol{b}$ の解が存在する．

定理 3.26 n 次正方行列 A, B に対し，$AB = E$ ならば $BA = E$ である．

[証明] n 次列ベクトル $\boldsymbol{x}$ に対し，$B\boldsymbol{x} = \boldsymbol{0}$ とすると，仮定より，
$$\boldsymbol{x} = E\boldsymbol{x} = (AB)\boldsymbol{x} = A(B\boldsymbol{x}) = A\boldsymbol{0} = \boldsymbol{0}.$$
『$B\boldsymbol{x} = \boldsymbol{0}$ ならば $\boldsymbol{x} = \boldsymbol{0}$』がいえた．よって定理 3.25 より，$B$ は正則である．よって $BA = BAE = BABB^{-1} = BEB^{-1} = BB^{-1} = E$. ∎

□ したがって，次がいえる．

定理 3.27 n 次正方行列 A に対し，次の 3 つの条件は同値である：
  (1) A は正則行列である．
  (2) n 次正方行列 B が存在して，$BA = E$.
  (3) n 次正方行列 B が存在して，$AB = E$.

3.2.5 簡約行列に対する連立 1 次方程式

□ 連立 1 次方程式の未知数は，方程式によって束縛された変数である．

□ 連立 1 次方程式の解を，新たに導入する 自由な変数 によって表すことを考える．
  (1) x, y, z を未知数とする連立 1 次方程式

$$A \begin{bmatrix} x \\ y \\ z \end{bmatrix} = \begin{bmatrix} b_1 \\ b_2 \end{bmatrix}, \quad A = \begin{bmatrix} 1 & 0 & a_1 \\ 0 & 1 & a_2 \end{bmatrix} \tag{3.1}$$

は，
$$x + a_1 z = b_1,$$
$$y + a_2 z = b_2$$
と書ける．移項すると，
$$x = b_1 - a_1 z,$$
$$y = b_2 - a_2 z$$
になる．z を任意にとり，x, y を上の等式によって定めるとき，(x, y, z) が連立 1 次方程式 (3.1) の解になる．

自由な変数 t を導入して $z = t$ と表し，x, y も t で表すと，

$$\begin{bmatrix} x \\ y \\ z \end{bmatrix} = \begin{bmatrix} b_1 \\ b_2 \\ 0 \end{bmatrix} + \begin{bmatrix} -a_1 \\ -a_2 \\ 1 \end{bmatrix} t.$$

連立 1 次方程式 (3.1) の一般の解は，このように表される．

このとき，次のことに注意する．

(a) $\begin{bmatrix} x \\ y \\ z \end{bmatrix} = \begin{bmatrix} b_1 \\ b_2 \\ 0 \end{bmatrix}$ は一つの解である．

(b) $\boldsymbol{x} = \begin{bmatrix} -a_1 \\ -a_2 \\ 1 \end{bmatrix}$ は，同次型連立 1 次方程式 $A\boldsymbol{x} = \boldsymbol{0}$ の解である．実際，

$$\begin{bmatrix} 1 & 0 & a_1 \\ 0 & 1 & a_2 \end{bmatrix} \begin{bmatrix} -a_1 \\ -a_2 \\ 1 \end{bmatrix} = \begin{bmatrix} 0 \\ 0 \end{bmatrix}.$$

(2) 連立 1 次方程式

$$A \begin{bmatrix} x \\ y \\ z \\ u \end{bmatrix} = \begin{bmatrix} c_1 \\ c_2 \end{bmatrix}, \quad A = \begin{bmatrix} 1 & 0 & a_1 & b_1 \\ 0 & 1 & a_2 & b_2 \end{bmatrix}$$

は，
$$x + a_1 z + b_1 u = c_1,$$
$$y + a_2 z + b_2 u + c_2$$
と書ける．移項すると，
$$x = c_1 - a_1 z - b_1 u,$$
$$y = c_2 - a_2 z - b_2 u.$$

3.2 行列の簡約化

自由な変数 s, t を導入して $z = s, u = t$ と表し，x, y も s, t で表すと，

$$\begin{bmatrix} x \\ y \\ z \\ w \end{bmatrix} = \begin{bmatrix} c_1 \\ c_2 \\ 0 \\ 0 \end{bmatrix} + \begin{bmatrix} -a_1 \\ -a_2 \\ 1 \\ 0 \end{bmatrix} s + \begin{bmatrix} -b_1 \\ -b_2 \\ 0 \\ 1 \end{bmatrix} t.$$

一般の解はこのように表される．

このとき，次のことに注意する．

(a) $\begin{bmatrix} x \\ y \\ z \\ w \end{bmatrix} = \begin{bmatrix} c_1 \\ c_2 \\ 0 \\ 0 \end{bmatrix}$ は一つの解である．

(b) $\boldsymbol{x} = \begin{bmatrix} -a_1 \\ -a_2 \\ 1 \\ 0 \end{bmatrix}, \begin{bmatrix} -b_1 \\ -b_2 \\ 0 \\ 1 \end{bmatrix}$ は，同次型連立1次方程式 $A\boldsymbol{x} = \boldsymbol{0}$ の解である．

(3) 連立1次方程式

$$A \begin{bmatrix} x \\ y \\ z \\ v \\ w \end{bmatrix} = \begin{bmatrix} d_1 \\ d_2 \end{bmatrix}, \quad A = \begin{bmatrix} 1 & 0 & a_1 & b_1 & c_1 \\ 0 & 1 & a_2 & b_2 & c_2 \end{bmatrix}$$

は，

$$x + a_1 z + b_1 v + c_1 v = d_1,$$
$$y + a_2 z + b_2 v + c_2 v = d_2$$

と書ける．移項すると，

$$x = d_1 - a_1 z - b_1 v - c_1 v,$$
$$y = d_2 - a_2 z - b_1 v - c_2 v.$$

自由な変数 s, t, u を導入して $z = s, v = t, w = u$ と表し，x, y も s, t, u で表すと，

$$\begin{bmatrix} x \\ y \\ z \\ v \\ w \end{bmatrix} = \begin{bmatrix} d_1 \\ d_2 \\ 0 \\ 0 \\ 0 \end{bmatrix} + \begin{bmatrix} -a_1 \\ -a_2 \\ 1 \\ 0 \\ 0 \end{bmatrix} s + \begin{bmatrix} -b_1 \\ -b_2 \\ 0 \\ 1 \\ 0 \end{bmatrix} t + \begin{bmatrix} -c_1 \\ -c_2 \\ 0 \\ 0 \\ 1 \end{bmatrix} u.$$

一般解はこのように表される.

このとき，次のことに注意する.

(a) $\begin{bmatrix} x \\ y \\ z \\ v \\ w \end{bmatrix} = \begin{bmatrix} d_1 \\ d_2 \\ 0 \\ 0 \\ 0 \end{bmatrix}$ は一つの解である.

(b) $\boldsymbol{x} = \begin{bmatrix} -a_1 \\ -a_2 \\ 1 \\ 0 \\ 0 \end{bmatrix}, \begin{bmatrix} -b_1 \\ -b_2 \\ 0 \\ 1 \\ 0 \end{bmatrix}, \begin{bmatrix} -c_1 \\ -c_2 \\ 0 \\ 0 \\ 1 \end{bmatrix}$ は，同次型連立1次方程式 $A\boldsymbol{x} = \boldsymbol{0}$ の解である.

例 3.12 (1) 連立1次方程式

$$A \begin{bmatrix} x \\ y \\ z \\ w \end{bmatrix} = \begin{bmatrix} c_1 \\ c_2 \end{bmatrix}, \quad A = \begin{bmatrix} 1 & a & 0 & b_1 \\ 0 & 0 & 1 & b_2 \end{bmatrix}$$

の解は，自由な変数 s, t を導入して $y = s, w = t$ と表すと，

$$\begin{bmatrix} x \\ y \\ z \\ w \end{bmatrix} = \begin{bmatrix} c_1 \\ 0 \\ c_2 \\ 0 \end{bmatrix} + \begin{bmatrix} -a \\ 1 \\ 0 \\ 0 \end{bmatrix} s + \begin{bmatrix} -b_1 \\ 0 \\ -b_2 \\ 1 \end{bmatrix} t.$$

このとき，次のことに注意する.

(a) $\begin{bmatrix} x \\ y \\ z \\ w \end{bmatrix} = \begin{bmatrix} c_1 \\ 0 \\ c_2 \\ 0 \end{bmatrix}$ は一つの解である.

(b) $\boldsymbol{x} = \begin{bmatrix} -a \\ 1 \\ 0 \\ 0 \end{bmatrix}, \begin{bmatrix} -b_1 \\ 0 \\ -b_2 \\ 1 \end{bmatrix}$ は，$A\boldsymbol{x} = \boldsymbol{0}$ の解である.

(2) 連立1次方程式

$$A \begin{bmatrix} x \\ y \\ z \\ w \end{bmatrix} = \begin{bmatrix} c_1 \\ c_2 \end{bmatrix}, \quad A = \begin{bmatrix} 1 & a & b & 0 \\ 0 & 0 & 0 & 1 \end{bmatrix}$$

の解は，自由な変数 s, t を導入して $y = s, z = t$ と表すと，

3.2 行列の簡約化   55

$$\begin{bmatrix} x \\ y \\ z \\ w \end{bmatrix} = \begin{bmatrix} c_1 \\ 0 \\ 0 \\ c_2 \end{bmatrix} + \begin{bmatrix} -a \\ 1 \\ 0 \\ 0 \end{bmatrix} s + \begin{bmatrix} -b \\ 0 \\ 1 \\ 0 \end{bmatrix} t.$$

このとき，次のことに注意する．

(a) $\begin{bmatrix} x \\ y \\ z \\ w \end{bmatrix} = \begin{bmatrix} c_1 \\ 0 \\ 0 \\ c_2 \end{bmatrix}$ は一つの解である．

(b) $\boldsymbol{x} = \begin{bmatrix} -a \\ 1 \\ 0 \\ 0 \end{bmatrix}, \begin{bmatrix} -b \\ 0 \\ 1 \\ 0 \end{bmatrix}$ は，$A\boldsymbol{x} = \boldsymbol{0}$ の解である．

●問題 **3.12** 次の方程式の解を求めよ．

(1) $\begin{bmatrix} 1 & 0 & 0 \\ 0 & 1 & 0 \\ 0 & 0 & 1 \end{bmatrix} \begin{bmatrix} x \\ y \\ z \end{bmatrix} = \begin{bmatrix} a \\ b \\ c \end{bmatrix}$

(2) $\begin{bmatrix} 0 & 1 & 0 & 0 \\ 0 & 0 & 1 & 0 \\ 0 & 0 & 0 & 1 \end{bmatrix} \begin{bmatrix} x \\ y \\ z \\ u \end{bmatrix} = \begin{bmatrix} a \\ b \\ c \end{bmatrix}$

(3) $\begin{bmatrix} 1 & 2 & 0 & 0 \\ 0 & 0 & 1 & 0 \\ 0 & 0 & 0 & 1 \end{bmatrix} \begin{bmatrix} x \\ y \\ z \\ u \end{bmatrix} = \begin{bmatrix} a \\ b \\ c \end{bmatrix}$

(4) $\begin{bmatrix} 1 & 0 & 2 & 0 \\ 0 & 1 & 3 & 0 \\ 0 & 0 & 0 & 1 \end{bmatrix} \begin{bmatrix} x \\ y \\ z \\ u \end{bmatrix} = \begin{bmatrix} a \\ b \\ c \end{bmatrix}$

(5) $\begin{bmatrix} 1 & 0 & 0 & 2 \\ 0 & 1 & 0 & 3 \\ 0 & 0 & 1 & 4 \end{bmatrix} \begin{bmatrix} x \\ y \\ z \\ u \end{bmatrix} = \begin{bmatrix} a \\ b \\ c \end{bmatrix}$

(6) $\begin{bmatrix} 0 & 0 & 1 & 0 & 0 \\ 0 & 0 & 0 & 1 & 0 \\ 0 & 0 & 0 & 0 & 1 \end{bmatrix} \begin{bmatrix} x \\ y \\ z \\ u \\ v \end{bmatrix} = \begin{bmatrix} a \\ b \\ c \end{bmatrix}$

(7) $\begin{bmatrix} 0 & 1 & 2 & 0 & 0 \\ 0 & 0 & 0 & 1 & 0 \\ 0 & 0 & 0 & 0 & 1 \end{bmatrix} \begin{bmatrix} x \\ y \\ z \\ u \\ v \end{bmatrix} = \begin{bmatrix} a \\ b \\ c \end{bmatrix}$

(8) $\begin{bmatrix} 0 & 1 & 0 & 2 & 0 \\ 0 & 0 & 1 & 3 & 0 \\ 0 & 0 & 0 & 0 & 1 \end{bmatrix} \begin{bmatrix} x \\ y \\ z \\ u \\ v \end{bmatrix} = \begin{bmatrix} a \\ b \\ c \end{bmatrix}$

(9) $\begin{bmatrix} 0 & 1 & 0 & 0 & 2 \\ 0 & 0 & 1 & 0 & 3 \\ 0 & 0 & 0 & 1 & 4 \end{bmatrix} \begin{bmatrix} x \\ y \\ z \\ u \\ v \end{bmatrix} = \begin{bmatrix} a \\ b \\ c \end{bmatrix}$

(10) $\begin{bmatrix} 1 & -2 & 2 & 0 & 0 \\ 0 & 0 & 0 & 1 & 0 \\ 0 & 0 & 0 & 0 & 1 \end{bmatrix} \begin{bmatrix} x \\ y \\ z \\ u \\ v \end{bmatrix} = \begin{bmatrix} a \\ b \\ c \end{bmatrix}$

(11) $\begin{bmatrix} 1 & -2 & 0 & 2 & 0 \\ 0 & 0 & 1 & 3 & 0 \\ 0 & 0 & 0 & 0 & 1 \end{bmatrix} \begin{bmatrix} x \\ y \\ z \\ u \\ v \end{bmatrix} = \begin{bmatrix} a \\ b \\ c \end{bmatrix}$

(12) $\begin{bmatrix} 1 & -2 & 0 & 0 & 2 \\ 0 & 0 & 1 & 0 & 3 \\ 0 & 0 & 0 & 1 & 4 \end{bmatrix} \begin{bmatrix} x \\ y \\ z \\ u \\ v \end{bmatrix} = \begin{bmatrix} a \\ b \\ c \end{bmatrix}$

(13) $\begin{bmatrix} 1 & 0 & -2 & 2 & 0 \\ 0 & 1 & -3 & 3 & 0 \\ 0 & 0 & 0 & 0 & 1 \end{bmatrix} \begin{bmatrix} x \\ y \\ z \\ u \\ v \end{bmatrix} = \begin{bmatrix} a \\ b \\ c \end{bmatrix}$ (14) $\begin{bmatrix} 1 & 0 & -2 & 0 & 2 \\ 0 & 1 & -3 & 0 & 3 \\ 0 & 0 & 0 & 1 & 4 \end{bmatrix} \begin{bmatrix} x \\ y \\ z \\ u \\ v \end{bmatrix} = \begin{bmatrix} a \\ b \\ c \end{bmatrix}$

(15) $\begin{bmatrix} 1 & 0 & 0 & -2 & 2 \\ 0 & 1 & 0 & -3 & 3 \\ 0 & 0 & 1 & -4 & 4 \end{bmatrix} \begin{bmatrix} x \\ y \\ z \\ u \\ v \end{bmatrix} = \begin{bmatrix} a \\ b \\ c \end{bmatrix}$

3.2.6 一般の連立1次方程式

□ $m \times n$ 行列 A と m 次列ベクトル $\boldsymbol{b}$ に対し，連立1次方程式
$$A\boldsymbol{x} = \boldsymbol{b}$$
を解くには，まず $m \times (n+1)$ 行列 $[A \ \boldsymbol{b}]$ の簡約化
$$[B \ \boldsymbol{c}], \quad B = [b_{i,j}], \quad \boldsymbol{c} = [c_i]$$
を求める．

□ $A\boldsymbol{x} = \boldsymbol{b}$ は $B\boldsymbol{x} = \boldsymbol{c}$ に同値なので，$B\boldsymbol{x} = \boldsymbol{c}$ を解く．

□ B の階段型を $\{p(1), \ldots, p(r)\}$ とすると，解が存在するための必要十分条件は，$p > r$ に対し $c_p = 0$ であることである．

定理 3.28 A を $m \times n$ 行列とする．

(1) 『任意の m 次列ベクトル $\boldsymbol{b}$ に対し，$A\boldsymbol{x} = \boldsymbol{b}$ の解が存在する』という条件は，$\mathrm{rank}(A) = m$ に同値である．

(2) 『$A\boldsymbol{x} = \boldsymbol{0}$ の解が自明な解のみである』という条件は，$\mathrm{rank}(A) = n$ に同値である．

[証明] A が簡約行列である場合に示せばよい．

(1) 任意の m 次列ベクトル $\boldsymbol{b}$ に対し，$A\boldsymbol{x} = \boldsymbol{b}$ の解が存在することは，A の行ベクトルがすべてゼロ・ベクトルでない場合である．この条件は $\mathrm{rank}(A) = m$ に同値である．

(2) $A\boldsymbol{x} = \boldsymbol{0}$ が自明な解のみをもつのは，A の階段型が $\{1, 2, \ldots, n\}$ である場合である．この条件は $\mathrm{rank}(A) = n$ に同値である． ∎

例 3.13 $A = \begin{bmatrix} 2 & 3 & 4 & 5 \\ 1 & 2 & 3 & 4 \\ 3 & 4 & 5 & 6 \end{bmatrix}, \quad \boldsymbol{b} = \begin{bmatrix} a \\ b \\ c \end{bmatrix}$

に対し，連立1次方程式
$$A\boldsymbol{x} = \boldsymbol{b}, \quad \boldsymbol{x} = \begin{bmatrix} x \\ y \\ z \\ w \end{bmatrix}$$

3.2 行列の簡約化

を考える．拡大係数行列

$$\begin{bmatrix} 2 & 3 & 4 & 5 & a \\ 1 & 2 & 3 & 4 & b \\ 3 & 4 & 5 & 6 & c \end{bmatrix}$$

に行基本変形を施すと，

$$\begin{bmatrix} 2 & 3 & 4 & 5 & a \\ 1 & 2 & 3 & 4 & b \\ 3 & 4 & 5 & 6 & c \end{bmatrix} \xrightarrow[\text{II}]{} \begin{bmatrix} 1 & 2 & 3 & 4 & b \\ 2 & 3 & 4 & 5 & a \\ 3 & 4 & 5 & 6 & c \end{bmatrix}$$

$$\xrightarrow[\text{III, III}]{} \begin{bmatrix} 1 & 2 & 3 & 4 & b \\ 0 & -1 & -2 & -3 & a-2b \\ 0 & -2 & -4 & -6 & c-3b \end{bmatrix}$$

$$\xrightarrow[\text{I}]{} \begin{bmatrix} 1 & 2 & 3 & 4 & b \\ 0 & 1 & 2 & 3 & -a+2b \\ 0 & -2 & -4 & -6 & c-3b \end{bmatrix}$$

$$\xrightarrow[\text{III, III}]{} \begin{bmatrix} 1 & 0 & -1 & -2 & 2a-3b \\ 0 & 1 & 2 & 3 & -a+2b \\ 0 & 0 & 0 & 0 & -2a+b+c \end{bmatrix}$$

となる．したがって，解が存在するのは

$$-2a+b+c=0$$

のときであり，このとき方程式は

$$\begin{bmatrix} 1 & 0 & -1 & -2 \\ 0 & 1 & 2 & 3 \end{bmatrix} \begin{bmatrix} x \\ y \\ z \\ w \end{bmatrix} = \begin{bmatrix} 2a-3b \\ -a+2b \end{bmatrix}$$

となる．これは x, y を z, w で表す形に書き直せる．そこで $z=s, w=t$ とおくと，

$$\begin{aligned} x &= 2a-3b+s+2t, \\ y &= -a+2b-2s-3t, \\ z &= s, \\ w &= t, \end{aligned}$$

すなわち，解は，自由な変数 s, t によって

$$\begin{bmatrix} x \\ y \\ z \\ w \end{bmatrix} = \begin{bmatrix} 2a-3b \\ -a+2b \\ 0 \\ 0 \end{bmatrix} + \begin{bmatrix} 1 \\ -2 \\ 1 \\ 0 \end{bmatrix} s + \begin{bmatrix} 2 \\ -3 \\ 0 \\ 1 \end{bmatrix} t$$

と表される．

●問題 3.13 次の行列 A に対し，連立 1 次方程式

$$A\boldsymbol{x} = \begin{bmatrix} a \\ b \\ c \end{bmatrix}, \quad \boldsymbol{x} = \begin{bmatrix} x \\ y \\ z \\ w \end{bmatrix}$$

の解が存在するための必要十分条件を求めよ．

(1) $A = \begin{bmatrix} 0 & 0 & 0 & 0 \\ 0 & 0 & 0 & 0 \\ 0 & 0 & 0 & 0 \end{bmatrix}$ \quad (2) $A = \begin{bmatrix} 2 & 4 & 6 & 8 \\ 0 & 0 & 0 & 0 \\ 0 & 0 & 0 & 0 \end{bmatrix}$

(3) $A = \begin{bmatrix} 1 & 2 & 3 & 4 \\ -1 & -2 & -3 & -4 \\ 2 & 4 & 6 & 8 \end{bmatrix}$ \quad (4) $A = \begin{bmatrix} 1 & 1 & 1 & 1 \\ 1 & 2 & 3 & 4 \\ 2 & 3 & 4 & 5 \end{bmatrix}$

(5) $A = \begin{bmatrix} 1 & 1 & 1 & 1 \\ -1 & -1 & -2 & -3 \\ 2 & 2 & 3 & 4 \end{bmatrix}$

●問題 3.14 次の行列 A に対し，連立 1 次方程式

$$A\boldsymbol{x} = \begin{bmatrix} 1 \\ 1 \\ 1 \end{bmatrix}, \quad \boldsymbol{x} = \begin{bmatrix} x \\ y \\ z \\ w \end{bmatrix}$$

の解を求めよ．

(1) $A = \begin{bmatrix} 0 & 1 & 1 & 1 \\ 0 & 2 & 3 & 4 \\ 0 & 3 & 3 & 5 \end{bmatrix}$ \quad (2) $A = \begin{bmatrix} 1 & 1 & 1 & 1 \\ 1 & 2 & 3 & 4 \\ 2 & 3 & 3 & 5 \end{bmatrix}$

(3) $A = \begin{bmatrix} 1 & 1 & 1 & 1 \\ 1 & 2 & 3 & 4 \\ 2 & 3 & 4 & 4 \end{bmatrix}$ \quad (4) $A = \begin{bmatrix} 1 & 1 & 1 & 1 \\ 1 & 1 & 2 & 3 \\ 2 & 2 & 2 & 3 \end{bmatrix}$

4
行列式と置換

4.1　2次, 3次の行列式

4.1.1　2次の行列式

□定理 3.10 より，2 次正方行列 $A = \begin{bmatrix} a & b \\ c & d \end{bmatrix}$ に対し，A が正則行列であることは，$ad - bc \neq 0$ に同値である．すなわち，A の成分 a, b, c, d の**多項式**

$$ad - bc$$

が 0 でないかどうかで，A が正則行列かどうかが判定できる．

定義 4.1　2 次正方行列 $A = \begin{bmatrix} a_1 & b_1 \\ a_2 & b_2 \end{bmatrix}$ に対し，

―――――――――――――――――――――― 2 次の行列式 ―

$$\begin{aligned}
\det(A) &= |A| \\
&= \begin{vmatrix} a_1 & b_1 \\ a_2 & b_2 \end{vmatrix} \\
&= a_1 b_2 - a_2 b_1
\end{aligned}$$

とおき，この多項式を 2 次正方行列 A の **行列式** (determinant) という．

□2 次単位行列 $E = \begin{bmatrix} 1 & 0 \\ 0 & 1 \end{bmatrix}$ に対し，

$$\det(E) = \begin{vmatrix} 1 & 0 \\ 0 & 1 \end{vmatrix} = 1 \cdot 1 - 0 \cdot 0 = 1.$$

□2 次行列式 $\det(A)$ は，各列について線形形式であり，かつ各行について線形形式である．たとえば第 1 列に関して線形であるとは，次の等式が成り立つことである．

―― 第 1 列に関する線形性 ――
$$\begin{vmatrix} x+x' & b_1 \\ y+y' & b_2 \end{vmatrix} = \begin{vmatrix} x & b_1 \\ y & b_2 \end{vmatrix} + \begin{vmatrix} x' & b_1 \\ y' & b_2 \end{vmatrix},$$
$$\begin{vmatrix} tx & b_1 \\ ty & b_2 \end{vmatrix} = t \begin{vmatrix} x & b_1 \\ y & b_2 \end{vmatrix}.$$

◎演習 4.1 2 次行列式が第 2 列に関して線形であるという条件を，等式で表せ．また，第 1 行，第 2 行に関して線形であるという条件を，それぞれ等式で表せ．

□以下で行列式の性質についてみていく．

□2 つの列が一致するとき，行列式は 0 である．
$$\begin{vmatrix} a_1 & a_1 \\ a_2 & a_2 \end{vmatrix} = 0.$$
また，2 つの列を入れ替えると，行列式は (-1) 倍になる．
$$\begin{vmatrix} b_1 & a_1 \\ b_2 & a_2 \end{vmatrix} = -\begin{vmatrix} a_1 & b_1 \\ a_2 & b_2 \end{vmatrix}.$$
この 2 つの性質を，列に関する **交代性** という．

□2 つの行が一致するとき，行列式は 0 である．
$$\begin{vmatrix} a_1 & b_1 \\ a_1 & b_1 \end{vmatrix} = 0.$$
また，2 つの行を入れ替えると，行列式は (-1) 倍になる．
$$\begin{vmatrix} a_2 & b_2 \\ a_1 & b_1 \end{vmatrix} = -\begin{vmatrix} a_1 & b_1 \\ a_2 & b_2 \end{vmatrix}.$$
この 2 つの性質を，行に関する **交代性** という．

□次が成り立つ．
$$\begin{vmatrix} a_1 & a_2 \\ b_2 & b_2 \end{vmatrix} = \begin{vmatrix} a_1 & b_1 \\ a_2 & b_2 \end{vmatrix}.$$

◎演習 4.2 以上の等式を確かめよ．

□2 次行列式には，次のような幾何学的意味がある．

定理 4.1 $\boldsymbol{a} = \begin{bmatrix} a_1 \\ a_2 \end{bmatrix}$, $\boldsymbol{b} = \begin{bmatrix} b_1 \\ b_2 \end{bmatrix}$ を $\boldsymbol{0}$ でないベクトルとする．$\boldsymbol{a}, \boldsymbol{b}$ が平行であることは，$\det \begin{bmatrix} \boldsymbol{a} & \boldsymbol{b} \end{bmatrix} = 0$ に同値である．

[証明] $a_1 \neq 0$ の場合，$\boldsymbol{a}, \boldsymbol{b}$ が平行であることは，$b_2 = \dfrac{a_2}{a_1} b_1$ に同値であり，よって $a_1 b_2 - a_2 b_1 = 0$ に同値である．

4.1 2次，3次の行列式

$a_1 = 0$ の場合，$\boldsymbol{a}, \boldsymbol{b}$ が平行であることは，$b_1 = 0$ に同値である．この場合 $a_1 = 0$, $a_2 \neq 0$ なので，$a_1 b_2 - a_2 b_1 = 0$ は $b_1 = 0$ に同値である． ∎

例 4.1 ベクトル $\boldsymbol{a} = \begin{bmatrix} 1 \\ 2 \end{bmatrix}$ と $\boldsymbol{b} = \begin{bmatrix} 3 \\ 6 \end{bmatrix}$ は平行である．これは，$\boldsymbol{b} = 3\boldsymbol{a}$ だからといってもよいし，

$$\begin{vmatrix} 1 & 3 \\ 2 & 6 \end{vmatrix} = 1 \cdot 6 - 2 \cdot 3 = 0$$

だからといってもよい．

定理 4.2 ベクトル $\boldsymbol{a} = \begin{bmatrix} a_1 \\ a_2 \end{bmatrix}$, $\boldsymbol{b} = \begin{bmatrix} b_1 \\ b_2 \end{bmatrix}$ の張る平行4辺形の面積を S とすると，

$$S = |a_1 b_2 - a_2 b_1| = \left| \det \begin{bmatrix} a_1 & b_1 \\ a_2 & b_2 \end{bmatrix} \right|.$$

[証明] $a_1 \neq 0$ の場合，

$$\boldsymbol{b}' = \begin{bmatrix} b_1 \\ b_2 \end{bmatrix} - \frac{b_1}{a_1} \begin{bmatrix} a_1 \\ a_2 \end{bmatrix} = \begin{bmatrix} 0 \\ (a_1 b_2 - a_2 b_1)/a_1 \end{bmatrix}$$

とおくと，S は $\boldsymbol{a}, \boldsymbol{b}'$ の張る平行4辺形の面積に等しいので，

$$S = \left| a_1 \cdot \frac{a_1 b_2 - a_2 b_1}{a_1} \right| = |a_1 b_2 - a_2 b_1|.$$

$a_1 = 0$ の場合，$S = |a_2 b_1| = |a_1 b_2 - a_2 b_1|$. ∎

例 4.2 ベクトル $\begin{bmatrix} 2 \\ 3 \end{bmatrix}$, $\begin{bmatrix} 4 \\ 1 \end{bmatrix}$ の張る平行4辺形の面積は，

$$|2 \cdot 1 - 4 \cdot 3| = 10.$$

定理 4.3 原点を通り，$\begin{bmatrix} a \\ b \end{bmatrix}$ $\left(\neq \begin{bmatrix} 0 \\ 0 \end{bmatrix} \right)$ に平行な直線を l とする．線形形式

$$f(x, y) = \begin{vmatrix} a & x \\ b & y \end{vmatrix} = -bx + ay$$

に対し，次が成り立つ．

(1) 点 (x, y) が直線 l 上にあるのは，$f(x, y) = 0$ のときである．

(2) 2点 $(x_0, y_0), (x_1, y_1)$ が直線 l に関して同じ側にあるのは，$f(x_0, y_0), f(x_1, y_1)$ がいずれも正のときか，あるいはいずれも負のときである．

(3) 2点 $(x_0, y_0), (x_1, y_1)$ が直線 l に関して反対側にあるのは，$f(x_0, y_0), f(x_1, y_1)$ のうちの一方が正で，もう一方が負のときである．

[証明] (1) は定理 4.1 より従う．(2) と (3) は同値な命題である．

(3) を示す．2点 $(x_1, y_1), (x_2, y_2)$ に対し，

$$\begin{bmatrix} x(t) \\ y(t) \end{bmatrix} = (1-t) \begin{bmatrix} x_0 \\ y_0 \end{bmatrix} + t \begin{bmatrix} x_1 \\ y_1 \end{bmatrix}$$

とおくと，

$$f(x(t), y(t)) = \begin{vmatrix} a & (1-t)x_0 + tx_1 \\ b & (1-t)y_0 + ty_1 \end{vmatrix}$$
$$= (1-t)\begin{vmatrix} a & x_0 \\ b & y_0 \end{vmatrix} + t\begin{vmatrix} a & x_1 \\ b & y_1 \end{vmatrix}$$
$$= (1-t)f(x_0, y_0) + tf(x_1, y_1).$$

(x_0, y_0), (x_1, y_1) が直線 l に関して反対側にあるのは, ある $0 < t < 1$ に対して $f(x(t), y(t)) = 0$ となるときであり, 上の等式より, それは $f(x_0, y_0)$, $f(x_1, y_1)$ のうちの一方が正で, もう一方が負のときである. ∎

● **問題 4.1** (1) ベクトル $\begin{bmatrix} t-1 \\ 2 \end{bmatrix}$, $\begin{bmatrix} 3 \\ t-1 \end{bmatrix}$ が平行であるとき, t の値を求めよ.

(2) 点 $(t-1, 2)$, $(3, t-1)$ が直線 $y = x$ に関して同じ側にあるとき, t のとりうる値の範囲を求めよ.

(3) ベクトル $\begin{bmatrix} -1 \\ 2 \end{bmatrix}$, $\begin{bmatrix} 3 \\ -1 \end{bmatrix}$ の張る平行 4 辺形の面積を求めよ.

4.1.2 3 次の行列式

□ n 次正方行列 A の成分の多項式 f であって, A が正則であることと $f \neq 0$ が同値であるようなものはあるだろうか？

□ まず $n = 3$ の場合に, 後述の定理 4.4 においてその答えを与える. 一般の場合は, 定理 4.24 においてその答えを与える.

定義 4.2 3 次正方行列 $A = \begin{bmatrix} a_1 & b_1 & c_1 \\ a_2 & b_2 & c_2 \\ a_3 & b_3 & c_3 \end{bmatrix}$ に対し, その行列式 $\det(A)$ を

─────── 3 次の行列式 ───────
$$\det(A) = |A| = \begin{vmatrix} a_1 & b_1 & c_1 \\ a_2 & b_2 & c_2 \\ a_3 & b_3 & c_3 \end{vmatrix}$$
$$= a_1 b_2 c_3 - a_1 b_3 c_2 - a_2 b_1 c_3 + a_2 b_3 c_1 + a_3 b_1 c_2 - a_3 b_2 c_1$$
─────────────────────────

によって定義する.

□ 3 次単位行列 $E = \begin{bmatrix} 1 & 0 & 0 \\ 0 & 1 & 0 \\ 0 & 0 & 1 \end{bmatrix}$ に対し,

$$\det(E) = \begin{vmatrix} 1 & 0 & 0 \\ 0 & 1 & 0 \\ 0 & 0 & 1 \end{vmatrix} = 1 \cdot 1 \cdot 1 = 1.$$

□ 3 次行列式の各項は,

$\pm a_{\sigma(1)} b_{\sigma(2)} c_{\sigma(3)}$ (ただし, $\sigma(1), \sigma(2), \sigma(3)$ は 1, 2, 3 の順列)

4.1 2次, 3次の行列式

という形をしている.

□ 各項の変数は, A の各列から1つずつ選ばれていて, 同時に各行から1つずつ選ばれている.

□ 各項の係数は ± 1 である. 問題は, この符号がどのような規則によって決められているのか である.

□ $\det(A)$ は, 変数 a_1, a_2, a_3 の線形形式である. すなわち, 第1列 $\begin{bmatrix} a_1 \\ a_2 \\ a_3 \end{bmatrix}$ について線形であり,

$$\det(A) = (b_2 c_3 - b_3 c_2) a_1 + (-b_1 c_3 + b_3 c_1) a_2 + (b_1 c_2 - b_2 c_1) a_3$$
$$= \begin{vmatrix} b_2 & c_2 \\ b_3 & c_3 \end{vmatrix} a_1 - \begin{vmatrix} b_1 & c_1 \\ b_3 & c_3 \end{vmatrix} a_2 + \begin{vmatrix} b_1 & c_1 \\ b_2 & c_2 \end{vmatrix} a_3$$

と書き直すことができる. これを3次行列式の **第1列に関する展開** という.

また, 変数 b_1, b_2, b_3 の線形形式でもある. すなわち, 第2列 $\begin{bmatrix} b_1 \\ b_2 \\ b_3 \end{bmatrix}$ について線形であり,

$$\det(A) = (-a_2 c_3 + a_3 c_2) b_1 + (a_1 c_3 - a_3 c_1) b_2 + (-a_1 c_2 + a_2 c_1) b_3$$
$$= -\begin{vmatrix} a_2 & c_2 \\ a_3 & c_3 \end{vmatrix} b_1 + \begin{vmatrix} a_1 & c_1 \\ a_3 & c_3 \end{vmatrix} b_2 - \begin{vmatrix} a_1 & c_1 \\ a_2 & c_2 \end{vmatrix} b_3$$

と書き直すことができる. これを3次行列式の **第2列に関する展開** という.

さらに, 変数 c_1, c_2, c_3 の線形形式でもある. すなわち, 第3列 $\begin{bmatrix} c_1 \\ c_2 \\ c_3 \end{bmatrix}$ について線形であり,

$$\det(A) = (a_2 b_3 - a_3 b_2) c_1 + (-a_1 b_3 + a_3 b_1) c_2 + (a_1 b_2 - a_2 b_1) c_3$$
$$= \begin{vmatrix} a_2 & b_2 \\ a_3 & b_3 \end{vmatrix} c_1 - \begin{vmatrix} a_1 & b_1 \\ a_3 & b_3 \end{vmatrix} c_2 + \begin{vmatrix} a_1 & b_1 \\ a_2 & b_2 \end{vmatrix} c_3$$

と書き直すことができる. これを3次行列式の **第3列に関する展開** という.

□ $\det(A)$ は, 変数 a_1, b_1, c_1 の線形形式でもある. すなわち, 第1行 $\begin{bmatrix} a_1 & b_1 & c_1 \end{bmatrix}$ について線形であり,

$$\det(A) = (b_2 c_3 - b_3 c_2) a_1 + (-a_2 c_3 + a_3 c_2) b_1 + (a_2 b_3 - a_3 b_2) c_1$$
$$= \begin{vmatrix} b_2 & c_2 \\ b_3 & c_3 \end{vmatrix} a_1 - \begin{vmatrix} a_2 & c_2 \\ a_3 & c_3 \end{vmatrix} b_1 + \begin{vmatrix} a_2 & b_2 \\ a_3 & b_3 \end{vmatrix} c_1$$

と書き直すことができる. これを3次行列式の **第1行に関する展開** という.

また, 変数 a_2, b_2, c_2 の線形形式でもある. すなわち, 第2行 $\begin{bmatrix} a_2 & b_2 & c_2 \end{bmatrix}$ について線形であり,

$$\det(A) = (-b_1 c_3 + b_3 c_1) a_2 + (a_1 c_3 - a_3 c_1) b_2 + (-a_1 b_3 + a_3 b_1) c_2$$

$$= -\begin{vmatrix} b_1 & c_1 \\ b_3 & c_3 \end{vmatrix} a_2 + \begin{vmatrix} a_1 & c_1 \\ a_3 & c_3 \end{vmatrix} b_2 - \begin{vmatrix} a_1 & b_1 \\ a_3 & b_3 \end{vmatrix} c_2$$

と書き直すことができる．これを 3 次行列式の **第 2 行に関する展開** という．

さらに，変数 a_3, b_3, c_3 の線形形式でもある．すなわち，第 3 行 $\begin{bmatrix} a_3 & b_3 & c_3 \end{bmatrix}$ について線形であり，

$$\det(A) = (b_1 c_2 - b_2 c_1) a_3 + (-a_1 c_2 + a_2 c_1) b_3 + (a_1 b_2 - a_2 b_1) c_3$$
$$= \begin{vmatrix} b_1 & c_2 \\ b_1 & c_2 \end{vmatrix} a_3 - \begin{vmatrix} a_1 & c_2 \\ a_1 & c_2 \end{vmatrix} b_3 + \begin{vmatrix} a_1 & b_2 \\ a_1 & b_2 \end{vmatrix} c_3$$

と書き直すことができる．これを 3 次行列式の **第 3 行に関する展開** という．

●**問題 4.2** 次を計算せよ．

(1) $\begin{vmatrix} x & 1 \\ y & 2 \end{vmatrix}$ (2) $\begin{vmatrix} 1 & x \\ 2 & y \end{vmatrix}$ (3) $\begin{vmatrix} x & y \\ 2 & 3 \end{vmatrix}$ (4) $\begin{vmatrix} 2 & 3 \\ x & y \end{vmatrix}$

(5) $\begin{vmatrix} x & 1 & 2 \\ y & 1 & 3 \\ z & 1 & 5 \end{vmatrix}$ (6) $\begin{vmatrix} 1 & x & 2 \\ 1 & y & 3 \\ 1 & z & 5 \end{vmatrix}$ (7) $\begin{vmatrix} 1 & 2 & x \\ 1 & 3 & y \\ 1 & 5 & z \end{vmatrix}$

(8) $\begin{vmatrix} x & y & z \\ 1 & 2 & 3 \\ 2 & 3 & 1 \end{vmatrix}$ (9) $\begin{vmatrix} 1 & 2 & 3 \\ x & y & z \\ 2 & 3 & 1 \end{vmatrix}$ (10) $\begin{vmatrix} 1 & 2 & 3 \\ 2 & 3 & 1 \\ x & y & z \end{vmatrix}$

□ 3 次行列式 $\det(A)$ は，各列について線形であり，かつ各行について線形である．たとえば第 1 列に関して線形であるとは，次の等式が成り立つことである．

第 1 列に関する線形性

$$\begin{vmatrix} x+x' & b_1 & c_1 \\ y+y' & b_2 & c_2 \\ z+z' & b_3 & c_3 \end{vmatrix} = \begin{vmatrix} x & b_1 & c_1 \\ y & b_2 & c_2 \\ z & b_3 & c_3 \end{vmatrix} + \begin{vmatrix} x' & b_1 & c_1 \\ y' & b_2 & c_2 \\ z' & b_3 & c_3 \end{vmatrix},$$

$$\begin{vmatrix} tx & b_1 & c_1 \\ ty & b_2 & c_2 \\ tz & b_3 & c_3 \end{vmatrix} = t \begin{vmatrix} x & b_1 & c_1 \\ y & b_2 & c_2 \\ z & b_3 & c_3 \end{vmatrix}.$$

◎**演習 4.3** 3 次行列式が第 2 列，第 3 列に関して線形であるという条件を，それぞれ等式で表せ．また，第 1 行，第 2 行，第 3 行に関して線形であるという条件を，それぞれ等式で表せ．

□ 以下，行列式の他の性質についてみていく．

□ 2 つの列が一致するとき，行列式は 0 になる．

$$\begin{vmatrix} a_1 & a_1 & c_1 \\ a_2 & a_2 & c_2 \\ a_3 & a_3 & c_3 \end{vmatrix} = \begin{vmatrix} a_1 & b_1 & a_1 \\ a_2 & b_2 & a_2 \\ a_3 & b_3 & a_3 \end{vmatrix} = \begin{vmatrix} a_1 & b_1 & b_1 \\ a_2 & b_2 & b_2 \\ a_3 & b_3 & b_3 \end{vmatrix} = 0.$$

4.1 2次，3次の行列式

また，2つの列を入れ替えると，行列式は (-1) 倍になる．

$$\begin{vmatrix} b_1 & a_1 & c_1 \\ b_2 & a_2 & c_2 \\ b_3 & a_3 & c_3 \end{vmatrix} = \begin{vmatrix} c_1 & b_1 & a_1 \\ c_2 & b_2 & a_2 \\ c_3 & b_3 & a_3 \end{vmatrix} = \begin{vmatrix} a_1 & c_1 & b_1 \\ a_2 & c_2 & b_2 \\ a_3 & c_3 & b_3 \end{vmatrix} = -\begin{vmatrix} a_1 & b_1 & c_1 \\ a_2 & b_2 & c_2 \\ a_3 & b_3 & c_3 \end{vmatrix}.$$

この 2 つの性質を，列に関する **交代性** という．

□ 2 つの行が一致するとき，行列式は 0 になる．

$$\begin{vmatrix} a_1 & b_1 & c_1 \\ a_1 & b_1 & c_1 \\ a_3 & b_3 & c_3 \end{vmatrix} = \begin{vmatrix} a_1 & b_1 & c_1 \\ a_2 & b_2 & c_2 \\ a_1 & b_1 & c_1 \end{vmatrix} = \begin{vmatrix} a_1 & b_1 & c_1 \\ a_2 & b_2 & c_2 \\ a_2 & b_2 & c_2 \end{vmatrix} = 0.$$

また，2つの行を入れ替えると，行列式は (-1) 倍になる．

$$\begin{vmatrix} a_2 & b_2 & c_2 \\ a_1 & b_1 & c_1 \\ a_3 & b_3 & c_3 \end{vmatrix} = \begin{vmatrix} a_3 & b_3 & c_3 \\ a_2 & b_2 & c_2 \\ a_1 & b_1 & c_1 \end{vmatrix} = \begin{vmatrix} a_1 & b_1 & c_1 \\ a_3 & b_3 & c_3 \\ a_2 & b_2 & c_2 \end{vmatrix} = -\begin{vmatrix} a_1 & b_1 & c_1 \\ a_2 & b_2 & c_2 \\ a_3 & b_3 & c_3 \end{vmatrix}.$$

この 2 つの性質を，行に関する **交代性** という．

□ 次が成り立つ．

$$\begin{vmatrix} a_1 & a_2 & a_3 \\ b_1 & b_2 & b_3 \\ c_1 & c_2 & c_3 \end{vmatrix} = \begin{vmatrix} a_1 & b_1 & c_1 \\ a_2 & b_2 & c_2 \\ a_3 & b_3 & c_3 \end{vmatrix}.$$

□ ある列またはある行に，0 でない成分が高々 1 つしかない場合，3 次行列式は簡単になる．

$$\begin{vmatrix} a_1 & b_1 & c_1 \\ 0 & b_2 & c_2 \\ 0 & b_3 & c_3 \end{vmatrix} = \begin{vmatrix} a_1 & 0 & 0 \\ a_2 & b_2 & c_2 \\ a_3 & b_3 & c_3 \end{vmatrix} = a_1 \begin{vmatrix} b_2 & c_2 \\ b_3 & c_3 \end{vmatrix},$$

$$\begin{vmatrix} 0 & b_1 & c_1 \\ a_2 & b_2 & c_2 \\ 0 & b_3 & c_3 \end{vmatrix} = \begin{vmatrix} a_1 & b_1 & c_1 \\ a_2 & 0 & 0 \\ a_3 & b_3 & c_3 \end{vmatrix} = -a_2 \begin{vmatrix} b_1 & c_1 \\ b_3 & c_3 \end{vmatrix},$$

$$\begin{vmatrix} 0 & b_1 & c_1 \\ 0 & b_2 & c_2 \\ a_3 & b_3 & c_3 \end{vmatrix} = \begin{vmatrix} a_1 & b_1 & c_1 \\ a_2 & b_2 & c_2 \\ a_3 & 0 & 0 \end{vmatrix} = a_3 \begin{vmatrix} b_1 & c_1 \\ b_2 & c_2 \end{vmatrix},$$

$$\begin{vmatrix} a_1 & b_1 & c_1 \\ a_2 & 0 & c_2 \\ a_3 & 0 & c_3 \end{vmatrix} = \begin{vmatrix} 0 & b_1 & 0 \\ a_2 & b_2 & c_2 \\ a_3 & b_3 & c_3 \end{vmatrix} = -b_1 \begin{vmatrix} a_2 & c_2 \\ a_3 & c_3 \end{vmatrix},$$

$$\begin{vmatrix} a_1 & 0 & c_1 \\ a_2 & b_2 & c_2 \\ a_3 & 0 & c_3 \end{vmatrix} = \begin{vmatrix} a_1 & b_1 & c_1 \\ 0 & b_2 & 0 \\ a_3 & b_3 & c_3 \end{vmatrix} = b_2 \begin{vmatrix} a_1 & c_1 \\ a_3 & c_3 \end{vmatrix},$$

$$\begin{vmatrix} a_1 & 0 & c_1 \\ a_2 & 0 & c_2 \\ a_3 & b_3 & c_3 \end{vmatrix} = \begin{vmatrix} a_1 & b_1 & c_1 \\ a_2 & b_2 & c_2 \\ 0 & b_3 & 0 \end{vmatrix} = -b_3 \begin{vmatrix} a_1 & c_2 \\ a_2 & c_2 \end{vmatrix},$$

$$\begin{vmatrix} a_1 & b_1 & c_1 \\ a_2 & b_2 & 0 \\ a_3 & b_3 & 0 \end{vmatrix} = \begin{vmatrix} 0 & 0 & c_1 \\ a_2 & b_2 & c_2 \\ a_3 & b_3 & c_3 \end{vmatrix} = c_1 \begin{vmatrix} a_2 & b_2 \\ a_3 & b_3 \end{vmatrix},$$

$$\begin{vmatrix} a_1 & b_1 & 0 \\ a_2 & b_2 & c_2 \\ a_3 & b_3 & 0 \end{vmatrix} = \begin{vmatrix} a_1 & b_1 & c_1 \\ 0 & 0 & c_2 \\ a_3 & b_3 & c_3 \end{vmatrix} = -c_2 \begin{vmatrix} a_1 & b_1 \\ a_3 & c_3 \end{vmatrix},$$

$$\begin{vmatrix} a_1 & b_1 & 0 \\ a_2 & b_2 & 0 \\ a_3 & b_3 & c_3 \end{vmatrix} = \begin{vmatrix} a_1 & b_1 & c_1 \\ a_2 & b_2 & c_2 \\ 0 & 0 & c_3 \end{vmatrix} = c_3 \begin{vmatrix} a_1 & b_1 \\ a_2 & b_2 \end{vmatrix}.$$

4.1.3　3次行列式と基本変形

□ 基本変形は，行列式の計算にも役に立つ．

定義 4.3　行列に対する次の3種類の操作およびその合成を，**列基本変形** という．
- (1) 1つの列を $a\,(\neq 0)$ 倍する．
- (2) 2つの列を入れ替える．
- (3) 1つの列に，他の列を何倍かしたものを加える．

□ 上に述べた諸公式から，3次行列式に関して次がいえる．

(R1)　1つの行に他の行の t 倍を足しても行列式は変わらない．
(R2)　1つの行を t 倍すると行列式は t 倍になる．
(R3)　2つの行を入れ替えると行列式は (-1) 倍になる．
(C1)　1つの列に他の列の t 倍を足しても行列式は変わらない．
(C2)　1つの列を t 倍すると行列式は t 倍になる．
(C3)　2つの列を入れ替えると行列式は (-1) 倍になる．

□ (R1), (C1) は次のように確かめられる．たとえば，第1列に第2列の t 倍を加えるとき，

$$\begin{vmatrix} a_1+tb_1 & b_1 & c_1 \\ a_2+tb_2 & b_2 & c_2 \\ a_3+tb_3 & b_3 & c_3 \end{vmatrix} = \begin{vmatrix} a_1 & b_1 & c_1 \\ a_2 & b_2 & c_2 \\ a_3 & b_3 & c_3 \end{vmatrix} + \begin{vmatrix} tb_1 & b_1 & c_1 \\ tb_2 & b_2 & c_2 \\ tb_3 & b_3 & c_3 \end{vmatrix}$$

$$= \begin{vmatrix} a_1 & b_1 & c_1 \\ a_2 & b_2 & c_2 \\ a_3 & b_3 & c_3 \end{vmatrix} + t \begin{vmatrix} b_1 & b_1 & c_1 \\ b_2 & b_2 & c_2 \\ b_3 & b_3 & c_3 \end{vmatrix}$$

$$= \begin{vmatrix} a_1 & b_1 & c_1 \\ a_2 & b_2 & c_2 \\ a_3 & b_3 & c_3 \end{vmatrix}.$$

◎ **演習 4.4**　他の場合について, (R1), (C1) を確かめよ．

□ この性質を利用して3次行列式を計算することができる．

例 4.3
$$\begin{vmatrix} 1 & x & x^2 \\ 1 & y & y^2 \\ 1 & z & z^2 \end{vmatrix} = \begin{vmatrix} 1 & x & x^2 \\ 0 & y-x & y^2-x^2 \\ 0 & z-x & z^2-x^2 \end{vmatrix} = \begin{vmatrix} y-x & y^2-x^2 \\ z-x & z^2-x^2 \end{vmatrix}$$
$$= \begin{vmatrix} y-x & (y-x)(y+x) \\ z-x & (z-x)(z+x) \end{vmatrix} = (y-x)(z-x) \begin{vmatrix} 1 & y+x \\ 1 & z+x \end{vmatrix}$$
$$= (y-x)(z-x)(z-y),$$
$$\begin{vmatrix} a & b & c \\ 2a & b & 0 \\ 0 & 2a & b \end{vmatrix} = \begin{vmatrix} a & b & c \\ 0 & -b & -2c \\ 0 & 2a & b \end{vmatrix} = a \begin{vmatrix} -b & -2c \\ 2a & b \end{vmatrix} = -a(b^2 - 4ac).$$

4.2　3次行列式の展開と外積

4.2.1　2次, 3次正方行列の余因子行列

□2次正方行列
$$A = \begin{bmatrix} a_1 & b_1 \\ a_2 & b_2 \end{bmatrix}$$
に対し,
$$\widetilde{A} = \begin{bmatrix} b_2 & -b_1 \\ -a_2 & a_1 \end{bmatrix}$$
を A の **余因子行列** (cofactor matrix) という. このとき,
$$A\widetilde{A} = \begin{bmatrix} a_1 & b_1 \\ a_2 & b_2 \end{bmatrix} \begin{bmatrix} b_2 & -b_1 \\ -a_2 & a_1 \end{bmatrix} = \begin{bmatrix} a_1 b_2 - b_1 a_2 & -a_1 b_1 + b_1 a_1 \\ a_2 b_2 - b_2 a_2 & -a_2 b_1 + b_2 a_1 \end{bmatrix}$$
$$= \det(A) E,$$
$$\widetilde{A}A = \begin{bmatrix} b_2 & -b_1 \\ -a_2 & a_1 \end{bmatrix} \begin{bmatrix} a_1 & b_1 \\ a_2 & b_2 \end{bmatrix} = \begin{bmatrix} b_2 a_1 - b_1 a_2 & b_2 b_1 - b_1 b_2 \\ -a_2 a_1 + a_1 a_2 & -a_2 b_1 + a_1 b_2 \end{bmatrix}$$
$$= \det(A) E.$$

□3次正方行列
$$A = \begin{bmatrix} a_1 & b_1 & c_1 \\ a_2 & b_2 & c_2 \\ a_3 & b_3 & c_3 \end{bmatrix}$$
に対し,
$$\widetilde{A} = \begin{bmatrix} \begin{vmatrix} b_2 & c_2 \\ b_3 & c_3 \end{vmatrix} & -\begin{vmatrix} b_1 & c_1 \\ b_3 & c_3 \end{vmatrix} & \begin{vmatrix} b_1 & c_1 \\ b_2 & c_2 \end{vmatrix} \\ -\begin{vmatrix} a_2 & c_2 \\ a_3 & c_3 \end{vmatrix} & \begin{vmatrix} a_1 & c_1 \\ a_3 & c_3 \end{vmatrix} & -\begin{vmatrix} a_1 & c_1 \\ a_2 & c_2 \end{vmatrix} \\ \begin{vmatrix} a_2 & b_2 \\ a_3 & b_3 \end{vmatrix} & -\begin{vmatrix} a_1 & b_1 \\ a_3 & b_3 \end{vmatrix} & \begin{vmatrix} a_1 & b_1 \\ a_2 & b_2 \end{vmatrix} \end{bmatrix}$$
を A の **余因子行列** という.

例 4.4 $A = \begin{bmatrix} a_1 & b_1 & c_1 \\ 0 & b_2 & c_2 \\ 0 & 0 & c_3 \end{bmatrix}$ の余因子行列は, $\begin{bmatrix} b_2 c_3 & -b_1 c_3 & b_1 c_2 - b_2 c_1 \\ 0 & a_1 c_3 & -a_1 c_2 \\ 0 & 0 & a_1 b_2 \end{bmatrix}$.

●**問題 4.3** 次の行列の余因子行列を求めよ.

(1) $\begin{bmatrix} 1 & 1 & 1 \\ 1 & 1 & 1 \\ 1 & 1 & 1 \end{bmatrix}$ (2) $\begin{bmatrix} 1 & 0 & 0 \\ 1 & 2 & 0 \\ 1 & 2 & 3 \end{bmatrix}$

□ 余因子行列 $\widetilde{A}$ に関し, 次が成り立つ.

定理 4.4 (1) 3次正方行列 A に対し, $A \widetilde{A} = \widetilde{A} A = \det(A) E$.

(2) 3次正方行列 A が $\det(A) \neq 0$ をみたすならば, A は正則で,
$$A^{-1} = \frac{1}{\det(A)} \widetilde{A}.$$

(3) 3次正則行列 A に対し, $\det(A) \neq 0$.

[証明] (1) は行列式の展開にほかならない. 行に関する展開により,

$$[x \ y \ z] \widetilde{A} = \left[\begin{vmatrix} x & y & z \\ a_2 & b_2 & c_2 \\ a_3 & b_3 & c_3 \end{vmatrix} \quad \begin{vmatrix} a_1 & b_1 & c_1 \\ x & y & z \\ a_3 & b_3 & c_3 \end{vmatrix} \quad \begin{vmatrix} a_1 & b_1 & c_1 \\ a_2 & b_2 & c_2 \\ x & y & z \end{vmatrix} \right].$$

$[x \ y \ z] = [a_i \ b_i \ c_i]$ ($i = 1, 2, 3$) の場合を考えると, 2つの行が一致すると行列式が 0 になることから,

$$[a_i \ b_i \ c_i] \widetilde{A} = \det(A) {}^t\mathbf{e}_i.$$

よって $A \widetilde{A} = \det(A) E$ がいえた. また, 列に関する展開により,

$$\widetilde{A} \begin{bmatrix} x \\ y \\ z \end{bmatrix} = \begin{vmatrix} x & b_1 & c_1 \\ y & b_2 & c_2 \\ z & b_3 & c_3 \end{vmatrix} \mathbf{e}_1 + \begin{vmatrix} a_1 & x & c_1 \\ a_2 & y & c_2 \\ a_3 & z & c_3 \end{vmatrix} \mathbf{e}_2 + \begin{vmatrix} a_1 & b_1 & x \\ a_2 & b_2 & y \\ a_3 & b_3 & z \end{vmatrix} \mathbf{e}_3.$$

今度は $\begin{bmatrix} x \\ y \\ z \end{bmatrix} = \begin{bmatrix} a_1 \\ a_2 \\ a_3 \end{bmatrix}, \begin{bmatrix} b_1 \\ b_2 \\ b_3 \end{bmatrix}, \begin{bmatrix} c_1 \\ c_2 \\ c_3 \end{bmatrix}$ の場合を考えると, 2つの列が一致すると行列式が 0 になることから,

$$\widetilde{A} \begin{bmatrix} a_1 \\ a_2 \\ a_3 \end{bmatrix} = \det(A) \mathbf{e}_1, \quad \widetilde{A} \begin{bmatrix} b_1 \\ b_2 \\ b_3 \end{bmatrix} = \det(A) \mathbf{e}_2, \quad \widetilde{A} \begin{bmatrix} c_1 \\ c_2 \\ c_3 \end{bmatrix} = \det(A) \mathbf{e}_3.$$

よって $\widetilde{A} A = \det(A) E$ がいえた.

(2) は (1) よりただちに従う.

(3) A の逆行列 A^{-1} が存在するとする. 3次列ベクトル $\mathbf{x}$ に対し, $A\mathbf{x} = \mathbf{0}$ ならば,

$$\mathbf{x} = E\mathbf{x} = (A^{-1} A) \mathbf{x} = A^{-1} (A \mathbf{x}) = A^{-1} \mathbf{0} = \mathbf{0}.$$

したがって, 連立 1 次方程式 $A\mathbf{x} = \mathbf{0}$ の解は自明な解のみ. よって, A の簡約化は単位行列でなければならない.

一方, $\det(A) \neq 0$ という条件は行基本変形で不変である. また, $\det(E) = 1$. よって, $\det(A) \neq 0$ がいえた. ■

4.2　3次行列式の展開と外積

4.2.2　空間ベクトルの外積

□ $i = \mathbf{e}_1 = \begin{bmatrix} 1 \\ 0 \\ 0 \end{bmatrix}$, $j = \mathbf{e}_2 = \begin{bmatrix} 0 \\ 1 \\ 0 \end{bmatrix}$, $k = \mathbf{e}_3 = \begin{bmatrix} 0 \\ 0 \\ 1 \end{bmatrix}$ とおく．以下，$\boldsymbol{a} = \begin{bmatrix} a_1 \\ a_2 \\ a_3 \end{bmatrix}$, $\boldsymbol{b} = \begin{bmatrix} b_1 \\ b_2 \\ b_3 \end{bmatrix}$, $\boldsymbol{c} = \begin{bmatrix} c_1 \\ c_2 \\ c_3 \end{bmatrix}$, $\boldsymbol{x} = \begin{bmatrix} x_1 \\ x_2 \\ x_3 \end{bmatrix}$, $\boldsymbol{y} = \begin{bmatrix} y_1 \\ y_2 \\ y_3 \end{bmatrix}$ とする．

□ $\det \begin{bmatrix} \boldsymbol{a} & \boldsymbol{b} & \boldsymbol{x} \end{bmatrix}$ を第 3 列に関して展開すると，

$$\det \begin{bmatrix} \boldsymbol{a} & \boldsymbol{b} & \boldsymbol{x} \end{bmatrix} = \begin{vmatrix} a_2 & b_2 \\ a_3 & b_3 \end{vmatrix} x_1 - \begin{vmatrix} a_1 & b_1 \\ a_3 & b_3 \end{vmatrix} x_2 + \begin{vmatrix} a_1 & b_1 \\ a_2 & b_2 \end{vmatrix} x_3.$$

この式を x_1, x_2, x_3 の線形形式とみて，係数を成分とする列ベクトルを，

――― 外積 ―――

$$\boldsymbol{a} \times \boldsymbol{b} = \begin{vmatrix} a_2 & b_2 \\ a_3 & b_3 \end{vmatrix} \boldsymbol{i} - \begin{vmatrix} a_1 & b_1 \\ a_3 & b_3 \end{vmatrix} \boldsymbol{j} + \begin{vmatrix} a_1 & b_1 \\ a_2 & b_2 \end{vmatrix} \boldsymbol{k}$$
$$= \begin{bmatrix} a_2 b_3 - a_3 b_2 \\ a_3 b_1 - a_1 b_3 \\ a_1 b_2 - a_2 b_1 \end{bmatrix}$$

とおく．これを $\boldsymbol{a}, \boldsymbol{b}$ の **外積** (exterior product) という．このとき，

$$(\boldsymbol{a} \times \boldsymbol{b}) \cdot \boldsymbol{x} = \begin{vmatrix} a_2 & b_2 \\ a_3 & b_3 \end{vmatrix} \boldsymbol{i} \cdot \boldsymbol{x} - \begin{vmatrix} a_1 & b_1 \\ a_3 & b_3 \end{vmatrix} \boldsymbol{j} \cdot \boldsymbol{x} + \begin{vmatrix} a_1 & b_1 \\ a_2 & b_2 \end{vmatrix} \boldsymbol{k} \cdot \boldsymbol{x}$$
$$= \begin{vmatrix} a_2 & b_2 \\ a_3 & b_3 \end{vmatrix} x_1 - \begin{vmatrix} a_1 & b_1 \\ a_3 & b_3 \end{vmatrix} x_2 + \begin{vmatrix} a_1 & b_1 \\ a_2 & b_2 \end{vmatrix} x_3$$
$$= \det \begin{bmatrix} \boldsymbol{a} & \boldsymbol{b} & \boldsymbol{x} \end{bmatrix}$$

が成り立つ．

□ $\boldsymbol{a} \times \boldsymbol{b}$ の成分は $\boldsymbol{a}$ について線形であり，$\boldsymbol{b}$ について線形である．さらに，

$$\boldsymbol{a} \times \boldsymbol{a} = \boldsymbol{0}, \quad \boldsymbol{b} \times \boldsymbol{a} = -\boldsymbol{a} \times \boldsymbol{b}$$

が成り立つ．

定理 4.5 $\boldsymbol{a} \times \boldsymbol{b}$ は $\boldsymbol{a}, \boldsymbol{b}$ と垂直である．

[証明] $(\boldsymbol{a} \times \boldsymbol{b}) \cdot \boldsymbol{a} = \det \begin{bmatrix} \boldsymbol{a} & \boldsymbol{b} & \boldsymbol{a} \end{bmatrix} = 0$, $(\boldsymbol{a} \times \boldsymbol{b}) \cdot \boldsymbol{b} = \det \begin{bmatrix} \boldsymbol{a} & \boldsymbol{b} & \boldsymbol{b} \end{bmatrix} = 0$. ∎

□ 行列式の性質により，

$$(\boldsymbol{a} \times \boldsymbol{b}) \cdot \boldsymbol{c} = (\boldsymbol{b} \times \boldsymbol{c}) \cdot \boldsymbol{a} = (\boldsymbol{c} \times \boldsymbol{a}) \cdot \boldsymbol{b} = \det \begin{bmatrix} \boldsymbol{a} & \boldsymbol{b} & \boldsymbol{c} \end{bmatrix}.$$

定理 4.6 $(\boldsymbol{a} \times \boldsymbol{b}) \cdot (\boldsymbol{x} \times \boldsymbol{y}) = (\boldsymbol{a} \cdot \boldsymbol{x})(\boldsymbol{b} \cdot \boldsymbol{y}) - (\boldsymbol{b} \cdot \boldsymbol{x})(\boldsymbol{a} \cdot \boldsymbol{y})$.

[証明] 左辺は

$$(a_2 b_3 - a_3 b_2)(x_2 y_3 - x_3 y_2) + (a_3 b_1 - a_1 b_3)(x_3 y_1 - x_1 y_3)$$
$$+ (a_1 b_2 - a_2 b_1)(x_1 y_2 - x_1 y_2)$$

であり，右辺は

$$(a_1 x_1 + a_2 x_2 + a_3 x_3)(b_1 y_1 + b_2 y_2 + b_3 y_3)$$
$$- (b_1 x_1 + b_2 x_2 + b_3 x_3)(a_1 y_1 + a_2 y_2 + a_3 y_3)$$

である．$i, j \in \{1, 2, 3\}$ に対し，両辺における $x_i y_j$ の係数が一致することを確かめればよい．

$i = j$ のとき，左辺の $x_i y_i$ の係数は 0，右辺の $x_i y_i$ の係数は $a_i b_i - b_i a_i = 0$．
$i \neq j$ のとき，左辺の $x_i y_j$ の係数は $a_i b_j - a_j b_i$，右辺の $x_i y_j$ の係数は $a_i b_j - b_i a_j$． ∎

□以上の準備のもとで，外積の幾何学的意味について述べる．

定理 4.7 $\|\boldsymbol{a} \times \boldsymbol{b}\|$ は $\boldsymbol{a}, \boldsymbol{b}$ の張る平行 4 辺形の面積に等しい．

[証明] $\boldsymbol{a}, \boldsymbol{b}$ のなす角を θ とすると，$\boldsymbol{a} \cdot \boldsymbol{b} = \|\boldsymbol{a}\| \|\boldsymbol{b}\| \cos(\theta)$．よって，

$$\|\boldsymbol{a} \times \boldsymbol{b}\|^2 = (\boldsymbol{a} \cdot \boldsymbol{a})(\boldsymbol{b} \cdot \boldsymbol{b}) - (\boldsymbol{a} \cdot \boldsymbol{b})(\boldsymbol{b} \cdot \boldsymbol{a}) = \|\boldsymbol{a}\|^2 \|\boldsymbol{b}\|^2 (1 - (\cos(\theta))^2)$$
$$= (\|\boldsymbol{a}\| \|\boldsymbol{b}\| \sin(\theta))^2.$$

よって，$\|\boldsymbol{a} \times \boldsymbol{b}\|$ は $\boldsymbol{a}, \boldsymbol{b}$ の張る平行 4 辺形の面積に等しい． ∎

□$\boldsymbol{a}, \boldsymbol{b}, \boldsymbol{c}$ を 3 次列ベクトルとする．$\boldsymbol{a}, \boldsymbol{b}$ の張る平行 4 辺形を $\boldsymbol{c}$ に沿って平行移動させるとき，平行 4 辺形の通った跡にできる空間図形を，$\boldsymbol{a}, \boldsymbol{b}, \boldsymbol{c}$ の張る **平行 6 面体** という．

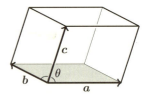

定理 4.8 $\boldsymbol{a}, \boldsymbol{b}, \boldsymbol{c}$ の張る平行 6 面体の体積を V とすると，

$$V = \left|\det \begin{bmatrix} \boldsymbol{a} & \boldsymbol{b} & \boldsymbol{c} \end{bmatrix}\right| = \left|\det \begin{bmatrix} a_1 & b_1 & c_1 \\ a_2 & b_2 & c_2 \\ a_3 & b_3 & c_3 \end{bmatrix}\right|.$$

[証明] $a_1 \neq 0$ の場合，

$$\boldsymbol{b}' = \begin{bmatrix} b_1 \\ b_2 \\ b_3 \end{bmatrix} - \frac{b_1}{a_1} \begin{bmatrix} a_1 \\ a_2 \\ a_3 \end{bmatrix} = \begin{bmatrix} 0 \\ b'_2 \\ b'_3 \end{bmatrix}, \quad \boldsymbol{c}' = \begin{bmatrix} c_1 \\ c_2 \\ c_3 \end{bmatrix} - \frac{c_1}{a_1} \begin{bmatrix} a_1 \\ a_2 \\ a_3 \end{bmatrix} = \begin{bmatrix} 0 \\ c'_2 \\ c'_3 \end{bmatrix}$$

とおくと，V は $\boldsymbol{a}, \boldsymbol{b}', \boldsymbol{c}'$ の張る平行 6 面体の体積に等しい．この平行 6 面体は，$x_2 x_3$ 平面上にある，$\boldsymbol{b}', \boldsymbol{c}'$ の張る平行 4 辺形を底辺とし，高さは $|a_1|$ である．よって，

$$V = \left|a_1 (b'_2 c'_3 - b'_3 c'_2)\right|.$$

また，

$$\det \begin{bmatrix} \boldsymbol{a} & \boldsymbol{b} & \boldsymbol{c} \end{bmatrix} = \det \begin{bmatrix} \boldsymbol{a} & \boldsymbol{b}' & \boldsymbol{c}' \end{bmatrix} = \begin{vmatrix} a_1 & 0 & 0 \\ a_2 & b'_2 & c'_2 \\ a_3 & b'_3 & c'_3 \end{vmatrix} = a_1 (b'_2 c'_3 - b'_3 c'_2).$$

4.2 3次行列式の展開と外積

よって，この場合は定理の結論が成立する.

$a_2 \neq 0$, $a_3 \neq 0$ の場合も同様.

$a_1 = a_2 = a_3 = 0$ の場合は，$V = 0$, $\det[\boldsymbol{a} \ \ \boldsymbol{b} \ \ \boldsymbol{c}] = 0$. ∎

●問題 4.4 次のベクトル $\boldsymbol{u}, \boldsymbol{v}, \boldsymbol{w}$ の張る平行6面体の体積を求めよ.

(1) $\boldsymbol{u} = \begin{bmatrix} 1 \\ 0 \\ 0 \end{bmatrix}, \boldsymbol{v} = \begin{bmatrix} 0 \\ 1 \\ 0 \end{bmatrix}, \boldsymbol{w} = \begin{bmatrix} 0 \\ 0 \\ 1 \end{bmatrix}$ (2) $\boldsymbol{u} = \begin{bmatrix} 1 \\ 1 \\ 1 \end{bmatrix}, \boldsymbol{v} = \begin{bmatrix} 4 \\ 3 \\ 2 \end{bmatrix}, \boldsymbol{w} = \begin{bmatrix} 1 \\ 0 \\ 1 \end{bmatrix}$

□ 外積に関し，次が成り立つ.

定理 4.9 (1) $\boldsymbol{a} \times (\boldsymbol{b} \times \boldsymbol{c}) = (\boldsymbol{a} \cdot \boldsymbol{c})\boldsymbol{b} - (\boldsymbol{a} \cdot \boldsymbol{b})\boldsymbol{c}$.

(2) (ヤコビ (Jacobi) 恒等式) $\boldsymbol{a} \times (\boldsymbol{b} \times \boldsymbol{c}) + \boldsymbol{b} \times (\boldsymbol{c} \times \boldsymbol{a}) + \boldsymbol{c} \times (\boldsymbol{a} \times \boldsymbol{b}) = \boldsymbol{0}$.

[証明] (1) $\boldsymbol{x} \cdot (\boldsymbol{a} \times (\boldsymbol{b} \times \boldsymbol{c})) = (\boldsymbol{x} \cdot \boldsymbol{b})(\boldsymbol{a} \cdot \boldsymbol{c}) - (\boldsymbol{x} \cdot \boldsymbol{c})(\boldsymbol{a} \cdot \boldsymbol{b})$ を確かめればよい.

定理 4.6 より，

$$\boldsymbol{x} \cdot (\boldsymbol{a} \times (\boldsymbol{b} \times \boldsymbol{c})) = \det[\boldsymbol{x} \ \ \boldsymbol{a} \ \ \boldsymbol{b} \times \boldsymbol{c}] = (\boldsymbol{x} \times \boldsymbol{a}) \cdot (\boldsymbol{b} \times \boldsymbol{c})$$
$$= (\boldsymbol{x} \cdot \boldsymbol{b})(\boldsymbol{a} \cdot \boldsymbol{c}) - (\boldsymbol{x} \cdot \boldsymbol{c})(\boldsymbol{a} \cdot \boldsymbol{b}).$$

(2) は (1) より従う. ∎

●問題 4.5 $\boldsymbol{i} = \begin{bmatrix} 1 \\ 0 \\ 0 \end{bmatrix}, \boldsymbol{j} = \begin{bmatrix} 0 \\ 1 \\ 0 \end{bmatrix}, \boldsymbol{k} = \begin{bmatrix} 0 \\ 0 \\ 1 \end{bmatrix}$ とする. 次を計算せよ.

(1) $\boldsymbol{i} \cdot \boldsymbol{i}$ と $\boldsymbol{i} \times \boldsymbol{i}$ (2) $\boldsymbol{i} \cdot \boldsymbol{j}$ と $\boldsymbol{i} \times \boldsymbol{j}$ (3) $\boldsymbol{i} \cdot \boldsymbol{k}$ と $\boldsymbol{i} \times \boldsymbol{k}$
(4) $\boldsymbol{j} \cdot \boldsymbol{i}$ と $\boldsymbol{j} \times \boldsymbol{i}$ (5) $\boldsymbol{j} \cdot \boldsymbol{j}$ と $\boldsymbol{j} \times \boldsymbol{j}$ (6) $\boldsymbol{j} \cdot \boldsymbol{k}$ と $\boldsymbol{j} \times \boldsymbol{k}$
(7) $\boldsymbol{k} \cdot \boldsymbol{i}$ と $\boldsymbol{k} \times \boldsymbol{i}$ (8) $\boldsymbol{k} \cdot \boldsymbol{j}$ と $\boldsymbol{k} \times \boldsymbol{j}$ (9) $\boldsymbol{k} \cdot \boldsymbol{k}$ と $\boldsymbol{k} \times \boldsymbol{k}$
(10) $\boldsymbol{i} \times (\boldsymbol{j} \times \boldsymbol{k})$ (11) $\boldsymbol{j} \times (\boldsymbol{j} \times \boldsymbol{k})$ (12) $\boldsymbol{k} \times (\boldsymbol{j} \times \boldsymbol{k})$
(13) $\boldsymbol{i} \times (\boldsymbol{k} \times \boldsymbol{i})$ (14) $\boldsymbol{j} \times (\boldsymbol{k} \times \boldsymbol{i})$ (15) $\boldsymbol{k} \times (\boldsymbol{k} \times \boldsymbol{i})$
(16) $\boldsymbol{i} \times (\boldsymbol{i} \times \boldsymbol{j})$ (17) $\boldsymbol{j} \times (\boldsymbol{i} \times \boldsymbol{j})$ (18) $\boldsymbol{k} \times (\boldsymbol{i} \times \boldsymbol{j})$

●問題 4.6 $\boldsymbol{x} = a\boldsymbol{i} + b\boldsymbol{j} + c\boldsymbol{k}$ とする. 次を計算せよ.

(1) $\det[\boldsymbol{i} \ \ \boldsymbol{j} \ \ \boldsymbol{k}]$ (2) $\det[\boldsymbol{i} \ \ \boldsymbol{k} \ \ \boldsymbol{j}]$ (3) $\det[\boldsymbol{j} \ \ \boldsymbol{i} \ \ \boldsymbol{k}]$
(4) $\det[\boldsymbol{j} \ \ \boldsymbol{k} \ \ \boldsymbol{i}]$ (5) $\det[\boldsymbol{k} \ \ \boldsymbol{i} \ \ \boldsymbol{j}]$ (6) $\det[\boldsymbol{k} \ \ \boldsymbol{j} \ \ \boldsymbol{i}]$
(7) $\det[\boldsymbol{x} \ \ \boldsymbol{i} \ \ \boldsymbol{i}]$ (8) $\det[\boldsymbol{x} \ \ \boldsymbol{i} \ \ \boldsymbol{j}]$ (9) $\det[\boldsymbol{x} \ \ \boldsymbol{i} \ \ \boldsymbol{k}]$
(10) $\det[\boldsymbol{x} \ \ \boldsymbol{j} \ \ \boldsymbol{i}]$ (11) $\det[\boldsymbol{x} \ \ \boldsymbol{j} \ \ \boldsymbol{j}]$ (12) $\det[\boldsymbol{x} \ \ \boldsymbol{j} \ \ \boldsymbol{k}]$
(13) $\det[\boldsymbol{x} \ \ \boldsymbol{k} \ \ \boldsymbol{i}]$ (14) $\det[\boldsymbol{x} \ \ \boldsymbol{k} \ \ \boldsymbol{j}]$ (15) $\det[\boldsymbol{x} \ \ \boldsymbol{k} \ \ \boldsymbol{k}]$
(16) $\det[\boldsymbol{i} \ \ \boldsymbol{x} \ \ \boldsymbol{i}]$ (17) $\det[\boldsymbol{i} \ \ \boldsymbol{x} \ \ \boldsymbol{j}]$ (18) $\det[\boldsymbol{i} \ \ \boldsymbol{x} \ \ \boldsymbol{k}]$
(19) $\det[\boldsymbol{j} \ \ \boldsymbol{x} \ \ \boldsymbol{i}]$ (20) $\det[\boldsymbol{j} \ \ \boldsymbol{x} \ \ \boldsymbol{j}]$ (21) $\det[\boldsymbol{j} \ \ \boldsymbol{x} \ \ \boldsymbol{k}]$
(22) $\det[\boldsymbol{k} \ \ \boldsymbol{x} \ \ \boldsymbol{i}]$ (23) $\det[\boldsymbol{k} \ \ \boldsymbol{x} \ \ \boldsymbol{j}]$ (24) $\det[\boldsymbol{k} \ \ \boldsymbol{x} \ \ \boldsymbol{k}]$
(25) $\det[\boldsymbol{i} \ \ \boldsymbol{i} \ \ \boldsymbol{x}]$ (26) $\det[\boldsymbol{i} \ \ \boldsymbol{j} \ \ \boldsymbol{x}]$ (27) $\det[\boldsymbol{i} \ \ \boldsymbol{k} \ \ \boldsymbol{x}]$

(28) $\det\begin{bmatrix} \boldsymbol{j} & \boldsymbol{i} & \boldsymbol{x} \end{bmatrix}$ (29) $\det\begin{bmatrix} \boldsymbol{j} & \boldsymbol{j} & \boldsymbol{x} \end{bmatrix}$ (30) $\det\begin{bmatrix} \boldsymbol{j} & \boldsymbol{k} & \boldsymbol{x} \end{bmatrix}$

(31) $\det\begin{bmatrix} \boldsymbol{k} & \boldsymbol{i} & \boldsymbol{x} \end{bmatrix}$ (32) $\det\begin{bmatrix} \boldsymbol{k} & \boldsymbol{j} & \boldsymbol{x} \end{bmatrix}$ (33) $\det\begin{bmatrix} \boldsymbol{k} & \boldsymbol{k} & \boldsymbol{x} \end{bmatrix}$

◎演習 4.5 $\boldsymbol{a}=\begin{bmatrix} a_1 \\ a_2 \\ a_3 \end{bmatrix}$ に対し，$\Phi(\boldsymbol{a})=\begin{bmatrix} 0 & -a_3 & a_2 \\ a_3 & 0 & -a_1 \\ -a_2 & a_1 & 0 \end{bmatrix}$ とおく．次を確かめよ．

$$\Phi(\boldsymbol{a})\,\boldsymbol{b} = \boldsymbol{a}\times\boldsymbol{b},$$
$$\Phi(\boldsymbol{a})\,\Phi(\boldsymbol{b}) = \boldsymbol{b}\,{}^t\boldsymbol{a} - (\boldsymbol{a}\cdot\boldsymbol{b})\,E_3,$$
$$\Phi(\boldsymbol{a})\,\Phi(\boldsymbol{b}) - \Phi(\boldsymbol{b})\,\Phi(\boldsymbol{a}) = \Phi(\boldsymbol{a}\times\boldsymbol{b}).$$

4.2.3 2次，3次正方行列の積の行列式

□次の等式は，行列式の重要な性質である．

定理 4.10 A, B を 2 次正方行列とすると，

$$\det(AB) = \det(A)\,\det(B).$$

[証明] $A=\begin{bmatrix} a_1 & a_2 \\ a_1' & a_2' \end{bmatrix}, B=\begin{bmatrix} x_1 & y_1 \\ x_2 & y_2 \end{bmatrix}$ とおくと，

$$AB = \begin{bmatrix} a_1\,x_1 + a_2\,x_2 & a_1\,y_1 + a_2\,y_2 \\ a_1'\,x_1 + a_2'\,x_2 & a_1'\,y_1 + a_2'\,y_2 \end{bmatrix}.$$

列に関する線形性を用いて展開し，次に B の成分を行列式の外に出し，そして列に関する交代性を用いると，

$$\begin{aligned}
\det(AB) &= \begin{vmatrix} a_1\,x_1 + a_2\,x_2 & a_1\,y_1 + a_2\,y_2 \\ a_1'\,x_1 + a_2'\,x_2 & a_1'\,y_1 + a_2'\,y_2 \end{vmatrix} \\
&= \begin{vmatrix} a_1\,x_1 & a_1\,y_1 + a_2\,y_2 \\ a_1'\,x_1 & a_1'\,y_1 + a_2'\,y_2 \end{vmatrix} + \begin{vmatrix} a_2\,x_2 & a_1\,y_1 + a_2\,y_2 \\ a_2'\,x_2 & a_1'\,y_1 + a_2'\,y_2 \end{vmatrix} \\
&= \begin{vmatrix} a_1\,x_1 & a_1\,y_1 \\ a_1'\,x_1 & a_1'\,y_1 \end{vmatrix} + \begin{vmatrix} a_1\,x_1 & a_2\,y_2 \\ a_1'\,x_1 & a_2'\,y_2 \end{vmatrix} + \begin{vmatrix} a_2\,x_2 & a_1\,y_1 \\ a_2'\,x_2 & a_1'\,y_1 \end{vmatrix} + \begin{vmatrix} a_2\,x_2 & a_2\,y_2 \\ a_2'\,x_2 & a_2'\,y_2 \end{vmatrix} \\
&= \begin{vmatrix} a_1 & a_1 \\ a_1' & a_1' \end{vmatrix} x_1\,y_1 + \begin{vmatrix} a_1 & a_2 \\ a_1' & a_2' \end{vmatrix} x_1\,y_2 + \begin{vmatrix} a_2 & a_1 \\ a_2' & a_1' \end{vmatrix} x_2\,y_1 + \begin{vmatrix} a_2 & a_2 \\ a_2' & a_2' \end{vmatrix} x_2\,y_2 \\
&= \begin{vmatrix} a_1 & a_2 \\ a_1' & a_2' \end{vmatrix} x_1\,y_2 - \begin{vmatrix} a_1 & a_2 \\ a_1' & a_2' \end{vmatrix} x_2\,y_1 \\
&= \begin{vmatrix} a_1 & a_2 \\ a_1' & a_2' \end{vmatrix}(x_1\,y_2 - x_2\,y_1) = \det(A)\,\det(B). \quad\blacksquare
\end{aligned}$$

定理 4.11 A, B を 3 次正方行列とすると，

$$\det(AB) = \det(A)\,\det(B).$$

[証明] $A=\begin{bmatrix} a_1 & a_2 & a_3 \\ a_1' & a_2' & a_3' \\ a_1'' & a_2'' & a_3'' \end{bmatrix}, B=\begin{bmatrix} x_1 & y_1 & z_1 \\ x_2 & y_2 & z_2 \\ x_3 & y_3 & z_3 \end{bmatrix}$ とおくと，

$$AB = \begin{bmatrix} \sum_{i=1}^{3}\begin{bmatrix} a_i\,x_i \\ a_i'\,x_i \\ a_i''\,x_i \end{bmatrix} & \sum_{j=1}^{3}\begin{bmatrix} a_j\,y_j \\ a_j'\,y_j \\ a_j''\,y_j \end{bmatrix} & \sum_{k=1}^{3}\begin{bmatrix} a_k\,z_k \\ a_k'\,z_k \\ a_k''\,z_k \end{bmatrix} \end{bmatrix}.$$

まず列に関する線形性を用いて B の成分を行列式の外に出すと，

$$\det(AB) = \left| \sum_{i=1}^{3} \begin{bmatrix} a_i\, x_i \\ a'_i\, x_i \\ a''_i\, x_i \end{bmatrix} \quad \sum_{j=1}^{3} \begin{bmatrix} a_j\, y_j \\ a'_j\, y_j \\ a''_j\, y_j \end{bmatrix} \quad \sum_{k=1}^{3} \begin{bmatrix} a_k\, z_k \\ a'_k\, z_k \\ a''_k\, z_k \end{bmatrix} \right|$$

$$= \sum_{i=1}^{3} \sum_{j=1}^{3} \sum_{k=1}^{3} \begin{vmatrix} a_i\, x_i & a_j\, y_j & a_k\, z_k \\ a'_i\, x_i & a'_j\, y_j & a'_k\, z_k \\ a''_i\, x_i & a''_j\, y_j & a''_k\, z_k \end{vmatrix}$$

$$= \sum_{i=1}^{3} \sum_{j=1}^{3} \sum_{k=1}^{3} \begin{vmatrix} a_i & a_j & a_k \\ a'_i & a'_j & a'_k \\ a''_i & a''_j & a''_k \end{vmatrix} x_i\, y_j\, z_k.$$

列に関する交代性より，$i,\, j,\, k$ のうちの 2 つが一致するならば，$\begin{vmatrix} a_i & a_j & a_k \\ a'_i & a'_j & a'_k \\ a''_i & a''_j & a''_k \end{vmatrix} = 0$．そこで，$I = \{1, 2, 3\}$ とし，I から I への 1 対 1 対応全体の集合を S_3 とすると，

$$(i, j, k) = (1, 2, 3),\, (1, 3, 2),\, (2, 1, 3),\, (2, 3, 1),\, (3, 1, 2),\, (3, 2, 1)$$
$$= (\sigma(1),\, \sigma(2),\, \sigma(3)) \quad (\sigma \in S_3)$$

となる項のみが残るので，

$$\det(AB) = \sum_{\sigma \in S_3} \begin{vmatrix} a_{\sigma(1)} & a_{\sigma(2)} & a_{\sigma(3)} \\ a'_{\sigma(1)} & a'_{\sigma(2)} & a'_{\sigma(3)} \\ a''_{\sigma(1)} & a''_{\sigma(2)} & a''_{\sigma(3)} \end{vmatrix} x_{\sigma(1)}\, y_{\sigma(2)}\, z_{\sigma(3)}.$$

列に関する交代性より，

$$\begin{vmatrix} a_{\sigma(1)} & a_{\sigma(2)} & a_{\sigma(3)} \\ a'_{\sigma(1)} & a'_{\sigma(2)} & a'_{\sigma(3)} \\ a''_{\sigma(1)} & a''_{\sigma(2)} & a''_{\sigma(3)} \end{vmatrix} = c_\sigma \begin{vmatrix} a_1 & a_2 & a_3 \\ a'_1 & a'_2 & a'_3 \\ a''_1 & a''_2 & a''_3 \end{vmatrix} = c_\sigma \det(A), \quad c_\sigma = \pm 1$$

と書ける．よって，

$$\det(AB) = \det(A) \sum_{\sigma \in S_3} c_\sigma\, x_{\sigma(1)}\, y_{\sigma(2)}\, z_{\sigma(3)}.$$

A に単位行列 E を代入すると，$\det(E) = 1$ より，

$$\det(B) = \sum_{\sigma \in S_3} c_\sigma\, x_{\sigma(1)}\, y_{\sigma(2)}\, z_{\sigma(3)}.$$

よって，$\det(AB) = \det(A) \det(B)$ がいえた． ∎

4.3 置換とその符号

4.3.1 置換

□ n 次行列式のための準備として，次の概念を導入する．

定義 4.4 $I = \{1, 2, \ldots, n\}$ とする．

(1) 1 対 1 対応 $\sigma : I \to I$ を，n 次の **置換** (permutation) という．

$$\sigma(1),\, \sigma(2),\, \ldots,\, \sigma(n)$$

は $1, 2, \ldots, n$ の並べ替えである．n 次の置換全体の集合を S_n とする．

(2) $e \in S_n$ を,
$$e(1) = 1, \quad e(2) = 2, \quad \ldots, \quad e(n) = n$$
によって定義する．これを **単位元** (unit) という．

(3) $\sigma \in S_n$ に対し，$\sigma^{-1} \in S_n$ を,
$$\sigma(i) = j \iff i = \sigma^{-1}(j) \quad (i, j \in I)$$
によって定義する．これを σ の **逆元** (inverse) という．

(4) $\sigma, \tau \in S_n$ に対し，**置換の積** $\sigma\tau \in S_n$ を,
$$(\sigma\tau)(i) = \sigma(\tau(i)) \quad (i \in I)$$
によって定義する．

□ 定義より次が直ちに従う．

定理 4.12 (1) $(\sigma_1 \sigma_2)\sigma_3 = \sigma_1(\sigma_2 \sigma_3) \quad (\sigma_1, \sigma_2, \sigma_3 \in S_n)$.

(2) $\sigma e = \sigma, \; e\sigma = \sigma \quad (\sigma \in S_n)$.

(3) $\sigma \sigma^{-1} = e, \; \sigma^{-1} \sigma = e \quad (\sigma \in S_n)$.

□ $\sigma^2 = \sigma\sigma$, $\sigma^3 = \sigma^2 \sigma$, $\sigma^k = \sigma^{k-1}\sigma$ によって帰納的に **べき乗** σ^k を定義する．$\sigma^0 = e$ とする．

4.3.2 互換と巡回置換

□ 置換のなかでも，基本的なものについて述べる．

定義 4.5 $I = \{1, \ldots, n\}$ とする．

(1) $i, j \in I$, $i \neq j$ に対し，置換 $\tau \in S_n$ を,
$$\tau(i) = j, \quad \tau(j) = i, \quad \tau(k) = k \quad (k \neq i, j)$$
によって定義する．これを **互換** (transposition) といい,
$$\tau = \begin{pmatrix} i & j \end{pmatrix} = \begin{pmatrix} j & i \end{pmatrix}$$
で表す．

(2) 相異なる $i, j, k \in I$ に対し，置換 $\tau \in S_n$ を,
$$\tau(i) = j, \quad \tau(j) = k, \quad \tau(k) = i, \quad \tau(l) = k \quad (l \neq i, j, k)$$
によって定義する．これを長さ 3 の **巡回置換** (cyclic permutation) といい,
$$\tau = \begin{pmatrix} i & j & k \end{pmatrix} = \begin{pmatrix} j & k & i \end{pmatrix} = \begin{pmatrix} k & i & j \end{pmatrix}$$
で表す．

(3) 一般に，相異なる $i_1, \ldots, i_l \in I$ に対し,
$$\tau(i_j) = i_{j+1} \quad (j = 1, \ldots, l), \quad \tau(i_l) = i_1, \quad \tau(k) = k \quad (k \neq i_1, \ldots, i_l)$$

4.3 置換とその符号

で定義される $\tau \in S_n$ を長さ l の **巡回置換** といい,

$$\tau = \begin{pmatrix} i_1 & i_2 & \cdots & i_l \end{pmatrix}$$

で表す.

●**問題 4.7** $\sigma = \begin{pmatrix} 1 & 3 & 5 & 2 \end{pmatrix} \in S_5$ とする. $\sigma(i)$ ($i = 1, 2, 3, 4, 5$) を求めよ.

□ 互換は長さ 2 の巡回置換である.

□ 長さ l の巡回置換は $(l-1)$ 個の互換の積になる. たとえば,

$$\begin{pmatrix} 1 & 2 & \cdots & l \end{pmatrix} = \begin{pmatrix} 1 & 2 \end{pmatrix} \begin{pmatrix} 2 & 3 \end{pmatrix} \cdots \begin{pmatrix} l-1 & l \end{pmatrix}$$
$$= \begin{pmatrix} 1 & l \end{pmatrix} \begin{pmatrix} 1 & l-1 \end{pmatrix} \cdots \begin{pmatrix} 1 & 2 \end{pmatrix}.$$

定理 4.13 任意の置換 $\sigma \in S_n$ は互換の積になる.

[証明] n についての帰納法で示す.

$n = 1$ の場合は明らか.

$\sigma(1) = 1$ の場合, σ は $\{2, \ldots, n\}$ 上の置換. よって定理は次数 $n-1$ の置換の場合に帰着される.

$\sigma(1) \neq 1$ の場合, $\tau = (1 \ \sigma(1)) \sigma$ とおくと, $\tau(1) = 1$. よって τ は $\{2, \ldots, n\}$ 上の置換を与える. ゆえに定理は次数 $n-1$ の置換の場合に帰着される. ∎

●**問題 4.8** 次の置換の積を計算せよ.

(1) $(1 \ 2)(1 \ 2)$ (2) $(1 \ 2)(1 \ 3)$ (3) $(1 \ 2)(2 \ 3)$ (4) $(1 \ 3)(1 \ 2)$
(5) $(1 \ 3)(1 \ 3)$ (6) $(1 \ 3)(2 \ 3)$ (7) $(2 \ 3)(1 \ 2)$ (8) $(2 \ 3)(1 \ 3)$
(9) $(2 \ 3)(2 \ 3)$ (10) $(1 \ 2 \ 3)(1 \ 2)$ (11) $(1 \ 2)(1 \ 2 \ 3)$
(12) $(1 \ 2 \ 3)(1 \ 3)$ (13) $(1 \ 3)(1 \ 2 \ 3)$ (14) $(1 \ 2 \ 3)(2 \ 3)$
(15) $(2 \ 3)(1 \ 2 \ 3)$ (16) $(1 \ 2 \ 3)(1 \ 2 \ 3)$ (17) $(1 \ 2 \ 3)(1 \ 3 \ 2)$
(18) $(1 \ 3 \ 2)(1 \ 2 \ 3)$ (19) $(1 \ 2 \ 3)(3 \ 4)$ (20) $(3 \ 4)(1 \ 2 \ 3)$
(21) $(1 \ 2 \ 3)(2 \ 3 \ 4)$ (22) $(2 \ 3 \ 4)(1 \ 2 \ 3)$
(23) $(1 \ 2 \ 3)(1 \ 3 \ 4)$ (24) $(1 \ 3 \ 4)(1 \ 2 \ 3)$
(25) $(1 \ 2 \ 3 \ 4)(1 \ 2)$ (26) $(1 \ 2)(1 \ 2 \ 3 \ 4)$
(27) $(1 \ 2 \ 3 \ 4)(1 \ 3)$ (28) $(1 \ 3)(1 \ 2 \ 3 \ 4)$
(29) $(1 \ 2 \ 3 \ 4)(1 \ 2 \ 3)$ (30) $(1 \ 2 \ 3)(1 \ 2 \ 3 \ 4)$
(31) $(1 \ 2 \ 3 \ 4)(1 \ 3 \ 2)$ (32) $(1 \ 3 \ 2)(1 \ 2 \ 3 \ 4)$
(33) $(1 \ 2 \ 3 \ 4)(1 \ 2 \ 3 \ 4)$ (34) $(1 \ 2 \ 3 \ 4)(1 \ 4 \ 3 \ 2)$
(35) $(1 \ 4 \ 3 \ 2)(1 \ 2 \ 3 \ 4)$ (36) $(1 \ 2 \ 3 \ 4)(1 \ 2 \ 4 \ 3)$
(37) $(1 \ 2 \ 4 \ 3)(1 \ 2 \ 3 \ 4)$ (38) $(1 \ 2 \ 3 \ 4)(1 \ 3 \ 4 \ 2)$
(39) $(1 \ 3 \ 4 \ 2)(1 \ 2 \ 3 \ 4)$

4.3.3 置換の符号

□ 置換に対して，正か負の符号が定まる．

定義 4.6 n 次の置換 σ に対し，$i, j \in I$ の対 (i, j) であって，
$$i < j, \quad \sigma(i) > \sigma(j)$$
であるものの個数を $N(\sigma)$ とする．そして，
$$\mathrm{sgn}(\sigma) = (-1)^{N(\sigma)} \in \{1, -1\}$$
を置換 σ の **符号** (signature) という．

□ 次が成立する．
$$N(e) = 0, \quad \mathrm{sgn}(e) = 1, \quad N((i \ \ i+1)) = 1, \quad \mathrm{sgn}\,(i \ \ i+1) = -1.$$

□ $N(\sigma)$ は，
$$\sigma^{-1}(i') < \sigma^{-1}(j'), \quad i' > j'$$
である対 (j', i') の個数に一致するので，
$$N(\sigma) = N(\sigma^{-1}), \quad \mathrm{sgn}(\sigma) = \mathrm{sgn}(\sigma^{-1}).$$

定理 4.14 置換 $\sigma, \tau \in S_n$ に対し，
$$\mathrm{sgn}(\sigma\tau) = (\mathrm{sgn}(\sigma))\,(\mathrm{sgn}(\tau)).$$

［証明］ $i, j \in I, i < j$ とする．対 (i, j) は，次の4つの場合に分かれる：
 (i) $\tau(i) < \tau(j), \sigma\tau(i) < \sigma\tau(j)$ をみたすもの．このような対 (i, j) の個数を N_1 とする．
 (ii) $\tau(i) < \tau(j), \sigma\tau(i) > \sigma\tau(j)$ をみたすもの．このような対 (i, j) の個数を N_2 とする．
 (iii) $\tau(i) > \tau(j), \sigma\tau(i) < \sigma\tau(j)$ をみたすもの．このような対 (i, j) の個数を N_3 とする．
 (iv) $\tau(i) > \tau(j), \sigma\tau(i) > \sigma\tau(j)$ をみたすもの．このような対 (i, j) の個数を N_4 とする．
 このとき，
$$N(\sigma\tau) = N_2 + N_4, \quad N(\tau) = N_3 + N_4.$$
また，
$$N(\sigma) = N_2 + N_3.$$
よって，$N(\sigma) + N(\tau) = N(\sigma\tau) + 2N_3$．よって，
$$(\mathrm{sgn}(\sigma))\,(\mathrm{sgn}(\tau)) = (-1)^{N(\sigma)}\,(-1)^{N(\sigma)} = (-1)^{N(\sigma)+N(\tau)}$$
$$= (-1)^{N(\sigma\tau)+2N_3} = (-1)^{N(\sigma\tau)} = \mathrm{sgn}\,(\sigma\tau). \blacksquare$$

定理 4.15 (1) 互換 τ に対し，$\mathrm{sgn}(\tau) = -1$．
 (2) 置換 σ と互換 τ に対し，$\mathrm{sgn}(\sigma\tau) = \mathrm{sgn}(\tau\sigma) = -\mathrm{sgn}(\sigma)$．
 (3) $\sigma \in S_n$ が偶数個の互換の積ならば，$\mathrm{sgn}(\sigma) = 1$ であり，奇数個の互換の積ならば，$\mathrm{sgn}(\sigma) = -1$ である．
 (4) l 次の巡回置換 σ に対し，$\mathrm{sgn}(\sigma) = (-1)^{l-1}$．

4.3 置換とその符号

[証明] (1) $\mathrm{sgn}\,(i\ \ i+1) = -1$ であった. $j-i > 1$ のとき,
$$(i\ \ j) = (i+1\ \ j)(i\ \ i+1)(i+1\ \ j)$$
より,
$$\mathrm{sgn}\,(i\ \ j) = \mathrm{sgn}\,(i+1\ \ j) \cdot \mathrm{sgn}\,(i\ \ i+1) \cdot \mathrm{sgn}\,(i+1\ \ j) = -1.$$

(2), (3) は, (1) と定理 4.14 (1) より従う.

(4) は, l 次巡回置換が $(l-1)$ 個の互換の積になることより従う. ∎

□符号の正負により, 置換は 2 種類に分けられる.

定義 4.7 符号が $+1$ である置換, すなわち偶数個の互換の積を **偶置換** といい, 符号が -1 である置換, すなわち奇数個の互換の積を **奇置換** という.

●**問題 4.9** S_3 の各々の元の符号を求めよ.

●**問題 4.10** 置換 $\sigma \in S_4$ が
$$\sigma(1) = i, \quad \sigma(2) = j, \quad \sigma(3) = k, \quad \sigma(4) = l$$
によって定まっていることを,
$$\sigma = \begin{pmatrix} 1 & 2 & 3 & 4 \\ i & j & k & l \end{pmatrix}$$
で表す. 次の置換 σ を互換の積で表し, σ の符号を求めよ. ただし, 単位元は e で表す.

(1) $\sigma = \begin{pmatrix} 1 & 2 & 3 & 4 \\ 1 & 2 & 3 & 4 \end{pmatrix}$
(2) $\sigma = \begin{pmatrix} 1 & 2 & 3 & 4 \\ 1 & 2 & 4 & 3 \end{pmatrix}$
(3) $\sigma = \begin{pmatrix} 1 & 2 & 3 & 4 \\ 1 & 3 & 2 & 4 \end{pmatrix}$

(4) $\sigma = \begin{pmatrix} 1 & 2 & 3 & 4 \\ 1 & 3 & 4 & 2 \end{pmatrix}$
(5) $\sigma = \begin{pmatrix} 1 & 2 & 3 & 4 \\ 1 & 4 & 2 & 3 \end{pmatrix}$
(6) $\sigma = \begin{pmatrix} 1 & 2 & 3 & 4 \\ 1 & 4 & 3 & 2 \end{pmatrix}$

(7) $\sigma = \begin{pmatrix} 1 & 2 & 3 & 4 \\ 2 & 1 & 3 & 4 \end{pmatrix}$
(8) $\sigma = \begin{pmatrix} 1 & 2 & 3 & 4 \\ 2 & 1 & 4 & 3 \end{pmatrix}$
(9) $\sigma = \begin{pmatrix} 1 & 2 & 3 & 4 \\ 2 & 3 & 1 & 4 \end{pmatrix}$

(10) $\sigma = \begin{pmatrix} 1 & 2 & 3 & 4 \\ 2 & 3 & 4 & 1 \end{pmatrix}$
(11) $\sigma = \begin{pmatrix} 1 & 2 & 3 & 4 \\ 2 & 4 & 1 & 3 \end{pmatrix}$
(12) $\sigma = \begin{pmatrix} 1 & 2 & 3 & 4 \\ 2 & 4 & 3 & 1 \end{pmatrix}$

(13) $\sigma = \begin{pmatrix} 1 & 2 & 3 & 4 \\ 3 & 1 & 2 & 4 \end{pmatrix}$
(14) $\sigma = \begin{pmatrix} 1 & 2 & 3 & 4 \\ 3 & 1 & 4 & 2 \end{pmatrix}$
(15) $\sigma = \begin{pmatrix} 1 & 2 & 3 & 4 \\ 3 & 2 & 1 & 4 \end{pmatrix}$

(16) $\sigma = \begin{pmatrix} 1 & 2 & 3 & 4 \\ 3 & 2 & 4 & 1 \end{pmatrix}$
(17) $\sigma = \begin{pmatrix} 1 & 2 & 3 & 4 \\ 3 & 4 & 1 & 2 \end{pmatrix}$
(18) $\sigma = \begin{pmatrix} 1 & 2 & 3 & 4 \\ 3 & 4 & 2 & 1 \end{pmatrix}$

(19) $\sigma = \begin{pmatrix} 1 & 2 & 3 & 4 \\ 4 & 1 & 2 & 3 \end{pmatrix}$
(20) $\sigma = \begin{pmatrix} 1 & 2 & 3 & 4 \\ 4 & 1 & 3 & 2 \end{pmatrix}$
(21) $\sigma = \begin{pmatrix} 1 & 2 & 3 & 4 \\ 4 & 2 & 1 & 3 \end{pmatrix}$

(22) $\sigma = \begin{pmatrix} 1 & 2 & 3 & 4 \\ 4 & 2 & 3 & 1 \end{pmatrix}$
(23) $\sigma = \begin{pmatrix} 1 & 2 & 3 & 4 \\ 4 & 3 & 1 & 2 \end{pmatrix}$
(24) $\sigma = \begin{pmatrix} 1 & 2 & 3 & 4 \\ 4 & 3 & 2 & 1 \end{pmatrix}$

4.3.4 置換行列

□単位行列の列を並べ替えた行列を，**置換行列** (permutation matrix) という．n 次基本ベクトル $\mathbf{e}_i$ $(i = 1, \ldots, n)$ と置換 $\sigma \in S_n$ に対し，

$$R_\sigma = \begin{bmatrix} \mathbf{e}_{\sigma(1)} & \mathbf{e}_{\sigma(2)} & \cdots & \mathbf{e}_{\sigma(n)} \end{bmatrix}$$

と書ける正方行列が置換行列である．このとき，$R_\sigma \mathbf{e}_i = \mathbf{e}_{\sigma(i)}$ であり，

$$R_{\sigma\tau} \mathbf{e}_i = \mathbf{e}_{(\sigma\tau)(i)} = \mathbf{e}_{\sigma(\tau(i))} = R_\sigma \mathbf{e}_{\tau(i)} = R_\sigma R_\tau \mathbf{e}_i.$$

よって，

―― 置換の積と置換行列の積の対応 ――
$$R_{\sigma\tau} = R_\sigma R_\tau$$

がいえる．

□互換 $(i \ j) \in S_n$ に対し，n 次置換行列 $S = R_{(i \ j)}$ は次をみたす．
(1) $m \times n$ 行列 X に対し，XS は X の第 i 列と第 j 列を入れ替えたもの．
(2) $n \times p$ 行列 Y に対し，SY は Y の第 i 行と第 j 行を入れ替えたもの．

4.4 一般の次数の行列式

4.4.1 行列式の定義

□n 次正方行列 $A = [a_{i,j}]$ の関数 $f(A)$ が，A の各列について線形であり，かつ各行について線形であるとする．

□このとき，$f(A)$ は A の成分 $a_{i,j}$ の多項式であり，その各項は，各列から 1 つずつ選ばれた成分をかけたものの定数倍であり，また，各行から 1 つずつ選ばれた成分をかけたものの定数倍にもなっている．これは，$f(A)$ の各項が

$$c_\sigma \prod_{j=1}^n a_{\sigma(j),j} = c_\sigma \prod_{i=1}^n a_{i,\sigma^{-1}(i)} \quad (\sigma \in S_n,\ c_\sigma \in \mathbb{R})$$

と書けるということである．

□この係数を $c_\sigma = \mathrm{sgn}(\sigma)$ によって定めるとき，$f(A)$ を A の **行列式** (determinant) とよび，

$$f(A) = \det(A) = |A| = |a_{i,j}| = \begin{vmatrix} a_{1,1} & \cdots & a_{1,n} \\ \vdots & & \vdots \\ a_{n,1} & \cdots & a_{n,n} \end{vmatrix}$$

で表す．明示的に書くと，

4.4 一般の次数の行列式

$$\det(A) = \sum_{\sigma \in S_n} \mathrm{sgn}(\sigma)\, a_{\sigma(1),1}\, a_{\sigma(2),2} \cdots a_{\sigma(n),n}. \qquad (4.1)$$

— n 次行列式 —

□ 行列式は，**行列**ではなく，正方行列から決まる **式** である．

□ $A = \begin{bmatrix} \boldsymbol{a}_1 & \cdots & \boldsymbol{a}_n \end{bmatrix}$ のように n 次列ベクトルを n 個並べて表すとき，

$$\det(A) = \begin{vmatrix} \boldsymbol{a}_1 & \cdots & \boldsymbol{a}_n \end{vmatrix}$$

と書くこともある．

□ ここで，2次，3次行列式をあらためてみてみよう．

$$\begin{vmatrix} a_1 & b_1 \\ a_2 & b_2 \end{vmatrix} = \sum_{\sigma \in S_2} \mathrm{sgn}(\sigma)\, a_{\sigma(1)}\, b_{\sigma(2)} = +a_1 b_2 - a_2 b_1.$$

$$\begin{pmatrix} \sigma = e & \Rightarrow & \mathrm{sgn}(\sigma) \cdot a_{\sigma(1)} b_{\sigma(2)} = +a_1 b_2, \\ \sigma = (1\ 2) & \Rightarrow & \mathrm{sgn}(\sigma) \cdot a_{\sigma(1)} b_{\sigma(2)} = -a_2 b_1. \end{pmatrix}$$

$$\begin{vmatrix} a_1 & b_1 & c_1 \\ a_2 & b_2 & c_2 \\ a_3 & b_3 & c_3 \end{vmatrix} = \sum_{\sigma \in S_3} \mathrm{sgn}(\sigma)\, a_{\sigma(1)}\, b_{\sigma(2)}\, c_{\sigma(3)}$$

$$= +a_1 b_2 c_3 - a_2 b_1 c_3 - a_3 b_2 c_1 - a_1 b_3 c_2 + a_2 b_3 c_1 + a_3 b_1 c_2.$$

$$\begin{pmatrix} \sigma = e & \Rightarrow & \mathrm{sgn}(\sigma) \cdot a_{\sigma(1)} b_{\sigma(2)} c_{\sigma(3)} = +a_1 b_2 c_3, \\ \sigma = (1\ 2) & \Rightarrow & \mathrm{sgn}(\sigma) \cdot a_{\sigma(1)} b_{\sigma(2)} c_{\sigma(3)} = -a_2 b_1 c_3, \\ \sigma = (1\ 3) & \Rightarrow & \mathrm{sgn}(\sigma) \cdot a_{\sigma(1)} b_{\sigma(2)} c_{\sigma(3)} = -a_3 b_2 c_1, \\ \sigma = (2\ 3) & \Rightarrow & \mathrm{sgn}(\sigma) \cdot a_{\sigma(1)} b_{\sigma(2)} c_{\sigma(3)} = -a_1 b_3 c_2, \\ \sigma = (1\ 2\ 3) & \Rightarrow & \mathrm{sgn}(\sigma) \cdot a_{\sigma(1)} b_{\sigma(2)} c_{\sigma(3)} = +a_2 b_3 c_1, \\ \sigma = (1\ 3\ 2) & \Rightarrow & \mathrm{sgn}(\sigma) \cdot a_{\sigma(1)} b_{\sigma(2)} c_{\sigma(3)} = +a_3 b_1 c_2. \end{pmatrix}$$

□ n 次正方行列 $A = [a_{i,j}]$ の行列式 $\det(A)$ の性質をまとめる．

(1) A の成分 $a_{i,j}$ を変数とする n 次多項式である．

(2) 各項に含まれる変数は，A の各列から1つずつ選ばれたものであり，同時に A の各行から1つずつ選ばれたものでもある．

(3) 各項の係数は ± 1 である．

(4) 置換行列 R_σ に対し，$\det(R_\sigma) = \mathrm{sgn}(\sigma)$ である．

□ 上記の (2) より，次が従う．

補題 4.1 n 次正方行列 A の2つの列が $\mathbf{e}_i$ に等しいならば，$\det(A) = 0$.

□ $\mathrm{sgn}(\sigma^{-1}) = \mathrm{sgn}(\sigma)$ より,

$$\det(A) = \sum_{\sigma \in S_n} \mathrm{sgn}(\sigma)\, a_{1,\sigma(1)} \cdots a_{n,\sigma(n)} \tag{4.2}$$

とも書ける．よって,

$$\det({}^t\!A) = \det(A).$$

□ n 次正方行列 A と実数 c に対し，$\det(cA) = c^n \det(A)$.

□ $c = -1$ の場合を考えると，次が得られる．

定理 4.16 A が奇数次の反対称行列ならば，$\det(A) = 0$.

[証明] n を正の奇数とし，A を n 次反対称行列，すなわち ${}^t\!A = -A$ とすると，
$$\det(A) = \det({}^t\!A) = \det(-A) = (-1)^n \det(A) = -\det(A).$$
よって $\det(A) = 0$. ∎

4.4.2 行列式の交代性

□ 次の 2 つの定理を，行列式の **交代性** とよぶ．

定理 4.17 n 次正方行列 A と n 次置換行列 S に対し，
$$\det(AS) = \det(SA) = \det(A)\, \det(S).$$
特に，A の 2 つの列を入れ替えると，行列式は (-1) 倍になる．また，A の 2 つの行を入れ替えると，行列式は (-1) 倍になる．

[証明] $\tau \in S_n$, $S = R_\tau = [\mathbf{e}_{\tau(1)}\ \mathbf{e}_{\tau(2)}\ \cdots\ \mathbf{e}_{\tau(n)}]$ とする.
$$A = [\boldsymbol{a}_1\ \cdots\ \boldsymbol{a}_n] = [a_{i,j}]$$
とおくと，(4.1) より,
$$\begin{aligned}
\det(AS) &= \det[A\mathbf{e}_{\tau(1)}\ A\mathbf{e}_{\tau(2)}\ \cdots\ A\mathbf{e}_{\tau(n)}] \\
&= \det[\boldsymbol{a}_{\tau(1)}\ \cdots\ \boldsymbol{a}_{\tau(n)}] \\
&= \sum_{\sigma \in S_n} a_{\sigma(1),\tau(1)} \cdots a_{\sigma(n),\tau(n)} \cdot \mathrm{sgn}(\sigma) \\
&= \sum_{\sigma \in S_n} a_{\sigma(\tau^{-1}(1)),1} \cdots a_{\sigma(\tau^{-1}(n)),n} \cdot \mathrm{sgn}(\sigma) \\
&= \sum_{\sigma \in S_n} a_{(\sigma\tau^{-1})(1),1} \cdots a_{(\sigma\tau^{-1})(n),n} \cdot \mathrm{sgn}(\sigma\tau^{-1})\, \mathrm{sgn}(\tau) \\
&= \det(A)\, \det(S).
\end{aligned}$$
特に S が互換に対する置換行列の場合 $\det(S) = -1$ なので，A の 2 つの列を入れ替えると，行列式は (-1) 倍になる．

同様に，(4.2) より，$\det(SA) = \det(S)\det(A)$ がいえる．よって A の 2 つの行を入れ替えると，行列式は (-1) 倍になる． ∎

定理 4.18 n 次正方行列 A の 2 つの列が一致しているとき，$\det(A) = 0$. また，2 つの行が一致しているとき，$\det(A) = 0$.

[証明] $A = [a_{i,j}]$ の第 j 列を $\boldsymbol{a}_j$ とする.

$p, q \in \{1, \ldots, n\}$, $p < q$ に対し, $\det(A) = f(\boldsymbol{a}_p, \boldsymbol{a}_q)$ とおくと, 列に関する線形性により,

$$\det(A) = f\left(\sum_{i=1}^{n} a_{i,p}\,\mathbf{e}_i,\ \sum_{i'=1}^{n} a_{i',q}\,\mathbf{e}_{i'}\right) = \sum_{i=1}^{n}\sum_{i'=1}^{n} a_{i,p}\,a_{i',q}\,f(\mathbf{e}_i, \mathbf{e}_{i'}).$$

補題 4.1 より, $f(\mathbf{e}_i, \mathbf{e}_i) = 0$. また, 定理 4.17 より, $f(\mathbf{e}_{i'}, \mathbf{e}_i) = -f(\mathbf{e}_i, \mathbf{e}_{i'})$.

したがって, $\boldsymbol{a}_p = \boldsymbol{a}_q$ ならば $\det(A) = 0$.

$\det({}^t\!A) = \det(A)$ より, 2 つの行が一致する場合は, 2 つの列が一致する場合に帰着される. ■

4.4.3 行列式の計算

□ 基本変形を, 行列式の計算に応用することができる.

定理 4.19 (R1) 1 つの行に他の行の c 倍を足しても行列式は変わらない.

(R2) 1 つの行を c 倍すると行列式は c 倍になる.

(R3) 2 つの行を入れ替えると行列式は (-1) 倍になる.

(C1) 1 つの列に他の列の c 倍を足しても行列式は変わらない.

(C2) 1 つの列を c 倍すると行列式は c 倍になる.

(C3) 2 つの列を入れ替えると行列式は (-1) 倍になる.

[証明] (R1),(C1) は, 行・列に関する線形性と交代性から従う. (R2),(C2) は, 行・列に関する線形性から, (R3),(C3) は, 行・列に関する交代性から従う. ■

定理 4.20
$$\begin{vmatrix} a_{1,1} & a_{1,2} & \cdots & a_{1,n} \\ 0 & a_{2,2} & \cdots & a_{2,n} \\ \vdots & \vdots & & \vdots \\ 0 & a_{n,2} & \cdots & a_{n,n} \end{vmatrix} = a_{1,1} \begin{vmatrix} a_{2,2} & \cdots & a_{2,n} \\ \vdots & & \vdots \\ a_{n,2} & \cdots & a_{n,n} \end{vmatrix},$$

$$\begin{vmatrix} a_{1,1} & 0 & \cdots & 0 \\ a_{2,1} & a_{2,2} & \cdots & a_{2,n} \\ \vdots & \vdots & & \vdots \\ a_{n,1} & a_{n,2} & \cdots & a_{n,n} \end{vmatrix} = a_{1,1} \begin{vmatrix} a_{2,2} & \cdots & a_{2,n} \\ \vdots & & \vdots \\ a_{n,2} & \cdots & a_{n,n} \end{vmatrix}.$$

[証明] $A = [a_{i,j}]$ とし, $a_{i1} = 0\ (i \neq 1)$ とする. このとき, 置換 $\sigma \in S_n$ で $a_{\sigma(1),1} \neq 0$ となりうるのは $\sigma(1) = 1$ となるもののみである. よって

$$S_n(1) = \{\sigma \in S_n \mid \sigma(1) = 1\}$$

とおくと, (4.1) より,

$$\det(A) = a_{1,1} \sum_{\sigma \in S_n(1)} \operatorname{sgn}(\sigma)\, a_{\sigma(2),2} \cdots a_{\sigma(n),n} = a_{1,1} \begin{vmatrix} a_{2,2} & \cdots & a_{2,n} \\ \vdots & & \vdots \\ a_{n,2} & \cdots & a_{n,n} \end{vmatrix}.$$

また, $a_{1,j} = 0\ (j \neq 1)$ とすると, やはり置換 $\sigma \in S_n$ で $a_{1,\sigma(1)} \neq 0$ となりうるのは $\sigma(1) = 1$ となるもののみである. よって (4.2) より,

$$\det(A) = a_{1,1} \sum_{\sigma \in S_n(1)} \mathrm{sgn}(\sigma)\, a_{2,\sigma(2)} \cdots a_{n,\sigma(n)} = a_{1,1} \begin{vmatrix} a_{2,2} & \cdots & a_{2,n} \\ \vdots & & \vdots \\ a_{n,2} & \cdots & a_{n,n} \end{vmatrix}.$$
∎

□ 同様に次も成り立つ.

定理 4.21

$$\begin{vmatrix} a_{1,1} & \cdots & a_{1,n-1} & 0 \\ \vdots & & \vdots & \vdots \\ a_{n-1,1} & \cdots & a_{n-1,n-1} & 0 \\ a_{n,1} & \cdots & a_{n,n-1} & a_{n,n} \end{vmatrix} = a_{n,n} \begin{vmatrix} a_{1,1} & \cdots & a_{1,n-1} \\ \vdots & & \vdots \\ a_{n-1,1} & \cdots & a_{n-1,n-1} \end{vmatrix},$$

$$\begin{vmatrix} a_{1,1} & \cdots & a_{1,n-1} & a_{1,n} \\ \vdots & & \vdots & \vdots \\ a_{n-1,1} & \cdots & a_{n-1,n-1} & a_{1,n} \\ 0 & \cdots & 0 & a_{n,n} \end{vmatrix} = a_{n,n} \begin{vmatrix} a_{1,1} & \cdots & a_{1,n-1} \\ \vdots & & \vdots \\ a_{n-1,1} & \cdots & a_{n-1,n-1} \end{vmatrix}.$$

□ これらの性質を利用して,いろいろな行列式を計算することができる.

●**問題 4.11** 次の行列式を計算せよ.

(1) $\begin{vmatrix} 1 & 1 \\ x & y \end{vmatrix}$

(2) $\begin{vmatrix} 1 & 1 & 1 \\ x & y & z \\ x^2 & y^2 & z^2 \end{vmatrix}$

(3) $\begin{vmatrix} 1 & 1 & 1 & 1 \\ x_1 & x_2 & x_3 & x_4 \\ x_1^2 & x_2^2 & x_3^2 & x_4^2 \\ x_1^3 & x_2^3 & x_3^3 & x_4^3 \end{vmatrix}$

(4) $\begin{vmatrix} 1 & a & a(a-1) \\ 1 & b & b(b-1) \\ 1 & c & c(c-1) \end{vmatrix}$

(5) $\begin{vmatrix} a_1 & -1 \\ a_0 & x \end{vmatrix}$

(6) $\begin{vmatrix} a_2 & -1 & 0 \\ a_1 & x & -1 \\ a_0 & 0 & x \end{vmatrix}$

(7) $\begin{vmatrix} a_3 & -1 & 0 & 0 \\ a_2 & x & -1 & 0 \\ a_1 & 0 & x & -1 \\ a_0 & 0 & 0 & x \end{vmatrix}$

(8) $\begin{vmatrix} x & 1 \\ -1 & 1 \end{vmatrix}$

(9) $\begin{vmatrix} x & 1 & 1 \\ -1 & 1 & 0 \\ -1 & 0 & 1 \end{vmatrix}$

(10) $\begin{vmatrix} x & 1 & 1 & 1 \\ -1 & 1 & 0 & 0 \\ -1 & 0 & 1 & 0 \\ -1 & 0 & 0 & 1 \end{vmatrix}$

(11) $\begin{vmatrix} x & 1 \\ 1 & x \end{vmatrix}$

(12) $\begin{vmatrix} x & 1 & 1 \\ 1 & x & 1 \\ 1 & 1 & x \end{vmatrix}$

(13) $\begin{vmatrix} x & 1 & 1 & 1 \\ 1 & x & 1 & 1 \\ 1 & 1 & x & 1 \\ 1 & 1 & 1 & x \end{vmatrix}$

(14) $\begin{vmatrix} 1 & 1 \\ a & x \end{vmatrix}$

(15) $\begin{vmatrix} 1 & 1 & 1 \\ a & x & 0 \\ b & b & y \end{vmatrix}$

(16) $\begin{vmatrix} 1 & 1 & 1 & 1 \\ a & x & 0 & 0 \\ b & b & y & 0 \\ c & c & c & z \end{vmatrix}$

(17) $\begin{vmatrix} 0 & -a \\ a & 0 \end{vmatrix}$

(18) $\begin{vmatrix} 0 & -a & -b \\ a & 0 & -c \\ b & c & 0 \end{vmatrix}$

4.4 一般の次数の行列式

(19) $\begin{vmatrix} x & -a & -b \\ a & 0 & -c \\ b & c & 0 \end{vmatrix}$ (20) $\begin{vmatrix} x & -a & -b \\ a & y & -c \\ b & c & 0 \end{vmatrix}$ (21) $\begin{vmatrix} x & -a & -b \\ a & y & -c \\ b & c & z \end{vmatrix}$

(22) $\begin{vmatrix} 0 & -a & -b & -r \\ a & 0 & -c & -q \\ b & c & 0 & -p \\ r & q & p & 0 \end{vmatrix}$ (23) $\begin{vmatrix} 0 & 0 & a \\ 0 & x & b \\ a & b & y \end{vmatrix}$ (24) $\begin{vmatrix} 0 & 0 & 0 & a \\ 0 & x & 0 & b \\ 0 & 0 & y & c \\ a & b & c & z \end{vmatrix}$

(25) $\begin{vmatrix} 0 & 0 & 0 & 0 & a \\ 0 & x & 0 & 0 & b \\ 0 & 0 & y & 0 & c \\ 0 & 0 & 0 & z & d \\ a & b & c & d & w \end{vmatrix}$

4.4.4 行列の積と行列式

□ 次は行列式の重要な性質である．

定理 4.22 n 次正方行列 A, B に対し，

──── 行列の積と行列式の積 ────
$$\det(AB) = \det(A)\det(B).$$

[証明] 両辺は B の各列について線形である．したがって，定理 1.2 より，定理の証明は B の列がすべて基本ベクトルである場合に帰着される．

このとき，さらに B の 2 つの列が一致しているならば，右辺は 0．また AB の 2 つの列も一致するので，定理 4.18 より，左辺も 0．

よって定理の証明は，B の列が相異なる基本ベクトルである場合に，すなわち B が置換行列である場合に帰着されるが，それは定理 4.17 にほかならない． ∎

定理 4.23 (1) n 次正則行列 P に対し，$\det(P) \neq 0$．
 (2) n 次正則行列 P に対し，$\det(P^{-1}) = \det(P)^{-1}$．
 (3) n 次正則行列 P と n 次正方行列 A に対し，$\det(P^{-1}AP) = \det(A)$．

[証明] (1), (2) は，$\det(P^{-1})\det(P) = \det(P^{-1}P) = \det(E) = 1$ より．(3) は，
$$\det(P^{-1}AP) = \det(P^{-1})\det(A)\det(P) = \det(P^{-1})\det(P)\det(A)$$
$$= \det(P^{-1}P)\det(A) = \det(E)\det(A) = \det(A). \quad \blacksquare$$

4.4.5 余因子行列

□ 行列式は，連立 1 次方程式の解の表示に応用される (定理 4.25)．

定義 4.8 n 次正方行列 $A = \begin{bmatrix} \boldsymbol{a}_1 & \cdots & \boldsymbol{a}_n \end{bmatrix} = \begin{bmatrix} a_{i,j} \end{bmatrix}_{i,j}$ の第 j 列を n 次列ベクトル $\boldsymbol{y} = \begin{bmatrix} y_1 \\ \vdots \\ y_n \end{bmatrix}$ で置き換えたものの行列式を $\Delta_j(A, \boldsymbol{y})$ で表す．

□これは $\boldsymbol{y}$ について線形であり，
$$\Delta_j(A, \boldsymbol{y}) = \sum_{i=1}^n C_{j,i}\, y_i$$
と表される．

定義 4.9 $C_{j,i}$ を，行列 A の (i, j) 成分の **余因子** (cofactor) という．(j, i) 成分が $C_{j,i}$ に等しいような n 次正方行列を $\widetilde{A}$ で表し，これを A の **余因子行列** (cofactor matrix) という．

□このとき $\Delta_j(A, \boldsymbol{a}_j) = \det(A)$. また，$k \neq j$ に対し，$\Delta_j(A, \boldsymbol{a}_k)$ は 2 つの列が一致する行列の行列式なので，$\Delta_j(A, \boldsymbol{a}_k) = 0$. よって，
$$\sum_{i=1}^n C_{j,i}\, a_{i,k} = \det(A)\, \delta_{j,k}.$$
よって，
$$\widetilde{A}\, A = \det(A)\, E$$
が成り立つ．

□同様に，行についても次が定義される．

定義 4.10 n 次正方行列 A の第 i 行を n 次行ベクトル $\vec{y} = \begin{bmatrix} y_1 & \cdots & y_n \end{bmatrix}$ で置き換えたものの行列式を $\Delta'_i(A, \vec{y})$ で表す．

□これは $\vec{y}$ について線形であり，
$$\Delta'_i(A, \vec{y}) = \sum_{j=1}^n y_j\, C_{j,i}$$
と表される．

□また，$\det(A)$ は A の第 i 行について線形形式なので，
$$\det(A) = \sum_{j=1}^n a_{i,j}\, C_{j,i}$$
とも書ける．

□A の第 i 行を $\vec{a}_i$ とすると，このとき
$$\Delta'_i(A, \vec{a}_i) = \det(A), \quad \Delta'_i(A, \vec{a}_k) = 0 \quad (k \neq i)$$
なので，
$$\sum_{i=1}^n C_{j,i}\, a_{i,k} = \det(A)\, \delta_{j,k}.$$
よって
$$A\, \widetilde{A} = \det(A)\, E$$
が成り立つ．

4.4 一般の次数の行列式

定理 4.24 n 次正方行列 A に対し，次の 2 つの条件は同値である：

(1) A は正則行列である．

(2) $\det(A) \neq 0$．

[証明] (2) $\Rightarrow$ (1)：A の余因子行列を $\widetilde{A}$ とすると，$\dfrac{1}{\det(A)}\widetilde{A}$ は A の逆行列である．

(1) $\Rightarrow$ (2) は定理 4.23 (1) である． ∎

◎演習 4.6 n 次正方行列 A が正則であるための必要十分条件を知っているかぎりあげてみよ．

●問題 4.12 $A = \begin{bmatrix} 1 & 2 & 3 \\ 4 & 5 & 6 \\ 7 & 8 & 9 \end{bmatrix}$, $\boldsymbol{u} = \begin{bmatrix} x \\ y \\ z \end{bmatrix}$ とする．$\Delta_j(A, \boldsymbol{u})$ ($j = 1, 2, 3$) を求めよ．

□最後に，連立 1 次方程式の解の表示について述べる．

定理 4.25 (マクローリン・クラーメール (Maclaurin-Cramer) の公式)

$A\boldsymbol{x} = \boldsymbol{b}$ とすると，$\Delta_j(A, \boldsymbol{b}) = \det(A)\, x_j$. さらに $\det(A) \neq 0$ ならば，
$$x_j = \frac{\Delta_j(A, \boldsymbol{b})}{\det(A)}.$$

[証明] $\boldsymbol{b} = A\boldsymbol{x} = \sum\limits_{k=1}^{n} \boldsymbol{a}_k\, x_k$ を代入すると，
$$\Delta_j(A, \boldsymbol{b}) = \sum_{k=1}^{n} \Delta_j(A, \boldsymbol{a}_k)\, x_k = \det(A)\, x_j.$$
∎

4.4.6 行列式の展開

□n 次行列式における (i, j) 成分の余因子を具体的に表すとどうなるだろうか．

例 4.5 2 次行列式
$$\begin{vmatrix} a_{1,1} & a_{1,2} \\ a_{2,1} & a_{2,2} \end{vmatrix} = a_{1,1}\,a_{2,2} - a_{2,1}\,a_{1,2}$$
において，$a_{1,1}$ の余因子は $a_{2,2}$ に，$a_{1,2}$ の余因子は $-a_{2,1}$ に，$a_{2,1}$ の余因子は $-a_{1,2}$ に，$a_{2,2}$ の余因子は $a_{1,1}$ にそれぞれ等しい．

◎演習 4.7 3 次行列式 $|a_{i,j}|$ において，$a_{i,j}$ の余因子をそれぞれ求めよ．

□n 次正方行列 A から第 i 行と第 j 列を除いてできる $(n-1)$ 次正方行列を $A(i, j)$ とする．

□定理 4.20 より，$a_{1,1}$ の余因子は $\det(A(1, 1))$ に等しい．

定理 4.26 n 次正方行列 $A = [a_{i,j}]$ の第 k 行と第 l 列を除いてできる $(n-1)$ 次行列を $A(k, l)$ とすると，(k, l) 成分 $a_{k,l}$ の余因子は，

$$(-1)^{k+l} \det(A(k, l))$$

に等しい．

[証明] 定理 4.20 より，$(1, 1)$ 成分の余因子は $A(1, 1)$ に等しい．

巡回置換
$$\sigma = (1\ 2\ \cdots\ k), \quad \tau = (1\ 2\ \cdots\ l) \in S_n$$
に対し，
$$A' = [a'_{i,j}]_{i,j}, \quad a'_{i,j} = a_{\sigma^{-1}(i), \tau^{-1}(j)}$$
とおくと，$a'_{1,1} = a_{k,l}$, $A'(1, 1) = A(k, l)$ である．

また，定理 4.17, 4.15 より，
$$\begin{aligned}
\det(A) &= \operatorname{sgn}(\sigma) \operatorname{sgn}(\tau) \det(A') \\
&= (-1)^{k-1} (-1)^{l-1} \det(A') \\
&= (-1)^{k+l} \det(A').
\end{aligned}$$

$a_{i,l} = 0$ $(i \neq k)$ とすると，$a'_{i,1} = 0$ $(i \neq 1)$. よって定理 4.20 より，
$$\begin{aligned}
\det(A) &= (-1)^{k+l} \det(A') \\
&= (-1)^{k+l} a'_{1,1} \det(A'(1, 1)) \\
&= (-1)^{k+l} a_{k,l} \det(A(k, l)).
\end{aligned}$$

したがって，$a_{k,l}$ の余因子は $(-1)^{k+l} a_{k,l} \det(A(k, l))$ に等しい． ■

□ 以上により，次が従う．

定理 4.27
$$\begin{aligned}
\det(A) &= \sum_{i=1}^{n} (-1)^{i+j} \det(A(i, j))\, a_{i,j} \\
&= \sum_{j=1}^{n} (-1)^{i+j} \det(A(i, j))\, a_{i,j}.
\end{aligned}$$

□ $\sum_{i=1}^{n} (-1)^{i+j} \det(A(i, j))\, a_{i,j}$ を，$\det(A)$ の **第 j 列に関する展開** という．

□ $\sum_{j=1}^{n} (-1)^{i+j} \det(A(i, j))\, a_{i,j}$ を，$\det(A)$ の **第 i 行に関する展開** という．

□ 行列式の展開により，n 次行列式の計算が $(n-1)$ 次行列式の計算に帰着される．

例 4.6 4 次行列式の第 1 列に関する展開は，
$$\begin{aligned}
&\begin{vmatrix} x_1 & a_1 & b_1 & c_1 \\ x_2 & a_2 & b_2 & c_2 \\ x_3 & a_3 & b_3 & c_3 \\ x_4 & a_4 & b_4 & c_4 \end{vmatrix} \\
&= \begin{vmatrix} a_2 & b_2 & c_2 \\ a_3 & b_3 & c_3 \\ a_4 & b_4 & c_4 \end{vmatrix} x_1 - \begin{vmatrix} a_1 & b_1 & c_1 \\ a_3 & b_3 & c_3 \\ a_4 & b_4 & c_4 \end{vmatrix} x_2 + \begin{vmatrix} a_1 & b_1 & c_1 \\ a_2 & b_2 & c_2 \\ a_4 & b_4 & c_4 \end{vmatrix} x_3 - \begin{vmatrix} a_1 & b_1 & c_1 \\ a_2 & b_2 & c_2 \\ a_3 & b_3 & c_3 \end{vmatrix} x_4.
\end{aligned}$$

4.4 一般の次数の行列式

◎**演習 4.8** 上の行列式の，第2列，第3列，第4列，および第1行，第2行，第3行，第4行に関する展開をそれぞれ書け．

●**問題 4.13** 次の行列式を計算せよ．

(1) $\begin{vmatrix} x & 1 & 0 & 1 \\ y & 1 & 1 & -1 \\ z & 1 & 2 & 1 \\ w & 1 & 3 & 1 \end{vmatrix}$
(2) $\begin{vmatrix} 1 & x & 0 & 1 \\ 1 & y & 1 & -1 \\ 1 & z & 2 & 1 \\ 1 & w & 3 & 1 \end{vmatrix}$
(3) $\begin{vmatrix} 1 & 0 & x & 1 \\ 1 & 1 & y & -1 \\ 1 & 2 & z & 1 \\ 1 & 3 & w & 1 \end{vmatrix}$

(4) $\begin{vmatrix} 1 & 0 & 1 & x \\ 1 & 1 & -1 & y \\ 1 & 2 & 1 & z \\ 1 & 3 & 1 & w \end{vmatrix}$
(5) $\begin{vmatrix} x & y & z & w \\ 1 & -1 & 1 & -1 \\ 1 & 2 & 4 & 0 \\ 1 & 1 & 1 & 1 \end{vmatrix}$
(6) $\begin{vmatrix} 1 & -1 & 1 & -1 \\ x & y & z & w \\ 1 & 2 & 4 & 0 \\ 1 & 1 & 1 & 1 \end{vmatrix}$

(7) $\begin{vmatrix} 1 & -1 & 1 & -1 \\ 1 & 2 & 4 & 0 \\ x & y & z & w \\ 1 & 1 & 1 & 1 \end{vmatrix}$
(8) $\begin{vmatrix} 1 & -1 & 1 & -1 \\ 1 & 2 & 4 & 0 \\ 1 & 1 & 1 & 1 \\ x & y & z & w \end{vmatrix}$

5
ベクトル空間と線形写像

5.1 ベクトル空間の公理と例

5.1.1 加法とスカラー倍という演算

□ベクトルの **集合** について考える．集合と写像の基本事項については，付録を参照のこと．

例 5.1 平面ベクトルは，平面上の有向線分で表される．ただし，平行移動で移り合うものどうしを同一視する．平面ベクトル全体の集合を V とする．

(1) $u, v \in V$ に対し，和 $u + v \in V$ が定義される．これは，矢印と矢印をつなげる操作で得られる．

(2) $u \in V$ と $a \in \mathbb{R}$ に対し，スカラー倍 $au \in V$ が定義される．これは，矢印を伸び縮みさせたり，反転させたりする操作で得られる．

例 5.2 n 次列ベクトル全体の集合を V とする．

(1) $u = \begin{bmatrix} u_1 \\ \vdots \\ u_n \end{bmatrix}, v = \begin{bmatrix} v_1 \\ \vdots \\ v_n \end{bmatrix} \in V$ に対し，和 $u + v \in V$ が

$$u + v = \begin{bmatrix} u_1 + v_1 \\ \vdots \\ u_n + v_n \end{bmatrix}$$

によって定義される．

(2) $u = \begin{bmatrix} u_1 \\ \vdots \\ u_n \end{bmatrix} \in V$ と $a \in \mathbb{R}$ に対し，スカラー倍 $au \in V$ が

$$au = ua = \begin{bmatrix} au_1 \\ \vdots \\ au_n \end{bmatrix}$$

によって定義される．

5.1 ベクトル空間の公理と例

例 5.3 n 変数の線形形式全体の集合を V とする. V の元 $f(x_1, \ldots, x_n)$ を，変数の組を列ベクトル $\boldsymbol{x} = \begin{bmatrix} x_1 \\ \vdots \\ x_n \end{bmatrix}$ とみて，$f(\boldsymbol{x})$ と書く.

(1) 線形形式 $f, g \in V$ に対して，写像 $f+g : \mathbb{R}^n \to \mathbb{R}$ を
$$(f+g)(\boldsymbol{x}) = f(\boldsymbol{x}) + g(\boldsymbol{x})$$
によって定義する. $f(\boldsymbol{x}) = \sum_{i=1}^{n} a_i x_i$, $g(\boldsymbol{x}) = \sum_{i=1}^{n} b_i x_i$ とすると，
$$(f+g)(\boldsymbol{x}) = f(\boldsymbol{x}) + g(\boldsymbol{x}) = \sum_{i=1}^{n} a_i x_i + \sum_{i=1}^{n} b_i x_i = \sum_{i=1}^{n} (a_i + b_i) x_i.$$
ゆえに $f+g$ も線形形式であり，$f+g \in V$ となる.

(2) 線形形式 $f \in V$ と $c \in \mathbb{R}$ に対して，写像 $cf : \mathbb{R}^n \to \mathbb{R}$ を
$$(cf)(\boldsymbol{x}) = c f(\boldsymbol{x})$$
によって定義する. $f(\boldsymbol{x}) = \sum_{i=1}^{n} a_i x_i$ とすると，
$$(cf)(\boldsymbol{x}) = c f(\boldsymbol{x}) = c \sum_{i=1}^{n} a_i x_i = \sum_{i=1}^{n} (c a_i) x_i.$$
ゆえに cf も線形形式であり，$cf \in V$ となる.

5.1.2 ベクトル空間の公理

□ おおよそ量とよばれるものには，次の 2 つの基本的な演算が備わっている.
 (1) (加法) 同種の量 X, Y に対し，その和 $X+Y$ を考える.
 (2) (スカラー倍) 量 X と実数 a に対し，X を a 倍したもの aX を考える.

□ 科学・工学にはさまざまな量が現れるが，多くのものは，「加法とスカラー倍という演算をもつ」という共通点をもつ. そこに着目して，さまざまな量に応用するために，次の概念を導入する.

定義 5.1 集合 V 上に，
 (a) 加法：$u, v \in V$ に $u+v \in V$ を対応させる演算,
 (b) スカラー倍：$u \in V$, $a \in \mathbb{R}$ に $au \in V$ を対応させる演算,
 (c) ゼロ・ベクトル (ゼロ元) $\boldsymbol{0} \in V$,
が与えられていて，次の (1)–(8) の条件をみたしているとき，V は **実ベクトル空間** (real vector space) である，もしくは $\mathbb{R}$ **上のベクトル空間** であるという. V の元を **ベクトル** (vector) とよぶ.

 (1) $(u+v)+w = u+(v+w)$ $(u, v, w \in V)$.
 (2) $u+v = v+u$ $(u, v \in V)$.
 (3) $u+\boldsymbol{0} = u$ $(u \in V)$.

(4) $u \in V$ に対し,$-u \in V$ が存在して,$u + (-u) = \mathbf{0}$.
(5) $a(u+v) = au + av$ $(u, v \in V, a \in \mathbb{R})$.
(6) $(a+b)u = au + bu$ $(u \in V, a, b \in \mathbb{R})$.
(7) $(ab)u = a(bu)$ $(u \in V, a, b \in \mathbb{R})$.
(8) $1u = u$ $(u \in V)$.

□ 上記の (1) より,括弧を省いて $u+v+w$ のように書くことができる.

□ 以下,実ベクトル空間を単に,**ベクトル空間** (vector space) とよび,上の条件 (1)–(8) を,**ベクトル空間の公理** という.

例 5.4 (1) $\{\mathbf{0}\}$ はベクトル空間である.
(2) 平面ベクトル全体の集合はベクトル空間である.
(3) $\mathbb{R}^n$ はベクトル空間である.
(4) n 変数の線形形式全体の集合はベクトル空間である.
(5) 変数 x の,実数を係数とする 1 変数多項式全体の集合 $\mathbb{R}[x]$ はベクトル空間である.
(6) 区間 $I \subset \mathbb{R}$ 上の実数値連続関数全体の集合 $C(I)$ はベクトル空間である.

定理 5.1 ベクトル空間の公理より,次が導かれる.
(1) $u + w = v + w$ ならば,$u = v$.
(2) $0u = \mathbf{0}$.
(3) $(-1)u = -u$.
(4) $a\mathbf{0} = \mathbf{0}$ $(a \in \mathbb{R})$.

[証明] (1) $u = u + \mathbf{0} = u + w + (-w) = v + w + (-w) = v + \mathbf{0} = v$.
(2) $0u + 0u = (0+0)u = 0u$, $\mathbf{0} + 0u = 0u + \mathbf{0} = 0u$. よって (1) より,$0u = \mathbf{0}$.
(3) $u + (-1)u = 1u + (-1)u = (1 + (-1))u = 0u = \mathbf{0}$. また,$u + (-u) = \mathbf{0}$. よって (1) より $(-1)u = -u$.
(4) $a\mathbf{0} = a(0u) = (a0)u = 0u = \mathbf{0}$. ∎

□ なお,量のなかには,とびとびの値しかとらないものもある.この場合,量の実数倍は定義されない.そのような量に応用するためには,次の概念がある.

定義 5.2 集合 V 上に,加法とゼロ元が与えられていて,ベクトル空間の公理のうち,(1), (2), (3), (4) が成り立つとき,V は **アーベル群** (Abelian group) であるという.

□ ベクトル空間は,加法に関してアーベル群である.また,整数全体の集合 $\mathbb{Z}$ は,加法に関してアーベル群である.

5.2 ベクトル空間の次元と基底

5.2.1 1次独立性

□V をベクトル空間とする.

定義 5.3 $c_1, \ldots, c_k \in \mathbb{R}$ とする. ベクトル $u_1, \ldots, u_k \in V$ に対する条件

$$c_1 u_1 + \cdots + c_k u_k = \mathbf{0} \quad \text{——1 次関係}$$

を, **1 次関係** (linear relation) という. そのうち, 1 次関係

$$0\, u_1 + 0\, u_2 + \cdots + 0\, u_k = \mathbf{0} \quad \text{——自明な 1 次関係}$$

はつねに成り立つ. これを **自明な** (trivial) **1 次関係** という.

例 5.5 $u = \begin{bmatrix} 2 \\ 3 \end{bmatrix}$, $v = \begin{bmatrix} 1 \\ 1 \end{bmatrix}$, $w = \begin{bmatrix} 3 \\ 4 \end{bmatrix}$ に対し, 自明でない 1 次関係

$$u + v - w = \mathbf{0}$$

が成り立つ.

●**問題 5.1** 次のベクトルの組のみたす, 自明でない 1 次関係を 1 つ与えよ.

(1) $u = \begin{bmatrix} 2 \\ 3 \end{bmatrix}$, $v = \begin{bmatrix} 2 \\ 3 \end{bmatrix}$ (2) $u = \begin{bmatrix} 2 \\ 3 \end{bmatrix}$, $v = \begin{bmatrix} -10 \\ -15 \end{bmatrix}$

(3) $u = \begin{bmatrix} 2 \\ 3 \end{bmatrix}$, $v = \begin{bmatrix} 0 \\ 0 \end{bmatrix}$ (4) $u = \begin{bmatrix} 2 \\ 3 \\ 4 \end{bmatrix}$, $v = \begin{bmatrix} 1 \\ 1 \\ 1 \end{bmatrix}$, $w = \begin{bmatrix} 3 \\ 4 \\ 5 \end{bmatrix}$

(5) $u = \begin{bmatrix} 2 \\ 3 \\ 4 \end{bmatrix}$, $v = \begin{bmatrix} 1 \\ 1 \\ 1 \end{bmatrix}$, $w = \begin{bmatrix} 1 \\ 2 \\ 3 \end{bmatrix}$ (6) $u = \begin{bmatrix} 2 \\ 3 \\ 4 \end{bmatrix}$, $v = \begin{bmatrix} 1 \\ 1 \\ 1 \end{bmatrix}$, $w = \begin{bmatrix} 0 \\ 0 \\ 0 \end{bmatrix}$

定義 5.4 ベクトル $u_1, \ldots, u_k \in V$ が **1 次独立である** (linearly independent) とは, 成立する 1 次関係が自明な 1 次関係のみであることである. すなわち

$$c_1 u_1 + \cdots + c_k u_k = \mathbf{0} \implies c_1 = 0, \ldots, c_k = 0 \quad \text{——1 次独立性}$$

が成り立つことである.

1 次独立でないことを **1 次従属である** (linearly dependent) という. $u_1, \ldots, u_k$ が 1 次従属であるとは, ある自明でない 1 次関係が成り立つことである. すなわち $(c_1, \ldots, c_k) \neq (0, \ldots, 0)$ が存在して, $c_1 u_1 + \cdots + c_k u_k = \mathbf{0}$ となることである.

□ベクトルの組が 1 次独立であるとは, それらが「ばらばらの方向を向いている」様子を正確に述べたものである.

例 5.6 (1) $\boldsymbol{u}_1 \in \mathbb{R}^n$ が 1 次独立であることは，$\boldsymbol{u}_1 \neq \boldsymbol{0}$ に同値である．

(2) $\boldsymbol{u}_1, \boldsymbol{u}_2 \in \mathbb{R}^3$ が 1 次独立であることは，$\boldsymbol{u}_1, \boldsymbol{u}_2$ が同じ直線に平行でないことに同値である．

(3) $\boldsymbol{u}_1, \boldsymbol{u}_2, \boldsymbol{u}_3 \in \mathbb{R}^3$ が 1 次独立であることは，$\boldsymbol{u}_1, \boldsymbol{u}_2, \boldsymbol{u}_3$ が同じ平面に平行でないことに同値である．

(4) 基本ベクトル $\mathbf{e}_1, \ldots, \mathbf{e}_n \in \mathbb{R}^n$ は 1 次独立である．

□ $m \times n$ 行列 $A = \begin{bmatrix} \boldsymbol{a}_1 & \cdots & \boldsymbol{a}_n \end{bmatrix}$ の列 $\boldsymbol{a}_1, \ldots, \boldsymbol{a}_n$ が 1 次独立であるとは，連立 1 次方程式

$$A\boldsymbol{x} = \boldsymbol{0}_m$$

の解，すなわち

$$\boldsymbol{a}_1 x_1 + \cdots + \boldsymbol{a}_n x_n = \boldsymbol{0}_m$$

の解が，自明な解 $\boldsymbol{x} = \boldsymbol{0}_n$ に限るということにほかならない．

例 5.7 $\begin{bmatrix} 1 \\ 2 \end{bmatrix}, \begin{bmatrix} a \\ b \end{bmatrix}$ が 1 次独立になるための必要十分条件を求める．それは，方程式

$$\begin{bmatrix} 1 & a \\ 2 & b \end{bmatrix} \begin{bmatrix} x \\ y \end{bmatrix} = \begin{bmatrix} 0 \\ 0 \end{bmatrix}$$

の解が，自明な解 $\begin{bmatrix} x \\ y \end{bmatrix} = \begin{bmatrix} 0 \\ 0 \end{bmatrix}$ に限るという条件である．行基本変形により，方程式を

$$\begin{bmatrix} 1 & a \\ 0 & b-2a \end{bmatrix} \begin{bmatrix} x \\ y \end{bmatrix} = \begin{bmatrix} 0 \\ 0 \end{bmatrix}$$

に変形する．

$b - 2a = 0$ ならば，t を実数とし，$\begin{bmatrix} x \\ y \end{bmatrix} = \begin{bmatrix} -at \\ t \end{bmatrix}$ とすると解が得られる．$t \neq 0$ にとると，これは自明でない解になる．

$b - 2a \neq 0$ ならば，$y = 0$ となり，$x = 0$ となる．よって解は自明なものに限る．以上により，$\begin{bmatrix} 1 \\ 2 \end{bmatrix}, \begin{bmatrix} a \\ b \end{bmatrix}$ が 1 次独立になるための必要十分条件が，

$$b - 2a \neq 0$$

と書けることがわかった．

●**問題 5.2** 次のベクトルの組が 1 次独立になるための必要十分条件を求めよ．

(1) $\begin{bmatrix} 1 \\ 0 \end{bmatrix}, \begin{bmatrix} a \\ b \end{bmatrix}$ (2) $\begin{bmatrix} 0 \\ 1 \end{bmatrix}, \begin{bmatrix} a \\ b \end{bmatrix}$ (3) $\begin{bmatrix} 1 \\ 1 \end{bmatrix}, \begin{bmatrix} a \\ b \end{bmatrix}$ (4) $\begin{bmatrix} 2 \\ 1 \end{bmatrix}, \begin{bmatrix} a \\ b \end{bmatrix}$

(5) $\begin{bmatrix} 1 \\ 0 \\ 0 \end{bmatrix}, \begin{bmatrix} 0 \\ 1 \\ 0 \end{bmatrix}, \begin{bmatrix} a \\ b \\ c \end{bmatrix}$ (6) $\begin{bmatrix} 1 \\ 0 \\ 0 \end{bmatrix}, \begin{bmatrix} 0 \\ 0 \\ 1 \end{bmatrix}, \begin{bmatrix} a \\ b \\ c \end{bmatrix}$ (7) $\begin{bmatrix} 0 \\ 1 \\ 0 \end{bmatrix}, \begin{bmatrix} 0 \\ 0 \\ 1 \end{bmatrix}, \begin{bmatrix} a \\ b \\ c \end{bmatrix}$

5.2 ベクトル空間の次元と基底

(8) $\begin{bmatrix}1\\1\\1\end{bmatrix}, \begin{bmatrix}1\\1\\0\end{bmatrix}, \begin{bmatrix}a\\b\\0\end{bmatrix}$ (9) $\begin{bmatrix}1\\1\\1\end{bmatrix}, \begin{bmatrix}1\\0\\1\end{bmatrix}, \begin{bmatrix}a\\0\\c\end{bmatrix}$ (10) $\begin{bmatrix}1\\1\\1\end{bmatrix}, \begin{bmatrix}0\\1\\1\end{bmatrix}, \begin{bmatrix}0\\b\\c\end{bmatrix}$

□ 次の定理は，よく用いられる．

定理 5.2 ベクトル $u_1, \ldots, u_r \in V$ が1次独立であるとき，条件

$$\sum_{i=1}^{r} a_i u_i = \sum_{i=1}^{r} b_i u_i$$

から，$a_i = b_i$ $(i = 1, \ldots, r)$ が従う．

[証明] 仮定より，$\sum_{i=1}^{r}(a_i - b_i)u_i = \mathbf{0}$. よって $a_i - b_i = 0$ $(i = 1, \ldots, r)$. ∎

5.2.2 行列のランク

□ 1次独立の概念を用いて，行列のランクを表すことができる．

定理 5.3 行列 A のランク $\mathrm{rank}(A)$ は，

A の 1 次独立な列の最大の個数

に一致する．すなわち，

(1) $r = \mathrm{rank}(A)$ とすると，A の 1 次独立な r 個の列が存在する．

(2) $s > \mathrm{rank}(A)$ とすると，A の s 個の列はつねに 1 次従属である．

[証明] (1) $A = [\boldsymbol{a}_1 \cdots \boldsymbol{a}_n]$ の簡約化を $B = [\boldsymbol{b}_1 \cdots \boldsymbol{b}_n]$ とし，その階段型を $\{\mathrm{p}(1), \ldots, \mathrm{p}(r)\}$ とする．このとき，

$$\boldsymbol{b}_{\mathrm{p}(i)} = \mathbf{e}_i \quad (i = 1, \ldots, r)$$

は1次独立である．ゆえに，

$$\boldsymbol{a}_{\mathrm{p}(i)} \quad (i = 1, \ldots, r)$$

は1次独立である．

(2) A の s 個の列からなる行列を A' とし，対応する B の s 個の列からなる行列を B' とする．方程式 $A'\boldsymbol{x} = \mathbf{0}$ $(\boldsymbol{x} \in \mathbb{R}^s)$ が自明でない解をもつことをいえばよい．この方程式は $B'\boldsymbol{x} = \mathbf{0}$ と同値である．$\mathrm{rank}(B') \leqq \mathrm{rank}(B) = \mathrm{rank}(A)$ なので，定理 3.21 より，$\mathrm{rank}(A) < s$ ならば，$B'\boldsymbol{x} = \mathbf{0}$ は自明でない解をもつ． ∎

5.2.3 ベクトル空間の次元

□ ベクトル空間の大きさを表す量について考える．

定義 5.5 ベクトル空間 V に対し，

V の 1 次独立な元の最大の個数

を V の **次元** (dimension) といい，$\dim(V)$ で表す．すなわち，

(1) $r = \dim(V)$ ならば，V の 1 次独立な r 個の元が存在する．

(2) $r > \dim(V)$ ならば，V の r 個の元はつねに 1 次従属である．

□ 次元の定まるベクトル空間を，**有限次元ベクトル空間** という．

□ $\{\mathbf{0}\}$ はベクトル空間である．その次元は 0 である．

□ 基本ベクトル $\mathbf{e}_1,\ldots,\mathbf{e}_n \in \mathbb{R}^n$ は 1 次独立である．したがって，

定理 5.4

--- $\mathbb{R}^n$ の次元 ---
$$\dim(\mathbb{R}^n) = n.$$

□ 集合 $\mathbb{R}^n$ を **n 次元 数ベクトル空間** とよぶ．

5.2.4 基　底

□ 5, 6, 7 章をとおして，次の概念が基本になる．

定義 5.6　ベクトル $u_1,\ldots,u_n \in V$ が V の **基底** (basis) であるとは，次の 2 つの条件をみたすことをいう．
 (1) $u_1,\ldots,u_n$ は 1 次独立である．
 (2) V のベクトルは，$u_1,\ldots,u_n$ の 1 次結合で表される．

□ $\mathbb{R}^n$ の基本ベクトル $\mathbf{e}_1,\ldots,\mathbf{e}_n$ は $\mathbb{R}^n$ の基底である．これを $\mathbb{R}^n$ の **標準的基底** (standard basis) とよぶ．

□ V を変数 x の n 次以下の実数係数多項式全体のなすベクトル空間とすると，$1, x, x^2,\ldots, x^n$ は V の基底である．

□ $\{\mathbf{0}\}$ (ゼロ・ベクトルのみからなるベクトル空間) の基底は，空集合 $\varnothing$ であると定義する．

□ 以下，基底の基本的性質について述べる．

定理 5.5　ベクトル $u_1,\ldots,u_n$ を V の基底とすると，V の任意のベクトルは，$u_1,\ldots,u_n$ の 1 次結合として一意的に表される．

[証明]　基底の定義より，$u_1,\ldots,u_n$ の 1 次結合として表されることがいえる．一意性は定理 5.2 より従う．　∎

定理 5.6　ベクトル $u_1,\ldots,u_n$ が V の基底であるとき，$\dim(V) = n$．

[証明]　基底の定義より，$u_1,\ldots,u_n$ は 1 次独立である．あとは，$r > n$ に対し，$v_1,\ldots,v_r \in V$ が 1 次従属であることを示せばよい．
　$j = 1,\ldots, r$ に対し，v_j は $u_1,\ldots,u_n$ の 1 次結合になる．よって
$$v_j = \sum_{i=1}^{n} a_{i,j} u_i \quad (a_{i,j} \in \mathbb{R})$$

5.2 ベクトル空間の次元と基底

と表される．このとき，
$$\sum_{j=1}^r x_j v_j = \sum_{j=1}^r \sum_{i=1}^n x_j a_{i,j} u_i = \sum_{i=1}^n \left(\sum_{j=1}^r a_{i,j} x_j\right) u_i.$$

$r > n$ より，$\sum_{j=1}^r a_{i,j} x_j = 0$ をみたす $x_j \in \mathbb{R}$ で，$\begin{bmatrix} x_1 \\ \vdots \\ x_r \end{bmatrix} \neq \mathbf{0}$ であるものが存在する．これに対し，
$$\sum_{j=1}^r x_j v_j = \mathbf{0}.$$

したがって $v_1, \ldots, v_r$ は 1 次従属である． ∎

補題 5.1 $u_1, \ldots, u_k \in V$ が 1 次独立であり，$u \in V$ が $u_1, \ldots, u_k \in V$ の 1 次結合でないならば，$u_1, \ldots, u_k, u$ は 1 次独立である．

[証明] $c_1 u_1 + \cdots + c_k u_k + c u = \mathbf{0}$ とする．$c \neq 0$ ならば，
$$u = -\frac{c_1}{c} u_1 - \cdots - \frac{c_k}{c} u_k$$

となって仮定に反する．よって $c = 0$ であり，$c_1 u_1 + \cdots + c_k u_k = 0$．$u_1, \ldots, u_k$ は 1 次独立なので，$c_i = 0$ $(i = 1, \ldots, k)$． ∎

定理 5.7 n 次元ベクトル空間 V のベクトル $u_1, \ldots, u_k$ が 1 次独立であるとする．このとき次が成り立つ．

(1) $k \leqq n$．

(2) $k = n$ であるとき，$u_1, \ldots, u_k$ は V の基底である．

(3) $k < n$ であるとき，$u_{k+1}, \ldots, u_n \in V$ が存在して，$u_1, \ldots, u_n$ が V の基底になる．

[証明] (1) は次元の定義より明らか．(2) は補題 5.1 より従う．

(3) は数学的帰納法を用いて示す．$n - k$ が 1 つ少ない場合に帰着できればよい．定理 5.6 より，$u_1, \ldots, u_k$ は基底ではない．よって，$u_1, \ldots, u_k$ の 1 次結合でないベクトル $u_{k+1} \in V$ が存在する．補題 5.1 より，$u_1, \ldots, u_k, u_{k+1}$ は 1 次独立である．こうして証明は，$n - k$ が 1 つ少ない場合に帰着された． ∎

□特に，$k = 0$ の場合が次の定理である．

定理 5.8 有限次元ベクトル空間は，基底をもつ．

5.2.5 $\mathbb{R}^n$ の基底と正則行列

□n 次正方行列 $A = \begin{bmatrix} \boldsymbol{a}_1 & \cdots & \boldsymbol{a}_n \end{bmatrix}$ と n 次列ベクトル $\boldsymbol{x} = \begin{bmatrix} x_1 \\ \vdots \\ x_n \end{bmatrix}$ に対し，
$$A\boldsymbol{x} = \boldsymbol{a}_1 x_1 + \cdots + \boldsymbol{a}_n x_n$$

であることに注意すると，

(1) 条件 『$A\bm{x} = \bm{0}$ ならば $\bm{x} = \bm{0}$』は，$\bm{a}_1, \ldots, \bm{a}_n$ が 1 次独立であることに同値である．
(2) 方程式 $A\bm{x} = \bm{b}$ の解が存在することは，$\bm{b}$ が $\bm{a}_1, \ldots, \bm{a}_n$ の 1 次結合であることに同値である．

□ したがって，定理 3.25 および基底の定義より，次がいえる．

定理 5.9 n 次正方行列 $A = \begin{bmatrix} \bm{a}_1 & \cdots & \bm{a}_n \end{bmatrix}$ に対し，次の 4 つの条件は同値である：
(1) $\bm{a}_1, \ldots, \bm{a}_n$ は $\mathbb{R}^n$ の基底である．
(2) $\bm{a}_1, \ldots, \bm{a}_n$ は 1 次独立である．
(3) $\mathbb{R}^n$ の任意のベクトルは，$\bm{a}_1, \ldots, \bm{a}_n$ の 1 次結合である．
(4) A は正則である．

□ 要するに，$\mathbb{R}^n$ の基底とは，n 次正則行列の n 個の列のことだったのである．

5.3 部分空間

5.3.1 連立 1 次方程式から部分空間へ

□ 線形代数の基本問題は，
(1) 連立 1 次方程式 $A\bm{x} = \bm{b}$ に解が存在するのはどういう $\bm{b}$ に対してか，
(2) 連立 1 次方程式 $A\bm{x} = \bm{0}$ にどれだけの解があるか，
であった．この問題について考えるには，部分空間の概念が有効である．

□ まず，(2) について考える．$m \times n$ 行列 A に対し，n 次列ベクトル $\bm{x}$ に関する同次型連立 1 次方程式

$$A\bm{x} = \bm{0}_m$$

の解全体の集合を N とし，これを同次型方程式 $A\bm{x} = \bm{0}_m$ の **解空間** とよぶ．N は $\mathbb{R}^n$ の部分集合である．

□ このとき次が成り立つ．

定理 5.10 (1) $\bm{0}_n \in N$．
(2) $\bm{u} \in N, \bm{v} \in N$ ならば，$\bm{u} + \bm{v} \in N$．
(3) $\bm{u} \in N, a \in \mathbb{R}$ ならば，$a\bm{u} \in N$．

[証明] (1) $A\bm{0}_n = \bm{0}_m$ より，$\bm{0}_n \in N$．
(2) $\bm{u} \in N, \bm{v} \in N$ ならば，$A(\bm{u}+\bm{v}) = A\bm{u} + A\bm{v} = \bm{0}_m + \bm{0}_m = \bm{0}_m$．よって $\bm{u}+\bm{v} \in N$．
(3) $\bm{u} \in N, a \in \mathbb{R}$ ならば，$A(a\bm{u}) = a(A\bm{u}) = a\bm{0}_m = \bm{0}_m$．よって $a\bm{u} \in N$． ■

5.3 部分空間

□ 次に，(1) について考える．$m \times n$ 行列 A に対し，n 次列ベクトル $\boldsymbol{x}$ に関する連立 1 次方程式

$$A\boldsymbol{x} = \boldsymbol{b}$$

の解が存在するような m 次列ベクトル $\boldsymbol{b}$ 全体の集合を M とする．M は $\mathbb{R}^m$ の部分集合である．

□ $A = \begin{bmatrix} \boldsymbol{a}_1 & \cdots & \boldsymbol{a}_n \end{bmatrix}$ とすると，

$$A\boldsymbol{x} = \boldsymbol{a}_1 x_1 + \cdots + \boldsymbol{a}_n x_n \quad (\boldsymbol{x} = \begin{bmatrix} x_1 \\ \vdots \\ x_n \end{bmatrix}).$$

したがって，M は $\boldsymbol{a}_1, \ldots, \boldsymbol{a}_n$ の 1 次結合全体の集合である．

□ このとき次が成り立つ．

定理 5.11 (1) $\boldsymbol{0}_m \in M$．
(2) $\boldsymbol{u} \in M$, $\boldsymbol{v} \in M$ ならば，$\boldsymbol{u} + \boldsymbol{v} \in M$．
(3) $\boldsymbol{u} \in M$, $a \in \mathbb{R}$ ならば，$a\boldsymbol{u} \in M$．

[証明] (1) $\boldsymbol{0}_m = A\boldsymbol{0}_n$ より，$\boldsymbol{0}_m \in M$．
(2) $\boldsymbol{u} \in M$, $\boldsymbol{v} \in M$ とすると，$\boldsymbol{p}, \boldsymbol{q} \in \mathbb{R}^n$ が存在して，$\boldsymbol{u} = A\boldsymbol{p}$, $\boldsymbol{v} = A\boldsymbol{q}$ と書けるので，$\boldsymbol{u} + \boldsymbol{v} = A\boldsymbol{p} + A\boldsymbol{q} = A(\boldsymbol{p} + \boldsymbol{q})$．ゆえに $\boldsymbol{u} + \boldsymbol{v} \in M$．
(3) $\boldsymbol{u} \in M$, $a \in \mathbb{R}$ とすると，$\boldsymbol{p} \in \mathbb{R}^n$ が存在して，$\boldsymbol{u} = A\boldsymbol{p}$ と書けるので，$a\boldsymbol{u} = a(A\boldsymbol{p}) = A(a\boldsymbol{p})$．ゆえに $a\boldsymbol{u} \in M$． ■

□ 連立 1 次方程式の 2 つの基本問題に関連して，上で集合 N と M を導入した．その共通の性質を抽出して，次の概念を定義する．

定義 5.7 ベクトル空間 V の部分集合 W が **部分空間** (subspace) であるとは，次の 3 つの条件をみたすことである：
(1) $\boldsymbol{0} \in W$．
(2) $u \in W$, $v \in W$ ならば，$u + v \in W$．
(3) $u \in W$, $a \in \mathbb{R}$ ならば，$au \in W$．

□ ベクトル空間の部分空間はベクトル空間である．

□ 上でみたように，$m \times n$ 行列 A に対し，

$$N = \{\boldsymbol{x} \in \mathbb{R}^n \mid A\boldsymbol{x} = \boldsymbol{0}\}$$

は $\mathbb{R}^n$ の部分空間である．また，

$$M = \{A\boldsymbol{x} \mid \boldsymbol{x} \in \mathbb{R}^n\}$$

は $\mathbb{R}^m$ の部分空間である．

□ベクトル空間 V 自身が V の部分空間である．また，V のゼロ・ベクトル $\mathbf{0}$ のみを元とする集合 $\{\mathbf{0}\}$ は，V の部分空間である．

定理 5.12 ベクトル空間 V の部分集合 W が部分空間であることは，次の 2 つの条件をみたすことに同値である：

(1) $\mathbf{0} \in W$．

(2) $u, v \in W, a, b \in \mathbb{R}$ ならば，$a u + b v \in W$．

[証明] 条件 (2) の $a = b = 1$ の場合が定義 5.7 の (2) である．また条件 (2) で $b = 0$ とすると，定義 5.7 の (3) が従う．

逆に，W が部分空間ならば，$u, v \in W, a, b \in \mathbb{R}$ に対し，定義 5.7 の (3) より，$a u, b v \in W$．よって定義 5.7 の (2) より，$a u + b v \in W$． ∎

定理 5.13 ベクトル空間 V の部分空間 W の元の 1 次結合は W に属する．すなわち，$u_1, \ldots, u_k \in W$ と $c_1, \ldots, c_k \in \mathbb{R}$ に対し，
$$c_1 u_1 + \cdots + c_k u_k \in W.$$

[証明] k に関する帰納法によって示す．

$k = 1$ の場合，これは部分空間の定義 5.7 の (3) にほかならない．

$k > 1$ の場合，帰納法の仮定より，$c_1 u_1 + \cdots + c_{k-1} u_{k-1} \in W$．

よって，定理 5.12 より，$(c_1 u_1 + \cdots + c_{k-1} u_{k-1}) + c_k u_k \in W$． ∎

定理 5.14 ベクトル空間 V の元 $u_1, \ldots, u_k$ に対し，$u_1, \ldots, u_k$ の 1 次結合全体の集合を W とすると，W は V の部分空間である．

[証明] $u, v \in W$ とすると，
$$u = \sum_{i=1}^{k} a_i u_i, \quad v = \sum_{i=1}^{k} b_i u_i \quad (a_i, b_i \in \mathbb{R})$$

と表される．よって，
$$u + v = \sum_{i=1}^{k} (a_i + b_i) u_i \in W, \quad c u = \sum_{i=1}^{k} (c a_i) u_i \in W \quad (c \in \mathbb{R}).$$

したがって，W は V の部分空間である． ∎

□ W をベクトル $u_1, \ldots, u_k$ によって **生成される部分空間** (the subspace generated by $u_1, \ldots, u_k$) という．$W = V$ であるとき，V は $u_1, \ldots, u_k$ によって **生成される** という．

5.3.2 $\mathbb{R}, \mathbb{R}^2, \mathbb{R}^3$ の部分空間

例 5.8 (1) $\mathbb{R}$ の部分空間は，$\{\mathbf{0}\}$ と $\mathbb{R}$ 全体とである．

(2) $\mathbb{R}^2$ の部分空間は，$\{\mathbf{0}\}$，原点を通る直線，$\mathbb{R}^2$ 全体，のいずれかである．

(3) $\mathbb{R}^3$ の部分空間は，$\{\mathbf{0}\}$，原点を通る直線，原点を通る平面，$\mathbb{R}^3$ 全体，のいずれかである．

5.3 部分空間

□ 部分空間のイメージは, 『原点を通り, まっすぐにどこまでも広がっている図形』という感じである. これを厳密に述べると上に記した定義になる.

例 5.9 (1) $W = \{\begin{bmatrix} x \\ y \end{bmatrix} \in \mathbb{R}^2 \mid y = 0\}$ は $\mathbb{R}^2$ の部分空間である.

(2) $W = \{\begin{bmatrix} x \\ y \end{bmatrix} \in \mathbb{R}^2 \mid 2x + 3y = 0\}$ は $\mathbb{R}^2$ の部分空間である.

(3) $W = \{\begin{bmatrix} x \\ y \end{bmatrix} \in \mathbb{R}^2 \mid 2x + 3y = 1\}$ は $\mathbb{R}^2$ の部分空間ではない. 実際, $\begin{bmatrix} 0 \\ 0 \end{bmatrix} \notin W$ である.

(4) $W = \{\begin{bmatrix} x \\ y \end{bmatrix} \in \mathbb{R}^2 \mid 2x + 3y = 0, \ x + y = 0\}$ は $\mathbb{R}^2$ の部分空間である. 実際, $W = \{\begin{bmatrix} 0 \\ 0 \end{bmatrix}\}$ である.

(5) $W = \{\begin{bmatrix} x \\ y \end{bmatrix} \in \mathbb{R}^2 \mid x + y \geqq 0\}$ は $\mathbb{R}^2$ の部分空間ではない. 実際, $\begin{bmatrix} 1 \\ 0 \end{bmatrix} \in W$ だが, $(-1)\begin{bmatrix} 1 \\ 0 \end{bmatrix} = \begin{bmatrix} -1 \\ 0 \end{bmatrix} \notin W$ である.

(6) $W = \{\begin{bmatrix} x \\ y \end{bmatrix} \in \mathbb{R}^2 \mid y = x^2\}$ は $\mathbb{R}^2$ の部分空間ではない. 実際, $\begin{bmatrix} 1 \\ 1 \end{bmatrix} \in W$ だが, $2\begin{bmatrix} 1 \\ 1 \end{bmatrix} = \begin{bmatrix} 2 \\ 2 \end{bmatrix} \notin W$ である.

(7) $W = \{\begin{bmatrix} x \\ y \end{bmatrix} \in \mathbb{R}^2 \mid xy = 0\}$ は $\mathbb{R}^2$ の部分空間ではない. 実際, $\begin{bmatrix} 1 \\ 0 \end{bmatrix}, \begin{bmatrix} 0 \\ 1 \end{bmatrix} \in W$ だが, $\begin{bmatrix} 1 \\ 0 \end{bmatrix} + \begin{bmatrix} 0 \\ 1 \end{bmatrix} = \begin{bmatrix} 1 \\ 1 \end{bmatrix} \notin W$ である.

◎**演習 5.1** 上の例 (1) から (7) における $\mathbb{R}^2$ の部分集合 W を図示せよ.

●**問題 5.3** 次のベクトルの組によって生成される $\mathbb{R}^3$ の部分空間を W とする. それぞれの場合に, W の次元を求めよ.

(1) $\boldsymbol{u} = \begin{bmatrix} 1 \\ 3 \\ 5 \end{bmatrix}, \boldsymbol{v} = \begin{bmatrix} 2 \\ 6 \\ 10 \end{bmatrix}, \boldsymbol{w} = \begin{bmatrix} 3 \\ 9 \\ 15 \end{bmatrix}$ (2) $\boldsymbol{u} = \begin{bmatrix} 1 \\ 0 \\ 0 \end{bmatrix}, \boldsymbol{v} = \begin{bmatrix} 0 \\ 1 \\ 0 \end{bmatrix}, \boldsymbol{w} = \begin{bmatrix} 2 \\ 3 \\ 0 \end{bmatrix}$

(3) $\boldsymbol{u} = \begin{bmatrix} 1 \\ 1 \\ 1 \end{bmatrix}, \boldsymbol{v} = \begin{bmatrix} 2 \\ 2 \\ 2 \end{bmatrix}, \boldsymbol{w} = \begin{bmatrix} 1 \\ 2 \\ 3 \end{bmatrix}$ (4) $\boldsymbol{u} = \begin{bmatrix} 1 \\ 0 \\ 0 \end{bmatrix}, \boldsymbol{v} = \begin{bmatrix} 0 \\ 1 \\ 0 \end{bmatrix}, \boldsymbol{w} = \begin{bmatrix} 0 \\ 0 \\ 1 \end{bmatrix}$

(5) $\boldsymbol{u} = \begin{bmatrix} 1 \\ 2 \\ 4 \end{bmatrix}, \boldsymbol{v} = \begin{bmatrix} 1 \\ -1 \\ 1 \end{bmatrix}, \boldsymbol{w} = \begin{bmatrix} 1 \\ 3 \\ 9 \end{bmatrix}$ (6) $\boldsymbol{u} = \begin{bmatrix} 0 \\ 0 \\ 0 \end{bmatrix}, \boldsymbol{v} = \begin{bmatrix} 0 \\ 0 \\ 0 \end{bmatrix}, \boldsymbol{w} = \begin{bmatrix} 0 \\ 0 \\ 0 \end{bmatrix}$

(7) $\boldsymbol{u} = \begin{bmatrix} 0 \\ 0 \\ 0 \end{bmatrix}, \boldsymbol{v} = \begin{bmatrix} 1 \\ 0 \\ 0 \end{bmatrix}, \boldsymbol{w} = \begin{bmatrix} 2 \\ 0 \\ 0 \end{bmatrix}$

● **問題 5.4** 問題 5.3 (1)–(7) で与えられた $\mathbb{R}^3$ の部分空間 W のそれぞれに対し，W の基底を 1 つ与えよ．

5.3.3 次元等式

□ $m \times n$ 行列 A の簡約化を $B = \begin{bmatrix} \boldsymbol{b}_1 & \cdots & \boldsymbol{b}_n \end{bmatrix} = [b_{i,j}]$ とし，その階段型を $\{p(1), \ldots, p(r)\}$ とする．このとき連立 1 次方程式

$$A\boldsymbol{x} = \boldsymbol{0}$$

の解 $\boldsymbol{x}$ は，$B\boldsymbol{x} = \boldsymbol{0}$ の解であり，

$$\boldsymbol{x}^{(j)} = \mathbf{e}_j - \sum_{k=1}^{r} b_{k,j}\, \mathbf{e}_{p(k)} \in \mathbb{R}^n \quad (j \neq p(1), \ldots, p(r))$$

の 1 次結合になる．ここで，$\mathbf{e}_j$ は $\mathbb{R}^n$ の基本ベクトルである．実際，$\mathbb{R}^m$ の基本ベクトルを $\mathbf{e}'_i$ とすると，

$$B\boldsymbol{x}^{(j)} = \boldsymbol{b}_j - \sum_{k=1}^{r} b_{k,j}\, \boldsymbol{b}_{p(k)} = \boldsymbol{b}_j - \sum_{k=1}^{r} b_{k,j}\, \mathbf{e}'_k = \boldsymbol{0}$$

が確かめられる．$j > r$ のとき $b_{i,j} = 0$ であることに注意する．

この $(n-r)$ 個のベクトル $\boldsymbol{x}^{(j)}$ ($j \neq p(1), \ldots, p(r)$) は 1 次独立である．

□ したがって，$(n-r)$ 個のベクトル $\boldsymbol{x}^{(j)}$ ($j \neq p(1), \ldots, p(r)$) は，$\mathbb{R}^n$ の部分空間

$$N = \{\boldsymbol{x} \in \mathbb{R}^n \mid A\boldsymbol{x} = \boldsymbol{0}\}$$

の基底である．

□ すなわち，同次型連立 1 次方程式

$$A\boldsymbol{x} = \boldsymbol{0}$$

を解くとは，$\mathbb{R}^n$ の部分空間 N の基底をみつけることにほかならない．

□ また，次がわかる．

定理 5.15 $m \times n$ 行列 A に対し，$\mathrm{rank}(A) = r$ とすると，$\mathbb{R}^n$ の部分空間

$$N = \{\boldsymbol{x} \in \mathbb{R}^n \mid A\boldsymbol{x} = \boldsymbol{0}\}$$

は $(n-r)$ 次元である．

□ 次の定理により，行列のランクとは何を表す量なのかが明確になる．

定理 5.16 $m \times n$ 行列 A に対し，

$$M = \{A\boldsymbol{x} \mid \boldsymbol{x} \in \mathbb{R}^n\}$$

とおくと，

$$\dim(M) = \mathrm{rank}(A).$$

5.3 部分空間

[証明] $A = [\boldsymbol{a}_1 \cdots \boldsymbol{a}_n]$ の簡約化の階段型を $\{\mathrm{p}(1), \ldots, \mathrm{p}(r)\}$ とすると，$\boldsymbol{a}_{\mathrm{p}(1)}, \ldots, \boldsymbol{a}_{\mathrm{p}(r)}$ が M の基底になる． ∎

□以上により，次がいえる．

定理 5.17 $m \times n$ 行列 A に対し，
$$N = \{\boldsymbol{x} \in \mathbb{R}^n \mid A\boldsymbol{x} = \boldsymbol{0}\}, \quad M = \{A\boldsymbol{x} \mid \boldsymbol{x} \in \mathbb{R}^n\}$$
とおくと，
$$\dim(M) = n - \dim(N).$$

□この等式を，**次元等式** とよぶことにする．これは，連立 1 次方程式の 2 つの基本問題
 (1) 方程式 $A\boldsymbol{x} = \boldsymbol{b}$ に解が存在するのはどういう場合か．
 (2) 方程式 $A\boldsymbol{x} = \boldsymbol{0}$ の解が自明な解のみであるのはどういう場合か．
の間に関係があることを示している．

5.3.4 連立 1 次方程式の解の存在

□基本問題 (1) に対し，行列のランクを用いて答えることができる．

定理 5.18 $m \times n$ 行列 A と m 次列ベクトル $\boldsymbol{b}$ に対し，
 (1) 方程式 $A\boldsymbol{x} = \boldsymbol{b}$ に解が存在するならば，
$$\mathrm{rank}[A \ \boldsymbol{b}] = \mathrm{rank}(A).$$
 (2) 方程式 $A\boldsymbol{x} = \boldsymbol{b}$ に解が存在しないならば，
$$\mathrm{rank}[A \ \boldsymbol{b}] = \mathrm{rank}(A) + 1.$$

[証明] 行列 B に対し，$\mathrm{rank}(B)$ は B の 1 次独立な列の最大の個数に等しい．したがって，$\mathrm{rank}[A \ \boldsymbol{b}]$ は $\mathrm{rank}(A), \mathrm{rank}(A) + 1$ のどちらかに等しい．

 $A = [\boldsymbol{a}_1 \cdots \boldsymbol{a}_n]$，$\mathrm{rank}(A) = r$ とし，$\boldsymbol{a}_{j(1)}, \ldots, \boldsymbol{a}_{j(r)}$ が 1 次独立であるとする．さらに，A の列で生成される $\mathbb{R}^m$ の部分空間を M とすると，定理 5.16 より，$\dim(M) = r$ である．

 (1) 方程式 $A\boldsymbol{x} = \boldsymbol{b}$ に解が存在することは $\boldsymbol{b} \in M$ に同値である．$\boldsymbol{b} \in M$ ならば，$[A \ \boldsymbol{b}]$ の列で生成される部分空間も M である．よって，
$$\mathrm{rank}[A \ \boldsymbol{b}] = \dim(M) = \mathrm{rank}(A).$$

 (2) $\boldsymbol{b} \notin M$ ならば，補題 5.1 より，$\boldsymbol{a}_{j(1)}, \ldots, \boldsymbol{a}_{j(r)}, \boldsymbol{b}$ は 1 次独立である．よって，$\mathrm{rank}[A \ \boldsymbol{b}] = r + 1$ の場合になる． ∎

5.4 線形写像

5.4.1 行列と列ベクトルの積の幾何学的意味

□変数 x, y と変数 X, Y が,

$$\begin{bmatrix} X \\ Y \end{bmatrix} = \begin{bmatrix} 3 & 1 \\ -1 & 2 \end{bmatrix} \begin{bmatrix} x \\ y \end{bmatrix}$$

によって,すなわち

$$X = 3x + y, \quad Y = -x + 2y$$

によって関係づけられているとする.このとき,xy 平面上の点 (x, y) が動くと,それに応じて XY 平面上の点 (X, Y) も動く.

□XY 平面を考える.
  (1) 点 (X, Y) は,$\begin{bmatrix} 3 \\ -1 \end{bmatrix} x$, $\begin{bmatrix} 1 \\ 2 \end{bmatrix} y$ の張る平行 4 辺形の頂点である.
  (2) 変数 x, y を動かすと,この平行 4 辺形は,辺の傾きを変えずに変形する.それにともなって,頂点 (X, Y) が動く.
  (3) 変数 x, y が動くと,頂点 (X, Y) は XY 平面全体を動く.

□xy 平面を考える.
  (1) X, Y の値を固定する.
  (2) 点 (x, y) は,直線 $3x + y = X$ と直線 $-x + 2y = Y$ の交点である.
  (3) X, Y の値を変えると,直線 $3x + y = X$ と直線 $-x + 2y = Y$ が傾きを変えずに移動する.それにともなって,交点 (x, y) が動く.
  (4) X, Y の値を変えると,交点 (x, y) は xy 平面全体を動く.

□xy 平面と XY 平面の両方を考える.
  (1) 点 (x, y) が xy 平面全体を動くとき,点 (X, Y) は XY 平面全体を動く.
  (2) xy 平面上の点 (x, y) が,面積 1 の正方形 $0 \leqq x \leqq 1$, $0 \leqq y \leqq 1$ 上を動くとき,XY 平面上の点 (X, Y) は,$\begin{bmatrix} 3 \\ -1 \end{bmatrix}$, $\begin{bmatrix} 1 \\ 2 \end{bmatrix}$ の張る平行 4 辺形の周と内部全体を動く.

5.4.2 線形写像

□上記の xy 平面と XY 平面の間の関係を,抽象化・一般化したものが,次で述べる線形写像の概念である.

定義 5.8 ベクトル空間 U からベクトル空間 V への写像 $T : U \to V$ が加法とスカラー倍を保つとき,すなわち,

5.4 線形写像と行列

---線形写像

(1) ベクトル $x, y \in U$ に対し，$T(x+y) = T(x) + T(y)$,

(2) ベクトル $x \in U$ と実数 c に対し，$T(cx) = cT(x)$

が成り立つとき，T は **線形写像** (linear map) であるという．

□ 線形写像 T に対し，$T(\mathbf{0}) = \mathbf{0}$ である．なぜなら，
$$T(\mathbf{0}) = T(0\,x) = 0\,T(x) = \mathbf{0}.$$

□ 行列と列ベクトルの積は，線形写像の例を与える．

定理 5.19 $m \times n$ 行列 A に対し，写像 $T : \mathbb{R}^n \to \mathbb{R}^m$ を $T(\boldsymbol{x}) = A\boldsymbol{x}$ によって定義すると，T は線形写像である．

[証明] $\boldsymbol{u}, \boldsymbol{v} \in \mathbb{R}^n$ に対し，$A(\boldsymbol{u}+\boldsymbol{v}) = A\boldsymbol{u} + A\boldsymbol{v}$ であるから，$T(\boldsymbol{u}+\boldsymbol{v}) = T(\boldsymbol{u}) + T(\boldsymbol{v})$．
$\boldsymbol{u} \in \mathbb{R}^n, c \in \mathbb{R}$ に対し，$T(c\,\boldsymbol{u}) = c(A\boldsymbol{u})$ であるから，$T(c\,\boldsymbol{u}) = cT(\boldsymbol{u})$． ∎

□ ベクトル空間 $\mathbb{R}^n$ から $\mathbb{R}$ への線形写像とは，n 変数の線形形式のことにほかならない．

□ ベクトル空間 V から $\mathbb{R}$ への線形写像を，V 上の **線形形式** という．

□ 変数 x の実数係数多項式全体のなすベクトル空間を $\mathbb{R}[x]$ で表す．

定理 5.20 (1) 写像 $M : \mathbb{R}[x] \to \mathbb{R}[x]$ を $M(f) = xf$ で定義すると，M は線形写像である．

(2) 写像 $D : \mathbb{R}[x] \to \mathbb{R}[x]$ を $D(f) = \dfrac{\mathrm{d}f}{\mathrm{d}x}$ で定義すると，D は線形写像である．

(3) $a, b \in \mathbb{R}$ とする．写像 $\varphi : \mathbb{R}[x] \to \mathbb{R}$ を $\varphi(f) = \displaystyle\int_a^b f(x)\,\mathrm{d}x$ で定義すると，φ は線形写像である．

[証明] $f, g \in \mathbb{R}[x], c \in \mathbb{R}$ に対し，

(1) $$M(f+g) = x(f+g) = xf + xg = M(f) + M(g),$$
$$M(c\,f) = x(c\,f) = c(x\,f) = cM(f).$$

(2) $$D(f+g) = (f+g)' = f' + g' = D(f) + D(g),$$
$$D(c\,f) = (c\,f)' = c\,f' = cD(f).$$

(3) $$\varphi(f+g) = \int_a^b (f+g)\,\mathrm{d}x = \int_a^b f\,\mathrm{d}x + \int_a^b g\,\mathrm{d}x = \varphi(f) + \varphi(g),$$
$$\varphi(c\,f) = \int_a^b c\,f\,\mathrm{d}x = c\int_a^b f\,\mathrm{d}x = c\varphi(f).$$ ∎

定理 5.21 写像 $T: U \to V$ が線形写像であることは次の条件に同値である：

> (3) ベクトル $u_1, u_2 \in U$ と実数 a, b に対し，
> $$T(a\,u_1 + b\,u_2) = a\,T(u_1) + b\,T(u_2).$$

[証明] 定義 5.8 の条件 (1), (2) を仮定すると，
$$T(a\,u_1 + b\,u_2) = T(a\,u_1) + T(b\,u_2) = a\,T(u_1) + b\,T(u_2).$$
よって (3) が導かれた．

逆に，条件 (3) において，$a = b = 1$ とおくと (1) が導かれ，また $b = 0$ とおくと (2) が導かれる． ∎

●**問題 5.5** (1) 線形写像 $T: \mathbb{R}^2 \to \mathbb{R}^2$ が
$$T(\begin{bmatrix} 1 \\ 0 \end{bmatrix}) = \begin{bmatrix} a_1 \\ a_2 \end{bmatrix}, \quad T(\begin{bmatrix} 0 \\ 1 \end{bmatrix}) = \begin{bmatrix} b_1 \\ b_2 \end{bmatrix}$$
をみたすとする．$T(\begin{bmatrix} x \\ y \end{bmatrix})$ を求めよ．

(2) 線形写像 $T: \mathbb{R}^3 \to \mathbb{R}^2$ が
$$T(\begin{bmatrix} 1 \\ 0 \\ 0 \end{bmatrix}) = \begin{bmatrix} a_1 \\ a_2 \end{bmatrix}, \quad T(\begin{bmatrix} 0 \\ 1 \\ 0 \end{bmatrix}) = \begin{bmatrix} b_1 \\ b_2 \end{bmatrix}, \quad T(\begin{bmatrix} 0 \\ 0 \\ 1 \end{bmatrix}) = \begin{bmatrix} c_1 \\ c_2 \end{bmatrix}$$
をみたすとする．$T(\begin{bmatrix} x \\ y \\ z \end{bmatrix})$ を求めよ．

◎**演習 5.2** 2 次正方行列 A に対し，写像 $f: \mathbb{R}^2 \to \mathbb{R}^2$ を $f(\boldsymbol{x}) = A\boldsymbol{x}$ によって定義する．また，$\mathbf{e}_1 = \begin{bmatrix} 1 \\ 0 \end{bmatrix}$, $\mathbf{e}_2 = \begin{bmatrix} 0 \\ 1 \end{bmatrix}$ とし，$\mathbb{R}^2$ の部分集合 K を，
$$K = \{\begin{bmatrix} x \\ y \end{bmatrix} \mid 0 \leqq x \leqq 1,\ 0 \leqq y \leqq 1\}$$
によって定義する．次の行列 A に対し，$f(\mathbf{e}_1)$, $f(\mathbf{e}_2)$ と像 $f(K)$ を図示せよ．

(1) $A = \begin{bmatrix} 1 & 0 \\ 0 & 1 \end{bmatrix}$ (2) $A = \begin{bmatrix} 2 & 0 \\ 0 & 2 \end{bmatrix}$ (3) $A = \begin{bmatrix} \frac{1}{2} & 0 \\ 0 & \frac{1}{2} \end{bmatrix}$

(4) $A = \begin{bmatrix} 2 & 0 \\ 0 & \frac{1}{2} \end{bmatrix}$ (5) $A = \begin{bmatrix} \frac{1}{2} & 0 \\ 0 & 2 \end{bmatrix}$ (6) $A = \begin{bmatrix} -1 & 0 \\ 0 & 1 \end{bmatrix}$

(7) $A = \begin{bmatrix} 1 & 0 \\ 0 & -1 \end{bmatrix}$ (8) $A = \begin{bmatrix} -1 & 0 \\ 0 & -1 \end{bmatrix}$ (9) $A = \begin{bmatrix} 0 & 1 \\ 1 & 0 \end{bmatrix}$

(10) $A = \begin{bmatrix} 0 & -1 \\ 1 & 0 \end{bmatrix}$ (11) $A = \begin{bmatrix} 1 & 1 \\ 0 & 1 \end{bmatrix}$ (12) $A = \begin{bmatrix} 1 & 0 \\ 1 & 1 \end{bmatrix}$

(13) $A = \begin{bmatrix} 1 & 0 \\ 0 & 0 \end{bmatrix}$ (14) $A = \begin{bmatrix} 0 & 0 \\ 0 & 1 \end{bmatrix}$ (15) $A = \begin{bmatrix} 1 & 1 \\ 1 & 1 \end{bmatrix}$

(16) $A = \begin{bmatrix} 0 & 0 \\ 0 & 0 \end{bmatrix}$

5.4 線形写像と行列

5.4.3 核と像

□ 線形写像から自然に定まる部分空間について述べる．

定義 5.9 U, V をベクトル空間とする．線形写像 $T: U \to V$ に対し，U の部分集合

$$\mathrm{Ker}(T) = \{x \in U \mid T(x) = \mathbf{0}\}$$

を T の **核** (kernel) といい，V の部分集合

$$\mathrm{Im}(T) = \{T(x) \mid x \in U\} = T(U)$$

を T の **像** (image) という．

定理 5.22 (1) T の核 $\mathrm{Ker}(T)$ は，U の部分空間である．
(2) T の像 $\mathrm{Im}(T)$ は，V の部分空間である．

[証明] (1) 証明は定理 5.10 と同様である．
 i) $T(\mathbf{0}) = \mathbf{0}$ より，$\mathbf{0} \in \mathrm{Ker}(T)$.
 ii) $x, y \in \mathrm{Ker}(T)$ とすると，$T(x) = \mathbf{0}$, $T(y) = \mathbf{0}$. よって，
$$T(x+y) = T(x) + T(y) = \mathbf{0} + \mathbf{0} = \mathbf{0}.$$
 よって，$x + y \in \mathrm{Ker}(T)$.
 iii) $x \in \mathrm{Ker}(T)$, $a \in \mathbb{R}$ とすると，$T(x) = \mathbf{0}$. よって，
$$T(a\,x) = a\,T(x) = a\,\mathbf{0} = \mathbf{0}.$$
 よって，$a\,x \in \mathrm{Ker}(T)$.
(2) 証明は定理 5.11 と同様である．
 i) $\mathbf{0} = T(\mathbf{0}) \in \mathrm{Im}(T)$.
 ii) $\mathrm{Im}(T)$ の元 $T(x), T(y)$ に対し，$T(x) + T(y) = T(x+y) \in \mathrm{Im}(T)$.
 iii) $\mathrm{Im}(T)$ の元 $T(x)$ と $a \in \mathbb{R}$ に対し，$a\,T(x) = T(a\,x) \in \mathrm{Im}(T)$. ∎

例 5.10 $U = \mathbb{R}^n, V = \mathbb{R}^m$ とし，$m \times n$ 行列 A に対し，線形写像 $T: U \to V$ を $T(\boldsymbol{x}) = A\,\boldsymbol{x}$ により定義する．この場合，

$$\mathrm{Ker}(T) = \{\boldsymbol{x} \in U \mid A\,\boldsymbol{x} = \mathbf{0}\}, \quad \mathrm{Im}(T) = \{A\,\boldsymbol{x} \mid \boldsymbol{x} \in U\}$$

であり，これらについては前に考察した．特に，

$$\mathrm{rank}(A) = \dim \mathrm{Im}(T)$$

に注意する．

□ $\mathrm{Ker}(T) = U$ である場合，$\mathrm{Im}(T) = \{\mathbf{0}\}$ である．

□ U が有限次元であるとき，その部分空間である $\mathrm{Ker}(T)$ も有限である．よって $\mathrm{Ker}(T)$ の基底 $u_1, \ldots, u_k$ が存在する．$\mathrm{Ker}(T) \neq U$ である場合，さらに $u_{k+1}, \ldots, u_n \in U$ が存在して，$u_1, \ldots, u_n$ が U の基底になる．このとき，次が成り立つ．

補題 5.2 $T(u_{k+1}), \ldots, T(u_n)$ は $\mathrm{Im}(T)$ の基底である.

[証明] $\mathrm{Im}(T)$ の元は $T(u)$ $(u \in U)$ と書け, u は $u_1, \ldots, u_n$ の1次結合で, $u = \sum_{i=1}^{n} c_i u_i$ と書ける. $i = 1, \ldots, k$ に対し $T(u_i) = \mathbf{0}$ であることに注意すると,

$$T(u) = T\left(\sum_{i=1}^{n} c_i u_i\right) = \sum_{i=1}^{n} c_i T(u_i) = \sum_{i=k+1}^{n} c_i T(u_i).$$

よって, $\mathrm{Im}(T)$ の元は $T(u_{k+1}), \ldots, T(u_n)$ の1次結合になる.

また,

$$\sum_{i=k+1}^{n} x_i T(u_i) = \mathbf{0} \quad (x_i \in \mathbb{R})$$

とすると, $T\left(\sum_{i=k+1}^{n} x_i u_i\right) = \mathbf{0}$. よって $\sum_{i=k+1}^{n} x_i u_i \in \mathrm{Ker}(T)$. よって

$$\sum_{i=k+1}^{n} x_i u_i = \sum_{j=1}^{k} y_j u_j \quad (y_j \in \mathbb{R})$$

と書ける. $u_1, \ldots, u_n$ は1次独立なので, $x_i = 0, y_j = 0$ がいえる. したがって, $T(u_{k+1}), \ldots, T(u_n)$ は1次独立である. ∎

□この定理より, 次が従う. これは次元等式 (定理 5.17) の一般化である.

定理 5.23 U が有限次元ベクトル空間であるとき, 線形写像 $T : U \to V$ に対し,

$$\dim \mathrm{Im}(T) = \dim U - \dim \mathrm{Ker}(T).$$

例 5.11 $A = \begin{bmatrix} 1 & 2 & 3 & 4 & 5 \\ -1 & -2 & -3 & 0 & -1 \\ 2 & 4 & 6 & 0 & 2 \end{bmatrix}$ とし, 線形写像 $T : \mathbb{R}^5 \to \mathbb{R}^3$ を $T(\boldsymbol{x}) = A\boldsymbol{x}$ によって定義するとき, T の核の基底, および像の基底を求める.

(1) T の核は, $A\boldsymbol{x} = \mathbf{0}$ をみたす列ベクトル $\boldsymbol{x} \in \mathbb{R}^5$ のなす部分空間である.

A の簡約化 B を求める. 行基本変形を行うと,

$$\begin{bmatrix} 1 & 2 & 3 & 4 & 5 \\ -1 & -2 & -3 & 0 & -1 \\ 2 & 4 & 6 & 0 & 2 \end{bmatrix} \xrightarrow[\text{II, III}]{} \begin{bmatrix} 1 & 2 & 3 & 4 & 5 \\ 0 & 0 & 0 & 4 & 4 \\ 0 & 0 & 0 & -8 & -8 \end{bmatrix}$$

$$\xrightarrow[\text{I}]{} \begin{bmatrix} 1 & 2 & 3 & 4 & 5 \\ 0 & 0 & 0 & 1 & 1 \\ 0 & 0 & 0 & -8 & -8 \end{bmatrix} \xrightarrow[\text{II, III}]{} \begin{bmatrix} 1 & 2 & 3 & 0 & 1 \\ 0 & 0 & 0 & 1 & 1 \\ 0 & 0 & 0 & 0 & 0 \end{bmatrix} = B.$$

連立1次方程式 $A\boldsymbol{x} = \mathbf{0}$ は $B\boldsymbol{x} = \mathbf{0}$ に同値なので, 解は, 自由な変数 s, t, u により,

$$\boldsymbol{x} = \begin{bmatrix} -2 \\ 1 \\ 0 \\ 0 \\ 0 \end{bmatrix} s + \begin{bmatrix} -3 \\ 0 \\ 1 \\ 0 \\ 0 \end{bmatrix} t + \begin{bmatrix} -1 \\ 0 \\ 0 \\ -1 \\ 1 \end{bmatrix} u$$

と表される. したがって, $\begin{bmatrix} -2 \\ 1 \\ 0 \\ 0 \\ 0 \end{bmatrix}$, $\begin{bmatrix} -3 \\ 0 \\ 1 \\ 0 \\ 0 \end{bmatrix}$, $\begin{bmatrix} -1 \\ 0 \\ 0 \\ -1 \\ 1 \end{bmatrix} \in \mathbb{R}^5$ が T の核の基底になる.

連立 1 次方程式 $A\boldsymbol{x} = \boldsymbol{0}$ を解くとは, **線形写像 T の核の基底を求めること** にほかならない.

(2) T の像は, A の列によって生成される $\mathbb{R}^3$ の部分空間である.

B の第 1 列, 第 4 列は 1 次独立であり, B の他の列は第 1 列, 第 4 列の 1 次結合で書ける. よって, A の第 1 列, 第 4 列は 1 次独立であり, A の他の列は第 1 列, 第 4 列の 1 次結合で書ける. したがって, A の第 1 列, 第 4 列 $\begin{bmatrix} 1 \\ -1 \\ 2 \end{bmatrix}$, $\begin{bmatrix} 4 \\ 0 \\ 0 \end{bmatrix} \in \mathbb{R}^3$ が T の像の基底になる.

●**問題 5.6** 次の $m \times n$ 行列 A に対し, 線形写像 $T : \mathbb{R}^n \to \mathbb{R}^m$ を $T(\boldsymbol{x}) = A\boldsymbol{x}$ によって定義する. T の核の基底, および像の基底を与えよ.

(1) $A = \begin{bmatrix} 1 & 0 \\ 0 & 1 \end{bmatrix}$ (2) $A = \begin{bmatrix} 1 & 0 & 0 \\ 0 & 1 & 0 \end{bmatrix}$ (3) $A = \begin{bmatrix} 1 & 0 \\ 0 & 1 \\ 0 & 0 \end{bmatrix}$

(4) $A = \begin{bmatrix} 1 & 0 & 0 \\ 0 & 0 & 0 \end{bmatrix}$ (5) $A = \begin{bmatrix} 0 & 0 \\ 0 & 0 \\ 0 & 0 \end{bmatrix}$ (6) $A = \begin{bmatrix} 1 & a & 0 & b \\ 0 & 0 & 1 & c \\ 0 & 0 & 0 & 0 \end{bmatrix}$

(7) $A = \begin{bmatrix} 1 & 2 & 3 & 4 \\ 5 & 6 & 7 & 8 \\ -4 & -3 & -2 & -1 \end{bmatrix}$ (8) $A = \begin{bmatrix} 1 & 2 & 3 & 4 \\ 2 & 4 & 5 & 7 \\ 3 & 6 & 7 & 10 \end{bmatrix}$

5.5 線形写像と基底

5.5.1 表現行列

□U, V をベクトル空間, $T : U \to V$ を線形写像とする. U の基底を $\mathcal{B}_U = \{u_1, \ldots, u_n\}$ とする.

□U のベクトル x は, $u_1, \ldots, u_n$ の 1 次結合として
$$x = \sum_{j=1}^{n} c_j u_j \quad (c_j \in \mathbb{R})$$
と一意的に表される. これに対し, T が線形写像であることから,
$$T(x) = \sum_{j=1}^{n} T(c_j u_j) = \sum_{j=1}^{n} c_j T(u_j)$$
となる.

□ したがって，線形写像 $T: U \to V$ の u_j $(j = 1, \ldots, n)$ における値 $T(u_j)$ が与えられれば，

$$x \mapsto (c_1, \ldots, c_n) \mapsto T(x) = \sum_{j=1}^{n} c_j T(u_j)$$

のように，x における値 $T(x)$ が決まる．x は U から任意にとったベクトルなので，これは線形写像 $U \to V$ が決まるということである．

□ さらに，V の基底を $\mathcal{B}_V = \{v_1, \ldots, v_m\}$ とする．$T(u_j)$ を $v_1, \ldots, v_m$ の 1 次結合で表して，

$$T(u_j) = \sum_{i=1}^{m} a_{i,j} v_i \quad (a_{i,j} \in \mathbb{R})$$

とおく．このときの係数を並べた $m \times n$ 行列 $[a_{i,j}]_{i,j}$ を，U の基底 $\mathcal{B}_U$ と V の基底 $\mathcal{B}_V$ に関する **表現行列** (representation matrix) という．表現行列が与えられれば，線形写像 T が決まる．

□ 以下，$\mathbb{R}^n$ の基本ベクトルを，$\mathbf{e}_i^{(n)}$ $(i = 1, \ldots, n)$ と書くことにする．

□ $U = \mathbb{R}^n$, $V = \mathbb{R}^m$ とする．$m \times n$ 行列 $A = [a_{i,j}]$ に対し，線形写像 $T: U \to V$ を

$$T(\boldsymbol{x}) = A\boldsymbol{x}$$

によって定義する．このとき，

$$T(\mathbf{e}_j^{(n)}) = A\mathbf{e}_j^{(n)} = \begin{bmatrix} a_{1,j} \\ \vdots \\ a_{m,j} \end{bmatrix} = \sum_{i=1}^{m} a_{i,j} \mathbf{e}_i^{(m)} \quad (j = 1, \ldots, n).$$

したがって，A は U の基底 $(\mathbf{e}_j^{(n)})_{j=1,\ldots,n}$，$V$ の基底 $(\mathbf{e}_i^{(m)})_{i=1,\ldots,m}$ に関する T の表現行列にほかならない．

定理 5.24 $U = \mathbb{R}^n$, $V = \mathbb{R}^m$ とする．$m \times n$ 行列 $A = [a_{i,j}]$ に対し，線形写像 $T: U \to V$ を

$$T(\boldsymbol{x}) = A\boldsymbol{x}$$

によって定義する．そして，U の基底 $\mathcal{B}_U = (\boldsymbol{u}_1, \ldots, \boldsymbol{u}_n)$，$V$ の基底 $\mathcal{B}_V = (\boldsymbol{v}_1, \ldots, \boldsymbol{v}_m)$ に関する T の表現行列を B とする．このとき，

$$P = \begin{bmatrix} \boldsymbol{u}_1 & \cdots & \boldsymbol{u}_n \end{bmatrix}, \quad Q = \begin{bmatrix} \boldsymbol{v}_1 & \cdots & \boldsymbol{v}_m \end{bmatrix}$$

とおくと，P, Q は正則行列であり，

$$B = Q^{-1} A P.$$

[証明] $B = [b_{i,j}]$ とおくと，

5.5 線形写像と基底

$$A\,\boldsymbol{u}_j = \sum_{i=1}^{m} b_{i,j}\,\boldsymbol{v}_i = [\boldsymbol{v}_1 \;\cdots\; \boldsymbol{v}_m] \begin{bmatrix} b_{1,j} \\ \vdots \\ b_{m,j} \end{bmatrix} \quad (j=1,\ldots,n).$$

よって，$AP = [A\boldsymbol{u}_1 \;\cdots\; A\boldsymbol{u}_n] = [\boldsymbol{v}_1 \;\cdots\; \boldsymbol{v}_m] B = QB$. 定理 5.9 より，$P, Q$ は正則行列である． ∎

●**問題 5.7** $U = \mathbb{R}^2$ とし，$T : U \to \mathbb{R}^3$ を線形写像とする．

(1) $T(\begin{bmatrix}1\\0\end{bmatrix}) = \begin{bmatrix}a\\b\\c\end{bmatrix}$, $T(\begin{bmatrix}0\\1\end{bmatrix}) = \begin{bmatrix}p\\q\\r\end{bmatrix}$ とする．$T(\begin{bmatrix}x\\y\end{bmatrix})$ を求めよ．

(2) $T(\begin{bmatrix}1\\1\end{bmatrix}) = \begin{bmatrix}a\\b\\c\end{bmatrix}$, $T(\begin{bmatrix}-1\\1\end{bmatrix}) = \begin{bmatrix}p\\q\\r\end{bmatrix}$ とする．$T(\begin{bmatrix}1\\0\end{bmatrix}), T(\begin{bmatrix}0\\1\end{bmatrix})$ を求めよ．

(3) $T(\begin{bmatrix}1\\1\end{bmatrix}) = \begin{bmatrix}a\\b\\c\end{bmatrix}$, $T(\begin{bmatrix}-1\\1\end{bmatrix}) = \begin{bmatrix}p\\q\\r\end{bmatrix}$ とする．$T(\begin{bmatrix}x\\y\end{bmatrix})$ を求めよ．

●**問題 5.8** $U = \mathbb{R}^2, V = \mathbb{R}^2$ とし，線形写像 $T : U \to V$ を

$$T(\boldsymbol{x}) = \begin{bmatrix}a & b\\c & d\end{bmatrix}\begin{bmatrix}x_1\\x_2\end{bmatrix} \quad (\boldsymbol{x} = \begin{bmatrix}x_1\\x_2\end{bmatrix})$$

によって定義する．次の U の基底 $\mathcal{B}_U$ と V の基底 $\mathcal{B}_V$ に関する T の表現行列を求めよ．ただし，$\lambda \neq 0$ とする．

(1) $\mathcal{B}_U = (\begin{bmatrix}1\\0\end{bmatrix}, \begin{bmatrix}0\\1\end{bmatrix})$, $\mathcal{B}_V = (\begin{bmatrix}1\\0\end{bmatrix}, \begin{bmatrix}0\\1\end{bmatrix})$.

(2) $\mathcal{B}_U = (\begin{bmatrix}\lambda\\0\end{bmatrix}, \begin{bmatrix}0\\1\end{bmatrix})$, $\mathcal{B}_V = (\begin{bmatrix}1\\0\end{bmatrix}, \begin{bmatrix}0\\1\end{bmatrix})$.

(3) $\mathcal{B}_U = (\begin{bmatrix}1\\0\end{bmatrix}, \begin{bmatrix}0\\\lambda\end{bmatrix})$, $\mathcal{B}_V = (\begin{bmatrix}1\\0\end{bmatrix}, \begin{bmatrix}0\\1\end{bmatrix})$.

(4) $\mathcal{B}_U = (\begin{bmatrix}0\\1\end{bmatrix}, \begin{bmatrix}1\\0\end{bmatrix})$, $\mathcal{B}_V = (\begin{bmatrix}1\\0\end{bmatrix}, \begin{bmatrix}0\\1\end{bmatrix})$.

(5) $\mathcal{B}_U = (\begin{bmatrix}1\\0\end{bmatrix}, \begin{bmatrix}\lambda\\1\end{bmatrix})$, $\mathcal{B}_V = (\begin{bmatrix}1\\0\end{bmatrix}, \begin{bmatrix}0\\1\end{bmatrix})$.

(6) $\mathcal{B}_U = (\begin{bmatrix}1\\\lambda\end{bmatrix}, \begin{bmatrix}0\\1\end{bmatrix})$, $\mathcal{B}_V = (\begin{bmatrix}1\\0\end{bmatrix}, \begin{bmatrix}0\\1\end{bmatrix})$.

(7) $\mathcal{B}_U = (\begin{bmatrix}1\\0\end{bmatrix}, \begin{bmatrix}0\\1\end{bmatrix})$, $\mathcal{B}_V = (\begin{bmatrix}\lambda\\0\end{bmatrix}, \begin{bmatrix}0\\1\end{bmatrix})$.

(8) $\mathcal{B}_U = (\begin{bmatrix}1\\0\end{bmatrix}, \begin{bmatrix}0\\1\end{bmatrix})$, $\mathcal{B}_V = (\begin{bmatrix}1\\0\end{bmatrix}, \begin{bmatrix}0\\\lambda\end{bmatrix})$.

(9) $\mathcal{B}_U = (\begin{bmatrix}1\\0\end{bmatrix}, \begin{bmatrix}0\\1\end{bmatrix})$, $\mathcal{B}_V = (\begin{bmatrix}0\\1\end{bmatrix}, \begin{bmatrix}1\\0\end{bmatrix})$.

(10) $\mathcal{B}_U = (\begin{bmatrix}1\\0\end{bmatrix}, \begin{bmatrix}0\\1\end{bmatrix})$, $\mathcal{B}_V = (\begin{bmatrix}1\\0\end{bmatrix}, \begin{bmatrix}\lambda\\1\end{bmatrix})$.

(11) $\mathcal{B}_U = (\begin{bmatrix}1\\0\end{bmatrix}, \begin{bmatrix}0\\1\end{bmatrix}), \quad \mathcal{B}_V = (\begin{bmatrix}1\\\lambda\end{bmatrix}, \begin{bmatrix}0\\1\end{bmatrix}).$

(12) $\mathcal{B}_U = (\begin{bmatrix}1\\1\end{bmatrix}, \begin{bmatrix}2\\3\end{bmatrix}), \quad \mathcal{B}_V = (\begin{bmatrix}0\\-1\end{bmatrix}, \begin{bmatrix}2\\0\end{bmatrix}).$

5.5.2 ランクと表現行列

□ U, V をベクトル空間とし,$\dim(U) = n$, $\dim(V) = m$ とする.与えられた線形写像 $T : U \to V$ に対し,表現行列がなるべく簡単な形になるように,U, V の基底を選ぶことを考える.

□ $\mathrm{Ker}(T)$ の基底 $u_{r+1}, \ldots, u_n$ をとり,さらに,$u_1, \ldots, u_r \in U$ をとって,$\mathcal{B}_U = (u_1, \ldots, u_n)$ が U の基底になるようにできる.

□ このとき補題 5.2 より,$T(u_1), \ldots, T(u_r)$ は $\mathrm{Im}(T)$ の基底である.$v_j = T(u_j)$ ($j = 1, \ldots, r$) とおく.これに対し,$v_{r+1}, \ldots, v_m$ が存在して,$\mathcal{B} = (v_1, \ldots, v_m)$ が V の基底になる.

□ このとき,U の基底 $\mathcal{B}_U$,V の基底 $\mathcal{B}_V$ に関する T の表現行列は,

$$\begin{bmatrix} E_r & O_{r,n-r} \\ O_{m-r,r} & O_{m-r,n-r} \end{bmatrix}$$

である.ここで,行列の分割の記法を用いた.

□ 以上のことから,次がいえる.

定理 5.25 $m \times n$ 行列 A に対し,m 次正則行列 Q と n 次正則行列 P が存在して,

$$Q^{-1} A P = \begin{bmatrix} E_r & O_{r,n-r} \\ O_{m-r,r} & O_{m-r,n-r} \end{bmatrix}, \quad r = \mathrm{rank}(A)$$

となる.

定理 5.26 $m \times n$ 行列 A, B に対し,$\mathrm{rank}(A) = \mathrm{rank}(B)$ ならば,m 次正則行列 Q と n 次正則行列 P が存在して,

$$B = Q^{-1} A P$$

となる.

□ こうして,ベクトル空間,基底,線形写像,表現行列の概念を導入することにより,行列のランクという量の理解がさらに深まった.

6
内積と直交性

6.1 内　積

6.1.1 内積の公理

□ベクトル空間は，加法とスカラー倍という 2 つの演算をもつ集合であった．ここでもう一つの演算を導入する．

定義 6.1　V をベクトル空間とする．V のベクトル u, v に対し，実数 (u, v) を対応させる演算であって，

　　　　　u の関数としても線形であり，v の関数としても線形であるもの，

すなわち，任意にとった $u, u_1, u_2, v, v_1, v_2 \in V$ および $a \in \mathbb{R}$ に対し，

$$(u_1 + u_2, v) = (u_1, v) + (u_2, v), \qquad (a\, u, v) = a\, (u, v),$$
$$(u, v_1 + v_2) = (u, v_1) + (u, v_2), \qquad (u, a\, v) = a\, (u, v)$$

という条件をみたすものを **双線形形式** (bilinear form) という．$(v, u) = (u, v)$ をみたす双線形形式を，**対称な双線形形式** という．

この演算がさらに次の条件をみたすとき，これを V 上の **内積** (inner product) という．また，実数 (u, v) を u, v の内積とよぶ．

　　（正定値性）　$u \neq \mathbf{0}$ ならば，$(u, u) > 0$.

□線形性より，$u = \mathbf{0}$ または $v = \mathbf{0}$ ならば，$(u, v) = 0$.

□ベクトル空間 V の内積が 1 つ指定されているとき，V を **内積ベクトル空間** とよぶ．

例 6.1　$\mathbb{R}^n$ の 2 つの元を列ベクトル

$$\boldsymbol{a} = \begin{bmatrix} a_1 \\ \vdots \\ a_n \end{bmatrix} = \sum_{i=1}^{n} a_i\, \mathbf{e}_i, \quad \boldsymbol{b} = \begin{bmatrix} b_1 \\ \vdots \\ b_n \end{bmatrix} = \sum_{i=1}^{n} b_i\, \mathbf{e}_i$$

で表すとき，
$$(\boldsymbol{a}, \boldsymbol{b}) = a_1 b_1 + \cdots + a_n b_n$$
とおくと，これは $\mathbb{R}^n$ 上の内積を与える．これを $\mathbb{R}^n$ 上の **標準的内積** とよぶ．標準的内積に対し，
$$(\mathbf{e}_i, \mathbf{e}_j) = \delta_{i,j} \quad (i, j \in \{1, \ldots, n\})$$
である．

例 6.2 $a_i > 0$ $(i = 1, \ldots, n)$ とする．$\mathbb{R}^n$ のベクトル $\boldsymbol{u} = \begin{bmatrix} u_1 \\ \vdots \\ u_n \end{bmatrix}, \boldsymbol{v} = \begin{bmatrix} v_1 \\ \vdots \\ v_2 \end{bmatrix}$ に対し，
$$(\boldsymbol{u}, \boldsymbol{v}) = \sum_{i=1}^n a_i u_i v_i$$
と定義すると，これも $\mathbb{R}^n$ 上の内積である．

正定値性を確かめよう．$\boldsymbol{u} \neq \boldsymbol{0}$ に対し，$a_i u_i^2 \geqq 0$ $(i = 1, \ldots, n)$ であり，このうち少なくとも一つは正である．よって，
$$(\boldsymbol{u}, \boldsymbol{u}) = \sum_{i=1}^n a_i u_i^2 > 0.$$

例 6.3 $a > 0$, $ac - b^2 > 0$ とする．$\mathbb{R}^2$ のベクトル $\boldsymbol{u} = \begin{bmatrix} u_1 \\ u_2 \end{bmatrix}, \boldsymbol{v} = \begin{bmatrix} v_1 \\ v_2 \end{bmatrix}$ に対し，
$$(\boldsymbol{u}, \boldsymbol{v}) = \begin{bmatrix} u_1 & u_2 \end{bmatrix} \begin{bmatrix} a & b \\ b & c \end{bmatrix} \begin{bmatrix} v_1 \\ v_2 \end{bmatrix}$$
$$= a u_1 v_1 + b u_1 v_2 + b u_2 v_1 + c u_2 v_2$$
と定義すると，これは $\mathbb{R}^2$ 上の内積である．実際，$\boldsymbol{u} \neq \boldsymbol{0}$ に対し，
$$(\boldsymbol{u}, \boldsymbol{u}) = a u_1^2 + 2 b u_1 u_2 + c u_2^2 = a \left(u_1 + \frac{b}{a} u_2 \right)^2 + \frac{ac - b^2}{a} u_2^2 > 0$$
が成り立つ．

□ 以下，V は内積ベクトル空間であるとする．

定理 6.1 $u \in V$ とする．任意にとった $v \in V$ に対して $(u, v) = 0$ であるとすると，$u = \boldsymbol{0}$ である．

[証明] 仮定より，$(u, u) = 0$．よって正定値性より，$u = \boldsymbol{0}$． ∎

6.1.2 ノルムと単位ベクトル

□ $\|u\| = \sqrt{(u, u)}$ とおき，これを $u \in V$ の **ノルム** (norm) という．これに対し，次が成り立つ．

6.1 内積

定理 6.2 (1) $\|u\| \geqq 0$.

(2) $\|u\| = 0$ ならば $u = \mathbf{0}$.

(3) $\|a\,u\| = |a|\,\|u\|$.

[証明] (1) 正定値性より，$u \neq \mathbf{0}$ ならば，$(u, u) > 0$. よって，$\|u\| = \sqrt{(u, u)} > 0$. また，$u = \mathbf{0}$ ならば，$(u, u) = 0$. よって，$\|u\| = \sqrt{(u, u)} = 0$.

(2) $u \neq \mathbf{0}$ とすると，$(u, u) > 0$. よって，$\|u\| = \sqrt{(u, u)} \neq 0$.

(3) $(a\,u, a\,u) = a^2 (u, u)$. よって，
$$\|a\,u\| = \sqrt{(a\,u, a\,u)} = \sqrt{a^2 (u, u)} = |a|\sqrt{(u, u)} = |a|\,\|u\|.$$ ■

□ $\|u\| = 1$ であるベクトル $u \in V$ を **単位ベクトル** (unit vector) という．

□ $\mathbb{R}^n$ の標準的内積に関し，基本ベクトル $\mathbf{e}_i$ $(i = 1, \ldots, n)$ は単位ベクトルである．

6.1.3 直交射影と直交化

□ ベクトル $u, v \in V$ に対し，$(u, v) = 0$ であるとき，u, v は **直交する** という．

□ $\mathbb{R}^n$ の標準的内積に関し，基本ベクトル $\mathbf{e}_i, \mathbf{e}_j$ $(i \neq j)$ は直交する．

定理 6.3 $u \in V$, $u \neq \mathbf{0}$ とする．ベクトル $v \in V$ に対し，u に平行なベクトル v_1 と u に直交するベクトル v_2 が存在して，$v = v_1 + v_2$ となる．ベクトルの組 v_1, v_2 はただ一つであり，
$$v_1 = \frac{(u, v)}{(u, u)} u, \quad v_2 = v - \frac{(u, v)}{(u, u)} u$$
と表される．

[証明] $t \in \mathbb{R}$ とし，u に平行なベクトルを $v_1 = tu$ とおく．さらに $v_2 = v - v_1 = v - tu$ とおくと，
$$(u, v_2) = (u, v - tu) = (u, v) - t(u, u)$$
より，条件 $(u, v_2) = 0$ は，$t = \dfrac{(u, v)}{(u, u)}$ に同値である．

よって t をこのようにとれば，v_2 は u に直交し，$v = v_1 + v_2$ となる．

逆に，v_2 が u に直交するならば，$t = \dfrac{(u, v)}{(u, u)}$ となり，
$$v_1 = \frac{(u, v)}{(u, u)} u, \quad v_2 = v - \frac{(u, v)}{(u, u)} u$$
となる． ■

□ ベクトル $v_1 = \dfrac{(u, v)}{(u, u)} u$ を，v の u 方向への **直交射影** (orthogonal projection) という．また，u, v_2 を，u, v の **直交化** とよぶ．

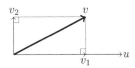

□ $e \in V$ を単位ベクトルとする. $v \in V$ に対し, 実数 (v, e) を v の **e 方向成分** とよぶ. $(v, e)e$ は, v の e 方向への直交射影である.

□ たとえば, $\mathbb{R}^n$ の標準的内積に対し, $\boldsymbol{a} = \begin{bmatrix} a_1 \\ \vdots \\ a_n \end{bmatrix} \in V$ の $\mathbf{e}_i$ 方向成分 $(i = 1, \ldots, n)$ は, $(\boldsymbol{a}, \mathbf{e}_i) = a_i$ であり, $\boldsymbol{a}$ の $\mathbf{e}_i$ 方向への直交射影は, $a_i \mathbf{e}_i$ である.

□ $u, v \in V$, $u \neq \mathbf{0}$ とし, u, v_2 を u, v の直交化とする. このとき,
$$(v_2, v) = (v_2, \frac{(v, u)}{(u, u)} u + v_2) = \frac{(v, u)}{(u, u)} (v_2, u) + (v_2, v_2) = (v_2, v_2) \geqq 0.$$
これと
$$(v_2, v) = (v - \frac{(v, u)}{(u, u)} u, v) = (v, v) - \frac{(u, v)^2}{(u, u)}$$
から,
$$(v, v) - \frac{(u, v)^2}{(u, u)} \geqq 0, \quad (u, u)(v, v) \geqq (u, v)^2$$
がいえる. よって次が示された.

定理 6.4 (コーシー・シュヴァルツ (Cauchy-Schwarz) の不等式)
$$|(u, v)| \leqq \|u\| \|v\|.$$

□ $u = \mathbf{0}$ の場合は, 両辺とも 0 なので成立している.

定理 6.5 (三角不等式 (triangle inequality))　　$\|u + v\| \leqq \|u\| + \|v\|$.

[証明]　$(u + v, u + v) = (u + v, u) + (u + v, v)$
$= (u, u) + (v, u) + (u, v) + (v, v)$
$\leqq \|u\|^2 + \|v\| \|u\| + \|u\| \|v\| + \|v\|^2 = (\|u\| + \|v\|)^2$

よって, $\|u + v\| \leqq \|u\| + \|v\|$. ∎

◎ **演習 6.1**　次を示せ (中線定理).　$\|u + v\|^2 + \|u - v\|^2 = 2(\|u\|^2 + \|v\|^2)$.

6.2　正規直交基底

6.2.1　正規直交基底の定義

□ V を内積ベクトル空間とする.

定義 6.2　内積ベクトル空間 V の基底 $u_1, \ldots, u_n$ が $(u_i, u_j) = 0$ $(i \neq j)$ をみたすとき, **直交基底** (orthogonal basis) であるといい, さらに $(u_i, u_i) = 1$ $(i = 1, \ldots, n)$ をみたすとき, **正規直交基底** (orthonormal basis) であるという. これを略して **ONB** とよぶ.

6.2 正規直交基底

□ $u_1, \ldots, u_n$ が ONB であるとき，u_i は単位ベクトルであり，$u_i, u_j\ (i \neq j)$ は直交する．この条件は，
$$(u_i, u_j) = \delta_{i,j} \quad (i, j \in \{1, \ldots, n\})$$
と書くことができる．記号 $\delta_{i,j}$ は，前に述べたクロネッカーのデルタである．

定理 6.6 $e_1, \ldots, e_n$ を V の正規直交基底とすると，$u \in V$ に対し，
$$u = \sum_{j=1}^{n} (u, e_j)\, e_j.$$

[証明] $e_1, \ldots, e_n$ は基底なので，$u = \sum_{j=1}^{n} c_j\, e_j\ (c_j \in \mathbb{R})$ と書ける．このとき，
$$(u, e_i) = \left(\sum_{j=1}^{n} c_j\, e_j, e_i\right) = \sum_{j=1}^{n} c_j\, (e_j, e_i) = \sum_{j=1}^{n} c_j\, \delta_{j,i} = c_i. \qquad \blacksquare$$

□ 基本ベクトル $\mathbf{e}_1, \ldots, \mathbf{e}_n \in \mathbb{R}^n$ は，標準的内積に関する $\mathbb{R}^n$ の ONB である．ベクトル $\boldsymbol{x} = \begin{bmatrix} x_1 \\ \vdots \\ x_n \end{bmatrix} = \sum_{i=1}^{n} x_i\, \mathbf{e}_i$ の成分は，標準的内積により，
$$x_i = (\boldsymbol{x}, \mathbf{e}_i)$$
と表される．よって，
$$\boldsymbol{x} = \sum_{i=1}^{n} (\boldsymbol{x}, \mathbf{e}_i)\, \mathbf{e}_i.$$

定理 6.7 $(\ ,\ )$ を V 上の対称な双線形形式とする．$u_1, \ldots, u_k \in V$ に対し，
$$(u_i, u_j) = \delta_{i,j} \quad (i, j \in \{1, \ldots, k\})$$
ならば，$u_1, \ldots, u_k$ は 1 次独立である．$u_1, \ldots, u_k$ が V を生成するならば，$(\ ,\ )$ は V 上の内積であり，$u_1, \ldots, u_k$ は V の正規直交基底である．

[証明] $\sum_{j=1}^{k} c_j\, u_j = 0\ (c_j \in \mathbb{R})$ とすると，$\left(u_i, \sum_{j=1}^{k} c_j\, u_j\right) = 0$．一方，
$$\left(u_i, \sum_{j=1}^{k} c_j\, u_j\right) = \sum_{j=1}^{k} c_j\, (u_i, u_j) = c_i,$$
よって $c_i = 0$．したがって $u_1, \ldots, u_k$ は 1 次独立である．
$u = \sum_{j=1}^{k} c_j\, u_j \neq \mathbf{0}$ ならば，
$$(u, u) = \sum_{j=1}^{k} c_j{}^2 > 0.$$
よって $(\ ,\ )$ は V 上の内積であり，$u_1, \ldots, u_k$ は V の ONB である． $\blacksquare$

□ ベクトル空間 V が基底 $u_1, \ldots, u_n$ をもつとする．$u, v \in V$ に対し，
$$u = \sum_{i=1}^{n} a_i\, u_i, \quad v = \sum_{i=1}^{n} b_i\, u_i \quad (a_i, b_i \in \mathbb{R})$$
とし，

$$(u,\ v) = \sum_{i=1}^{n} a_i\, b_i$$

と定義すると，これは V 上の内積であり，この内積に関して，$u_1, \ldots, u_n$ は ONB になる．

6.2.2 空間の中の平面の正規直交基底

□W を内積ベクトル空間 V の部分空間とする．$u, v \in W$ は V のベクトルでもあるから，内積 (u, v) が定まっている．これを，V から**誘導された** W 上の内積という．

例 6.4 $W = \{\begin{bmatrix} x \\ y \\ z \end{bmatrix} \in \mathbb{R}^3 \mid x + 2y + 3z = 0\}$ は $\mathbb{R}^3$ の部分空間である．$\mathbb{R}^3$ 上の標準的な内積に対して，W の ONB を求める．

 (i) 方程式 $x + 2y + 3z = 0$ を解く．

 (ii) $y = s, z = t$ とおくと，解は，$\begin{bmatrix} x \\ y \\ z \end{bmatrix} = s\begin{bmatrix} -2 \\ 1 \\ 0 \end{bmatrix} + t\begin{bmatrix} -3 \\ 0 \\ 1 \end{bmatrix}$ と表される．

 (iii) $\begin{bmatrix} -2 \\ 1 \\ 0 \end{bmatrix}, \begin{bmatrix} -3 \\ 0 \\ 1 \end{bmatrix}$ は W の基底である．

 (iv) $\begin{bmatrix} -2 \\ 1 \\ 0 \end{bmatrix}, \begin{bmatrix} -3 \\ 0 \\ 1 \end{bmatrix}$ の直交化は $\begin{bmatrix} -2 \\ 1 \\ 0 \end{bmatrix}, \dfrac{1}{5}\begin{bmatrix} -3 \\ -6 \\ 5 \end{bmatrix}$ である．

 (v) $\left\| \begin{bmatrix} -2 \\ 1 \\ 0 \end{bmatrix} \right\| = \sqrt{5},\ \left\| \begin{bmatrix} -3 \\ -6 \\ 5 \end{bmatrix} \right\| = \sqrt{70}$.

 (vi) $\dfrac{1}{\sqrt{5}} \begin{bmatrix} -2 \\ 1 \\ 0 \end{bmatrix}, \dfrac{1}{\sqrt{70}} \begin{bmatrix} -3 \\ -6 \\ 5 \end{bmatrix}$ は W の ONB である．

●**問題 6.1** 次の $\mathbb{R}^3$ の部分空間 W 上の内積を，$\mathbb{R}^3$ 上の標準的な内積から誘導されたものとする．W の ONB を与えよ．

 (1) $W = \{\begin{bmatrix} x \\ y \\ z \end{bmatrix} \in \mathbb{R}^3 \mid y + z = 0\}$ (2) $W = \{\begin{bmatrix} x \\ y \\ z \end{bmatrix} \in \mathbb{R}^3 \mid x - y + z = 0\}$

6.2.3 グラム・シュミットの直交化法

□V を内積ベクトル空間とする．

□u_1, u_2 が V の基底であるとする．

6.2 正規直交基底

(1) u_1, u_2 の直交化を u_1, u_2' とする．これは V の直交基底である．

(2) $e_1 = \dfrac{1}{\|u_1\|} u_1$, $e_2 = \dfrac{1}{\|u_2'\|} u_2'$ とおくと，e_1, e_2 は V の ONB である．これを，u_1, u_2 の **正規直交化** という．

□ u_1, u_2, u_3 が V の基底であるとする．

(1) $i = 2, 3$ に対し，u_1, u_i の直交化を u_1, u_i' とする．

(2) u_1, u_2', u_3' は 1 次独立である．

(3) u_2', u_3' の直交化を u_2', u_3'' とする．

(4) u_1, u_2', u_3'' は V の直交基底である．これを，u_1, u_2, u_3 の **直交化** という．

(5) $e_1 = \dfrac{1}{\|u_1\|} u_1$, $e_2 = \dfrac{1}{\|u_2'\|} u_2'$, $e_3 = \dfrac{1}{\|u_3''\|} u_3''$ とおくと，e_1, e_2, e_3 は W の ONB である．これを，u_1, u_2, u_3 の **正規直交化** という．

□ 一般の場合．$u_1, \ldots, u_n$ が V の基底であるとする．その直交化と正規直交化を，n について帰納的に定義する．

(1) $i = 2, \ldots, n$ に対し，u_1, u_i の直交化を u_1, u_i' とする．

(2) $u_1, u_2', \ldots, u_n'$ は 1 次独立である．

(3) $(n-1)$ 個のベクトル $u_2', u_3', \ldots, u_n'$ の直交化を $u_2', u_3'', \ldots, u_n''$ とする．

(4) $u_1, u_2', u_3'', \ldots, u_n''$ は V の直交基底である．これを，$u_1, \ldots, u_n$ の **直交化** という．

(5) $e_1 = \dfrac{1}{\|u_1\|} u_1$, $e_2 = \dfrac{1}{\|u_2'\|} u_2'$, $e_i = \dfrac{1}{\|u_i''\|} u_i''$ $(i = 3, \ldots, n)$ とおくと，$e_1, \ldots, e_n$ は V の ONB である．これを，$u_1, \ldots, u_n$ の **正規直交化** という．

(6) $i = 1, \ldots, n$ に対し，e_i は $u_1, \ldots, u_i$ の 1 次結合であり，その u_i の係数は正である．

□ 以上のような手続きを，**グラム・シュミット (Gram-Schmidt) の直交化法** とよぶ．

□ 定理 5.8 とあわせると，次が証明されたことになる．

定理 6.8 有限次元ベクトル空間 V 上に内積が与えられているとき，V の正規直交基底が存在する．

例 6.5 $u_1 = \begin{bmatrix} 1 \\ 1 \\ 1 \end{bmatrix}$, $u_2 = \begin{bmatrix} 0 \\ 1 \\ 1 \end{bmatrix}$ を基底とする，$\mathbb{R}^3$ の部分空間を W とする．

(1) u_1, u_2 の直交化を u_1, u_2' とすると，
$$u_2' = u_2 - \frac{(u_1, u_2)}{(u_1, u_1)} u_1 = \begin{bmatrix} 0 \\ 1 \\ 1 \end{bmatrix} - \frac{2}{3} \begin{bmatrix} 1 \\ 1 \\ 1 \end{bmatrix} = \frac{1}{3} \begin{bmatrix} -2 \\ 1 \\ 1 \end{bmatrix}.$$

(2) $e_1 = \dfrac{1}{\|u_1\|} u_1$, $e_2 = \dfrac{1}{\|u_2'\|} u_2'$ とおくと, e_1, e_2 は W の ONB である. このとき,

$$e_1 = \frac{1}{\sqrt{3}} \begin{bmatrix} 1 \\ 1 \\ 1 \end{bmatrix}, \quad e_2 = \frac{1}{\sqrt{6}} \begin{bmatrix} -2 \\ 1 \\ 1 \end{bmatrix}.$$

($\dfrac{1}{\|u\|} u = \dfrac{1}{\|a u\|} a u$ $(a > 0)$ を用いて計算を簡略化している.)

例 6.6 $u_1 = \begin{bmatrix} 1 \\ 1 \\ 1 \\ 1 \end{bmatrix}$, $u_2 = \begin{bmatrix} 0 \\ 1 \\ 1 \\ 1 \end{bmatrix}$, $u_3 = \begin{bmatrix} 0 \\ 0 \\ 1 \\ 1 \end{bmatrix}$ を基底とする, $\mathbb{R}^4$ の部分空間を W とする.

(1) $i = 2, 3$ に対し, u_1, u_i の直交化を u_1, u_i' とすると,

$$u_2' = u_2 - \frac{(u_1, u_2)}{(u_1, u_1)} u_1 = \begin{bmatrix} 0 \\ 1 \\ 1 \\ 1 \end{bmatrix} - \frac{3}{4} \begin{bmatrix} 1 \\ 1 \\ 1 \\ 1 \end{bmatrix} = \frac{1}{4} \begin{bmatrix} -3 \\ 1 \\ 1 \\ 1 \end{bmatrix},$$

$$u_3' = u_3 - \frac{(u_1, u_3)}{(u_1, u_1)} u_1 = \begin{bmatrix} 0 \\ 0 \\ 1 \\ 1 \end{bmatrix} - \frac{2}{4} \begin{bmatrix} 1 \\ 1 \\ 1 \\ 1 \end{bmatrix} = \frac{1}{2} \begin{bmatrix} -1 \\ -1 \\ 1 \\ 1 \end{bmatrix}.$$

(2) u_2', u_3' の直交化を u_2', u_3'' とすると,

$$u_3'' = u_3' - \frac{(u_2', u_3')}{(u_2', u_2')} u_2' = \frac{1}{2} \begin{bmatrix} -1 \\ -1 \\ 1 \\ 1 \end{bmatrix} - \frac{2}{12} \begin{bmatrix} -3 \\ 1 \\ 1 \\ 1 \end{bmatrix} = \frac{1}{3} \begin{bmatrix} 0 \\ -2 \\ 1 \\ 1 \end{bmatrix}.$$

(3) u_1, u_2', u_3'' は u_1, u_2, u_3 の直交化である.

(4) u_1, u_2, u_3 の正規直交化を e_1, e_2, e_3 とすると,

$$e_1 = \frac{1}{2} \begin{bmatrix} 1 \\ 1 \\ 1 \\ 1 \end{bmatrix}, \quad e_2 = \frac{1}{2\sqrt{3}} \begin{bmatrix} -3 \\ 1 \\ 1 \\ 1 \end{bmatrix}, \quad e_3 = \frac{1}{\sqrt{6}} \begin{bmatrix} 0 \\ -2 \\ 1 \\ 1 \end{bmatrix}.$$

●**問題 6.2** 以下のように定義される $V = \mathbb{R}^3$ の基底 u_1, u_2, u_3 に対し, グラム・シュミットの直交化法により, V の ONB を構成せよ.

(1) $u_1 = \begin{bmatrix} 1 \\ 0 \\ 0 \end{bmatrix}$, $u_2 = \begin{bmatrix} 1 \\ 1 \\ 0 \end{bmatrix}$, $u_3 = \begin{bmatrix} 1 \\ 1 \\ 1 \end{bmatrix}$ (2) $u_1 = \begin{bmatrix} 1 \\ 0 \\ 0 \end{bmatrix}$, $u_2 = \begin{bmatrix} 1 \\ 1 \\ 1 \end{bmatrix}$, $u_3 = \begin{bmatrix} 1 \\ 1 \\ 0 \end{bmatrix}$

(3) $u_1 = \begin{bmatrix} 1 \\ 1 \\ 0 \end{bmatrix}$, $u_2 = \begin{bmatrix} 1 \\ 0 \\ 0 \end{bmatrix}$, $u_3 = \begin{bmatrix} 1 \\ 1 \\ 1 \end{bmatrix}$ (4) $u_1 = \begin{bmatrix} 1 \\ 1 \\ 0 \end{bmatrix}$, $u_2 = \begin{bmatrix} 1 \\ 1 \\ 1 \end{bmatrix}$, $u_3 = \begin{bmatrix} 1 \\ 0 \\ 0 \end{bmatrix}$

(5) $u_1 = \begin{bmatrix} 1 \\ 1 \\ 1 \end{bmatrix}, u_2 = \begin{bmatrix} 1 \\ 0 \\ 0 \end{bmatrix}, u_3 = \begin{bmatrix} 1 \\ 1 \\ 0 \end{bmatrix}$ (6) $u_1 = \begin{bmatrix} 1 \\ 1 \\ 1 \end{bmatrix}, u_2 = \begin{bmatrix} 1 \\ 1 \\ 0 \end{bmatrix}, u_3 = \begin{bmatrix} 1 \\ 0 \\ 0 \end{bmatrix}$

●問題 6.3 以下のように定義される $u_1, u_2, u_3 \in \mathbb{R}^4$ で生成される $\mathbb{R}^4$ の部分空間を W とする.グラム・シュミットの直交化法により,W の ONB を構成せよ.

(1) $u_1 = \begin{bmatrix} 0 \\ 0 \\ 1 \\ -1 \end{bmatrix}, u_2 = \begin{bmatrix} 0 \\ 1 \\ -1 \\ 1 \end{bmatrix}, u_3 = \begin{bmatrix} 1 \\ 1 \\ 1 \\ -1 \end{bmatrix}$

(2) $u_1 = \begin{bmatrix} 0 \\ 0 \\ 1 \\ -1 \end{bmatrix}, u_2 = \begin{bmatrix} 1 \\ 1 \\ 1 \\ -1 \end{bmatrix}, u_3 = \begin{bmatrix} 0 \\ 1 \\ -1 \\ 1 \end{bmatrix}$

(3) $u_1 = \begin{bmatrix} 0 \\ 1 \\ -1 \\ 1 \end{bmatrix}, u_2 = \begin{bmatrix} 0 \\ 0 \\ 1 \\ -1 \end{bmatrix}, u_3 = \begin{bmatrix} 1 \\ 1 \\ 1 \\ -1 \end{bmatrix}$

(4) $u_1 = \begin{bmatrix} 0 \\ 1 \\ -1 \\ 1 \end{bmatrix}, u_2 = \begin{bmatrix} 1 \\ 1 \\ 1 \\ -1 \end{bmatrix}, u_3 = \begin{bmatrix} 0 \\ 0 \\ 1 \\ -1 \end{bmatrix}$

(5) $u_1 = \begin{bmatrix} 1 \\ 1 \\ 1 \\ -1 \end{bmatrix}, u_2 = \begin{bmatrix} 0 \\ 0 \\ 1 \\ -1 \end{bmatrix}, u_3 = \begin{bmatrix} 0 \\ 1 \\ -1 \\ 1 \end{bmatrix}$

(6) $u_1 = \begin{bmatrix} 1 \\ 1 \\ 1 \\ -1 \end{bmatrix}, u_2 = \begin{bmatrix} 0 \\ 1 \\ -1 \\ 1 \end{bmatrix}, u_3 = \begin{bmatrix} 0 \\ 0 \\ 1 \\ -1 \end{bmatrix}$

6.2.4 フーリエ解析の準備

□ n 次以下の実数係数 2 変数多項式 $P(x, y)$ を用いて,$f(\theta) = P(\cos(\theta), \sin(\theta))$ と書ける関数 $f(\theta)$ 全体の集合を V_n とする.

□ 任意の $f \in V_n$ に対し,
$$f(\theta + 2\pi) = f(\theta)$$
が成り立つことに注意する.

□ $(\cos(\theta))^2 + (\sin(\theta))^2 = 1$ に注意すると,V_n は,$(2n+1)$ 個の元
$$1, \quad (\cos(\theta))^{k+1}, \quad (\cos(\theta))^k \sin(\theta) \quad (k = 0, 1, \ldots, n-1)$$

で生成されるベクトル空間であることがわかる．したがって $\dim(V_n) \leqq 2n+1$ である．これらの元は1次独立だろうか？

□加法定理より，$k \geqq 1$ に対し，
$$\cos(k\theta) = (\cos(k-1)\theta)(\cos(\theta)) - (\sin(k-1)\theta)(\sin(\theta)),$$
$$\sin(k\theta) = (\sin(k-1)\theta)(\cos(\theta)) + (\cos(k-1)\theta)(\sin(\theta)).$$
これを用いると，数学的帰納法により，$k=1,\ldots,n$ に対し，$\cos(k\theta), \sin(k\theta) \in V_n$ であることがいえる．

□$f, g \in V_n$ に対し，
$$(f, g) = \frac{1}{\pi} \int_{-\pi}^{\pi} f(\theta) g(\theta) \, d\theta$$
とすると，これは V_n 上の対称な双線形形式を定める．

定理 6.9 この対称な双線形形式は内積であり，
$$f_0 = \frac{1}{2}, \quad f_{2k-1} = \cos(k\theta), \quad f_{2k} = \sin(k\theta) \quad (k=1,\ldots,n)$$
は V_n の正規直交基底である．

[証明] 積和公式
$$\cos(\alpha)\cos(\beta) = \frac{1}{2}\cos(\alpha+\beta) + \frac{1}{2}\cos(\alpha-\beta),$$
$$\sin(\alpha)\sin(\beta) = -\frac{1}{2}\cos(\alpha+\beta) + \frac{1}{2}\cos(\alpha-\beta),$$
$$\sin(\alpha)\cos(\beta) = \frac{1}{2}\sin(\alpha+\beta) + \frac{1}{2}\sin(\alpha-\beta)$$
により，
$$\int_{-\pi}^{\pi} (\cos(m\theta))(\sin(n\theta)) \, d\theta = 0,$$
$$\int_{-\pi}^{\pi} (\cos(m\theta))(\cos(n\theta)) \, d\theta = 0 \quad (m \neq n),$$
$$\int_{-\pi}^{\pi} (\sin(m\theta))(\sin(n\theta)) \, d\theta = 0 \quad (m \neq n)$$
がいえる．また，
$$\int_{-\pi}^{\pi} (\cos(n\theta))^2 \, d\theta = \int_{-\pi}^{\pi} \frac{1+\cos 2(n\theta)}{2} \, d\theta = \pi,$$
$$\int_{-\pi}^{\pi} (\sin(n\theta))^2 \, d\theta = \int_{-\pi}^{\pi} \frac{1-\cos(2n\theta)}{2} \, d\theta = \pi.$$
よって，$(f_i, f_j) = \delta_{i,j}$ がいえる．

よって，定理 6.7 より，f_i $(i=0,1,\ldots,2n)$ は1次独立である．$\dim(V_n) \leqq 2n+1$ であったので，これらは V_n の基底である．よってこの対称な双線形形式は内積であり，f_i $(i=0,1,\ldots,2n)$ は ONB である． ∎

□$f(\theta + 2\pi) = f(\theta)$ をみたす関数 $f(\theta)$ が与えられたとき，これを f_i $(i \geqq 0)$ の1次結合，すなわち
$$\frac{1}{2}, \quad \cos(k\theta), \quad \sin(k\theta) \quad (k \geqq 1)$$

6.2 正規直交基底

の1次結合で近似するというのが，フーリエ解析のアイデアである．

●**問題 6.4** $f(\theta) = a\cos(2\theta) + b\sin(\theta)$ とする．上で定義した内積に関し，
$$(f, \cos(2\theta)) = 2, \quad (f, \sin(\theta)) = -1$$
であるとき，定数 a, b を求めよ．

6.2.5 直交多項式

□以下，ベクトル空間 $\mathbb{R}[x]$ にいろいろな内積を導入し，これに関して，n 次以下の多項式全体のなす部分空間の直交基底 $f_0, f_1, \ldots, f_n$ で，f_i が i 次多項式であるものを考える．このような多項式の列 $\{f_i\}$ を **直交多項式系** (system of orthogonal polynomials) とよぶ．

定義 6.3 実数係数多項式 $f, g \in \mathbb{R}[x]$ に対し，
$$(f, g) = \int_{-1}^{1} f(x)\, g(x)\, \mathrm{d}x$$
とおく．n 次多項式 $P_n \in \mathbb{R}[x]$ であって，
$$(P_m, P_n) = 0 \quad (m \neq n), \quad P_n(1) = 1$$
をみたすものを，**ルジャンドル多項式** (Legendre polynomial) という．

□条件
$$(P_n, x^k) = 0 \quad (k = 0, \ldots, n-1), \quad P_n(1) = 1$$
より，順に P_n を求めていくことができる：
$$P_0(x) = 1, \quad P_1(x) = x, \quad P_2(x) = \frac{3}{2}x^2 - \frac{1}{2}, \quad P_3(x) = \frac{5}{2}x^3 - \frac{3}{2}x, \quad \ldots$$

□別の内積を用いると，また別の直交多項式系が得られる．

定義 6.4 実数係数多項式 $f, g \in \mathbb{R}[x]$ に対し，
$$(f, g) = \int_0^\infty f(x)\, g(x)\, \mathrm{e}^{-x}\, \mathrm{d}x$$
とおく．n 次多項式 $L_n \in \mathbb{R}[x]$ であって，
$$(L_m, L_n) = 0 \quad (m \neq n), \quad L_n(0) = 1$$
をみたすものを，**ラゲール多項式** (Laguerre polynomial) という．

□ルジャンドル多項式の場合と同様にして，順に L_n を求めていくことができる：
$$L_0(x) = 1, \quad L_1(x) = 1 - x, \quad L_2(x) = 1 - 2x + \frac{1}{2}x^2,$$
$$L_3(x) = 1 - 3x + \frac{3}{2}x - \frac{1}{6}x^3, \quad \ldots$$

□ さらに別の内積について考える．

定義 6.5 実数係数多項式 $f, g \in \mathbb{R}[x]$ に対し，
$$(f, g) = \int_{-\infty}^{\infty} f(x)\,g(x)\,\mathrm{e}^{-x^2}\,\mathrm{d}x$$
とおく．x^n の係数が 2^n である n 次多項式 $H_n \in \mathbb{R}[x]$ であって，
$$(H_m, H_n) = 0 \quad (m \neq n)$$
をみたすものを，**エルミート多項式** (Hermite polynomial) という．

□ ルジャンドル多項式の場合と同様にして，順に H_n を求めていくことができる：
$$H_0(x) = 1, \quad H_1(x) = 2x, \quad H_2(x) = 4x^2 - 2, \quad H_3(x) = 8x^3 - 12x, \quad \ldots.$$

□ 直交多項式は，科学・工学に多くの応用をもつ．ルジャンドル多項式，ラゲール多項式，エルミート多項式は，量子力学において自然に現れる．

6.3 直交行列

6.3.1 平面上の回転と鏡映

□ xy 平面上の点 $\mathrm{P}(x, y)$ を原点のまわりに角度 θ だけ回転移動†した点を $\mathrm{P}'(x', y')$ とする．x', y' を x, y, θ で表すにはどうすればよいだろうか？

□ P から x 軸，y 軸に垂線 PA, PB を下ろして矩形 OAPB をつくる．これを角度 θ だけ回転移動したものを OA$'$P$'$B$'$ とすると，A$'$ の座標は $(x\cos\theta, x\sin\theta)$，B$'$ の座標は $(-y\sin(\theta), y\cos(\theta))$ になる．OA$'$P$'$B$'$ も矩形なので，

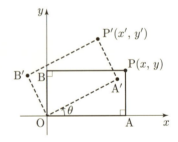

$$\begin{bmatrix} x' \\ y' \end{bmatrix} = \begin{bmatrix} x\cos(\theta) \\ x\sin(\theta) \end{bmatrix} + \begin{bmatrix} -y\sin(\theta) \\ y\cos(\theta) \end{bmatrix}$$
$$= \begin{bmatrix} \cos(\theta) & -\sin(\theta) \\ \sin(\theta) & \cos(\theta) \end{bmatrix} \begin{bmatrix} x \\ y \end{bmatrix}$$

が成り立つ．ここに現れた 2 次正方行列を，**回転行列** (rotation matrix) という．

□ 点 $(\cos(\alpha), \sin(\alpha))$ を原点のまわりに角度 β だけ回転移動すると，点 $(\cos(\alpha+\beta), \sin(\alpha+\beta))$ にうつるので，
$$\cos(\alpha+\beta) = \cos(\alpha)\cos(\beta) - \sin(\alpha)\sin(\beta),$$
$$\sin(\alpha+\beta) = \cos(\alpha)\sin(\beta) + \sin(\alpha)\cos(\beta).$$

---
† ただし，x 軸の正の部分が y 軸の正の部分の方へ 90° 回転する向きを正とする．普通 x 軸を水平に右が正になるように，y 軸を鉛直に上が正になるように描くから，その場合，正の回転は反時計回りになる．

6.3 直交行列

こうして三角関数の加法定理が得られる．

□次に，xy 平面上の原点を通る直線 l に関して，点 $\mathrm{P}(x, y)$ と線対称な点を $\mathrm{P}'(x', y')$ とする．直線 l の傾きを $\tan\left(\dfrac{\theta}{2}\right)$ とする．やはり長方形 OAPB をこの直線を軸に裏返すことを考えると，点 $\mathrm{A}\,(x, 0)$ が $\mathrm{A}'\,(x\cos(\theta), x\sin(\theta))$ に移り，点 $\mathrm{B}\,(0, y)$ が $\mathrm{B}'\,(y\sin(\theta), -y\cos(\theta))$ に移る．よって，

$$\begin{bmatrix} x' \\ y' \end{bmatrix} = \begin{bmatrix} x\cos(\theta) \\ x\sin(\theta) \end{bmatrix} + \begin{bmatrix} y\sin(\theta) \\ -y\cos(\theta) \end{bmatrix} = \begin{bmatrix} \cos(\theta) & \sin(\theta) \\ \sin(\theta) & -\cos(\theta) \end{bmatrix} \begin{bmatrix} x \\ y \end{bmatrix}.$$

□点 P' を，点 P の直線 l に関する **鏡映** (reflection) という．

6.3.2 $\mathbb{R}^n$ の標準的内積と直交行列

□以下，$\mathbb{R}^n$ の標準的内積を記号 $(\,,\,)_n$ で表す．

定理 6.10 任意の $m \times n$ 行列 A と $\boldsymbol{x} \in \mathbb{R}^n$, $\boldsymbol{y} \in \mathbb{R}^m$ に対し，

$$(\boldsymbol{y},\, A\boldsymbol{x})_m = \left({}^t\!A\boldsymbol{y},\, \boldsymbol{x}\right)_n.$$

[証明] 両辺とも，$\boldsymbol{x}$ の線形形式であり，$\boldsymbol{y}$ の線形形式である．よって $\boldsymbol{x}, \boldsymbol{y}$ が基本ベクトルである場合に等式が成り立つことを示せばよい．$A = [a_{i,j}]$ とすると，

$$\left(\mathbf{e}_i^{(m)},\, A\mathbf{e}_j^{(n)}\right)_m = (\mathbf{e}_i^{(m)}, \begin{bmatrix} a_{1,j} \\ \vdots \\ a_{m,j} \end{bmatrix})_m = a_{i,j},$$

$$\left({}^t\!A\mathbf{e}_i^{(m)},\, \mathbf{e}_j^{(n)}\right)_n = (\begin{bmatrix} a_{i,1} \\ \vdots \\ a_{i,n} \end{bmatrix},\, \mathbf{e}_j^{(n)})_n = a_{i,j}. \qquad \blacksquare$$

定義 6.6 n 次正方行列 P に対し，${}^t\!PP = E$, $P{}^t\!P = E$ であるとき，P は **直交行列** (orthogonal matrix) であるという．

□定理 3.26 より，${}^t\!PP = E$, $P{}^t\!P = E$ の一方が成り立つならば，もう一方も成り立ち，P は直交行列になる．

定理 6.11 n 次正方行列 $P = \begin{bmatrix} \boldsymbol{p}_1 & \cdots & \boldsymbol{p}_n \end{bmatrix}$ に対し，次の3つの条件は同値である：
 (1) P は直交行列である．
 (2) 任意の $\boldsymbol{x}, \boldsymbol{y} \in \mathbb{R}^n$ に対し，$(P\boldsymbol{x},\, P\boldsymbol{y})_n = (\boldsymbol{x},\, \boldsymbol{y})_n$．
 (3) $\boldsymbol{p}_1, \ldots, \boldsymbol{p}_n$ は標準的内積に関する $\mathbb{R}^n$ の正規直交基底である．

[証明] (1) $\Rightarrow$ (2)：P を直交行列とすると，定理 6.10 より，

$$(P\boldsymbol{x},\, P\boldsymbol{y})_n = \left({}^t\!PP\boldsymbol{x},\, \boldsymbol{y}\right)_n = (E\boldsymbol{x},\, \boldsymbol{y})_n = (\boldsymbol{x},\, \boldsymbol{y})_n.$$

(2) $\Rightarrow$ (3)：仮定より，$(\boldsymbol{p}_i,\, \boldsymbol{p}_j)_n = (P\mathbf{e}_i,\, P\mathbf{e}_j)_n = (\mathbf{e}_i,\, \mathbf{e}_j)_n = \delta_{i,j}$．

(3) $\Rightarrow$ (1)：仮定より，${}^t\!PP = \begin{bmatrix} {}^t\!\boldsymbol{p}_i\,\boldsymbol{p}_j \end{bmatrix} = [(\boldsymbol{p}_i,\, \boldsymbol{p}_j)_n] = [\delta_{i,j}] = E.\qquad \blacksquare$

□直交行列 P に対し，$P^{-1} = {}^tP$ も直交行列である．したがって次が成り立つ．

定理 6.12 n 次正方行列 $P = {}^t[\boldsymbol{p}_1 \cdots \boldsymbol{p}_n]$ に対し，次の3つの条件は同値である：
(1) P は直交行列である．
(2) 任意の n 次行ベクトル $\vec{x}, \vec{y}$ に対し，$(\vec{x}P, \vec{y}P)_n = (\vec{x}, \vec{y})_n$．
(3) P の行ベクトル ${}^t\boldsymbol{p}_1, \ldots, {}^t\boldsymbol{p}_n$ は標準的内積に関する $\mathbb{R}^n$ の正規直交基底である．

□2次正方行列
$$\begin{bmatrix} \cos(\theta) & -\sin(\theta) \\ \sin(\theta) & \cos(\theta) \end{bmatrix}, \quad \begin{bmatrix} \cos(\theta) & \sin(\theta) \\ \sin(\theta) & -\cos(\theta) \end{bmatrix}$$
は直交行列である．逆に，すべての 2 次直交行列はこのどちらかの形になる．$\mathbb{R}^2$ のすべての単位ベクトルは $\begin{bmatrix} \cos(\theta) \\ \sin(\theta) \end{bmatrix}$ と書け，これに直交する単位ベクトルは $\pm \begin{bmatrix} -\sin(\theta) \\ \cos(\theta) \end{bmatrix}$ のみだからである．

□置換行列は直交行列である．

定理 6.13 n 次直交行列 P に対し，$\det(P) = \pm 1$．

[証明] $(\det(P))^2 = (\det({}^tP))(\det(P)) = \det({}^tPP) = \det(E) = 1$ より．■

□$\det(P) = 1$ である直交行列 P を **回転行列** (rotation matrix) とよぶ．

□たとえば，先にみた $\begin{bmatrix} \cos(\theta) & -\sin(\theta) \\ \sin(\theta) & \cos(\theta) \end{bmatrix}$ は 2 次回転行列である．

定理 6.14 直交行列どうしの積は直交行列である．回転行列どうしの積は回転行列である．

[証明] P, Q を n 次直交行列とすると，
$$ {}^t(PQ) = {}^tQ\,{}^tP = Q^{-1}P^{-1} = (PQ)^{-1}.$$
よって PQ は直交行列である．
さらに $\det(P) = 1, \det(Q) = 1$ ならば，
$$\det(PQ) = \det(P)\det(Q) = 1 \cdot 1 = 1.$$
よって PQ は回転行列である．■

6.3.3 3次回転行列とオイラー角

□$\mathbb{R}^3$ を標準的内積を与えた内積ベクトル空間とする．

定理 6.15 3次回転行列 P と $\boldsymbol{u}, \boldsymbol{v} \in \mathbb{R}^3$ に対し，
$$(P\boldsymbol{u}) \times (P\boldsymbol{v}) = P(\boldsymbol{u} \times \boldsymbol{v}).$$

6.3 直交行列

[証明] 任意の $\boldsymbol{x} \in \mathbb{R}^3$ に対し,
$$((P\boldsymbol{u}) \times (P\boldsymbol{v}), P\boldsymbol{x}) = (P(\boldsymbol{u} \times \boldsymbol{v}), P\boldsymbol{x})$$
が成り立つことをいえばよい.
$$((P\boldsymbol{u}) \times (P\boldsymbol{v}), P\boldsymbol{x}) = \det[P\boldsymbol{u} \quad P\boldsymbol{v} \quad P\boldsymbol{x}] = \det(P[\boldsymbol{u} \quad \boldsymbol{v} \quad \boldsymbol{x}])$$
$$= \det(P) \cdot \det[\boldsymbol{u} \quad \boldsymbol{v} \quad \boldsymbol{x}] = \det[\boldsymbol{u} \quad \boldsymbol{v} \quad \boldsymbol{x}].$$

一方, $(P(\boldsymbol{u} \times \boldsymbol{v}), P\boldsymbol{x}) = (\boldsymbol{u} \times \boldsymbol{v}, \boldsymbol{x}) = \det[\boldsymbol{u} \quad \boldsymbol{v} \quad \boldsymbol{x}].$ ∎

定理 6.16 3次回転行列 $P = [\boldsymbol{u} \quad \boldsymbol{v} \quad \boldsymbol{w}]$ に対し, $\boldsymbol{w} = \boldsymbol{u} \times \boldsymbol{v}$.

[証明] $\boldsymbol{u} \times \boldsymbol{v} = (P\mathbf{e}_1) \times (P\mathbf{e}_2) = P(\mathbf{e}_1 \times \mathbf{e}_2) = P\mathbf{e}_3 = \boldsymbol{w}.$ ∎

補題 6.1 たがいに直交する単位ベクトル $\boldsymbol{u}, \boldsymbol{v} \in \mathbb{R}^3$ に対し, $\boldsymbol{u}, \boldsymbol{v}$ の張る平面上の単位ベクトル $\boldsymbol{w}$ は,
$$\boldsymbol{w} = (\cos(\theta))\boldsymbol{u} + (\sin(\theta))\boldsymbol{v}$$
と表される.

[証明] $\boldsymbol{w} = a\boldsymbol{u} + b\boldsymbol{v}$ とおくと,
$$(\boldsymbol{w}, \boldsymbol{w}) = (a\boldsymbol{u} + b\boldsymbol{v}, a\boldsymbol{u} + b\boldsymbol{v})$$
$$= a^2(\boldsymbol{u}, \boldsymbol{u}) + ab(\boldsymbol{u}, \boldsymbol{v}) + ba(\boldsymbol{v}, \boldsymbol{u}) + b^2(\boldsymbol{v}, \boldsymbol{v}) = a^2 + b^2.$$
よって $a^2 + b^2 = 1$ となり, $a = \cos(\theta), b = \sin(\theta)$ と表される. ∎

□3次回転行列 $P = [\boldsymbol{u} \quad \boldsymbol{v} \quad \boldsymbol{w}]$ において, $\boldsymbol{w} = \pm\mathbf{e}_3$ である場合,
$$P = \begin{bmatrix} \cos(\theta) & -\sin(\theta) & 0 \\ \sin(\theta) & \cos(\theta) & 0 \\ 0 & 0 & 1 \end{bmatrix}, \quad \begin{bmatrix} \cos(\theta) & \sin(\theta) & 0 \\ \sin(\theta) & -\cos(\theta) & 0 \\ 0 & 0 & -1 \end{bmatrix}$$
と表される.

定義 6.7 3次回転行列 $P = [\boldsymbol{u} \quad \boldsymbol{v} \quad \boldsymbol{w}]$ で, $\boldsymbol{w} \neq \pm\mathbf{e}_3$ であるものを考える. まず
$$(\boldsymbol{w}, \mathbf{e}_3) = \cos(\beta) \quad (0 < \beta < \pi)$$
とおく. このとき, $\mathbf{e}_1, \mathbf{e}_2$ の張る平面 ($\mathbf{e}_3$ に垂直) と $\boldsymbol{u}, \boldsymbol{v}$ の張る平面 ($\boldsymbol{w}$ に垂直) とは直線で交わる. この直線は $\mathbf{e}_3, \boldsymbol{w}$ と垂直である.

この直線上の単位ベクトル $\boldsymbol{p}$ で, $(\boldsymbol{p}, \mathbf{e}_3 \times \boldsymbol{w}) > 0$ をみたすほうを選ぶ. これは
$$\boldsymbol{p} = (\cos(\alpha))\mathbf{e}_1 + (\sin(\alpha))\mathbf{e}_2 = (\cos(\gamma))\boldsymbol{u} - (\sin(\gamma))\boldsymbol{v}$$
と書ける. (α, β, γ) を, 3次回転行列 P の**オイラー角** (Euler's angles) という.

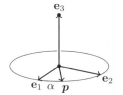 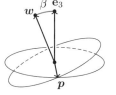 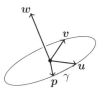

定理 6.17 3次回転行列 $P = \begin{bmatrix} \boldsymbol{u} & \boldsymbol{v} & \boldsymbol{w} \end{bmatrix}$ のオイラー角が (α, β, γ) であるとき,
$$P = \begin{bmatrix} \cos(\alpha) & -\sin(\alpha) & 0 \\ \sin(\alpha) & \cos(\alpha) & 0 \\ 0 & 0 & 1 \end{bmatrix} \begin{bmatrix} 1 & 0 & 0 \\ 0 & \cos(\beta) & -\sin(\beta) \\ 0 & \sin(\beta) & \cos(\beta) \end{bmatrix} \begin{bmatrix} \cos(\gamma) & -\sin(\gamma) & 0 \\ \sin(\gamma) & \cos(\gamma) & 0 \\ 0 & 0 & 1 \end{bmatrix}.$$

[証明]　$\boldsymbol{q} = (\sin(\gamma))\boldsymbol{u} + (\cos(\gamma))\boldsymbol{v}$ とおくと,
$$P \begin{bmatrix} \cos(\gamma) & -\sin(\gamma) & 0 \\ \sin(\gamma) & \cos(\gamma) & 0 \\ 0 & 0 & 1 \end{bmatrix}^{-1} = \begin{bmatrix} \boldsymbol{u} & \boldsymbol{v} & \boldsymbol{w} \end{bmatrix} \begin{bmatrix} \cos(\gamma) & \sin(\gamma) & 0 \\ -\sin(\gamma) & \cos(\gamma) & 0 \\ 0 & 0 & 1 \end{bmatrix}$$
$$= \begin{bmatrix} \boldsymbol{p} & \boldsymbol{q} & \boldsymbol{w} \end{bmatrix}.$$

$\begin{bmatrix} \boldsymbol{p} & \boldsymbol{q} & \boldsymbol{w} \end{bmatrix}$ は回転行列の積なので回転行列である．よって $\boldsymbol{w}, \boldsymbol{q}$ は $\boldsymbol{p}$ に垂直な平面の ONB である．$\mathbf{e}_3$ はこの平面上の単位ベクトルである．
$$(\boldsymbol{w}, \mathbf{e}_3) = \cos(\beta)$$
より,
$$\mathbf{e}_3 = (\cos(\beta))\boldsymbol{w} \pm (\sin(\beta))\boldsymbol{q}$$
と表される．

$(\boldsymbol{p}, \mathbf{e}_3 \times \boldsymbol{w}) > 0$ より，$\det \begin{bmatrix} \boldsymbol{p} & \mathbf{e}_3 & \boldsymbol{w} \end{bmatrix} > 0$. また,
$$\det \begin{bmatrix} \boldsymbol{p} & \mathbf{e}_3 & \boldsymbol{w} \end{bmatrix} = (\cos(\beta)) \det \begin{bmatrix} \boldsymbol{p} & \boldsymbol{w} & \boldsymbol{w} \end{bmatrix} \pm (\sin(\beta)) \begin{bmatrix} \boldsymbol{p} & \boldsymbol{q} & \boldsymbol{w} \end{bmatrix}$$
$$= \pm \sin(\beta).$$

よって $0 < \beta < \pi$ より，符号が正であることがわかる．よって,
$$\mathbf{e}_3 = (\cos(\beta))\boldsymbol{w} + (\sin(\beta))\boldsymbol{q}.$$

したがって，$\boldsymbol{r} = (\cos(\beta))\boldsymbol{q} - (\sin(\beta))\boldsymbol{w}$ とおくと,
$$\begin{bmatrix} \boldsymbol{p} & \boldsymbol{q} & \boldsymbol{w} \end{bmatrix} \begin{bmatrix} 1 & 0 & 0 \\ 0 & \cos(\beta) & -\sin(\beta) \\ 0 & \sin(\beta) & \cos(\beta) \end{bmatrix}^{-1} = \begin{bmatrix} \boldsymbol{p} & \boldsymbol{q} & \boldsymbol{w} \end{bmatrix} \begin{bmatrix} 1 & 0 & 0 \\ 0 & \cos(\beta) & \sin(\beta) \\ 0 & -\sin(\beta) & \cos(\beta) \end{bmatrix}$$
$$= \begin{bmatrix} \boldsymbol{p} & \boldsymbol{r} & \mathbf{e}_3 \end{bmatrix}.$$

$\begin{bmatrix} \boldsymbol{p} & \boldsymbol{r} & \mathbf{e}_3 \end{bmatrix}$ は回転行列の積なので回転行列である．このことと
$$\boldsymbol{p} = (\cos(\alpha))\mathbf{e}_1 + (\sin(\alpha))\mathbf{e}_2 = \begin{bmatrix} \cos(\alpha) \\ \sin(\alpha) \\ 0 \end{bmatrix}$$
より,
$$\begin{bmatrix} \boldsymbol{p} & \boldsymbol{r} & \mathbf{e}_3 \end{bmatrix} = \begin{bmatrix} \cos(\alpha) & -\sin(\alpha) & 0 \\ \sin(\alpha) & \cos(\alpha) & 0 \\ 0 & 0 & 1 \end{bmatrix}$$

がわかる．以上により,
$$P \begin{bmatrix} \cos(\gamma) & -\sin(\gamma) & 0 \\ \sin(\gamma) & \cos(\gamma) & 0 \\ 0 & 0 & 1 \end{bmatrix}^{-1} \begin{bmatrix} 1 & 0 & 0 \\ 0 & \cos(\beta) & -\sin(\beta) \\ 0 & \sin(\beta) & \cos(\beta) \end{bmatrix}^{-1} = \begin{bmatrix} \cos(\alpha) & -\sin(\alpha) & 0 \\ \sin(\alpha) & \cos(\alpha) & 0 \\ 0 & 0 & 1 \end{bmatrix}$$

がいえた．∎

7
固有値と固有空間

7.1 固有ベクトルと対角化

7.1.1 線形変換と正方行列

□本章では，正方行列について詳しく調べる．

定義 7.1 ベクトル空間 V に対し，線形写像 $T: V \to V$ のことを，V 上の **線形変換** (linear transformation) という．

□V の基底 $\mathcal{B}_V = (u_1, \ldots, u_n)$ に対し，ベクトル $T(u_j)\ (j = 1, \ldots, n)$ を，やはり基底 $\mathcal{B}_V$ のベクトル $u_1, \ldots, u_n$ の 1 次結合で，
$$T(u_j) = \sum_{i=1}^{n} a_{i,j}\, u_i$$
と表す．このとき，係数を並べてつくった n 次正方行列 $\left[a_{i,j}\right]_{i,j}$ は，$\mathcal{B}_V$ と $\mathcal{B}_V$ に関する T の表現行列である．これは，n 次正方行列である．

□$V = \mathbb{R}^n$ とする．n 次正方行列 A に対し，V 上の線形変換 $T: V \to V$ を，
$$T(\boldsymbol{x}) = A\boldsymbol{x}$$
によって定義することができる．

□この線形変換の特徴をとらえるために，**行列 A をかけても方向が変わらないベクトル** に着目する．

7.1.2 固有値と固有ベクトル

□正方行列の特徴をとらえるものが，固有ベクトルと固有値である．

定義 7.2 n 次正方行列 A，実数 λ，および n 次列ベクトル $\boldsymbol{x} \neq \boldsymbol{0}$ に対し，

────── 固有値と固有ベクトル ──────
$$A\boldsymbol{x} = \lambda \boldsymbol{x}$$

が成り立つとき，λ は A の **固有値** (eigenvalue) であるといい，$\boldsymbol{x}$ は固有値 λ に対する A の **固有ベクトル** (eigenvector) であるという．

□ n 次対角行列

$$A = \begin{bmatrix} \lambda_1 & & & \\ & \lambda_2 & & \\ & & \ddots & \\ & & & \lambda_n \end{bmatrix}$$

に対し，

$$A\mathbf{e}_i = \lambda_i \mathbf{e}_i \quad (i = 1, 2, \ldots, n)$$

が成り立つ．すなわち，λ_i $(i = 1, 2, \ldots, n)$ は A の固有値であり，基本ベクトル $\mathbf{e}_i$ は固有値 λ_i に対する固有ベクトルである．

7.1.3 正方行列の対角化

□ 固有値・固有ベクトルを用いて，正方行列と対角行列を関連づける．

定義 7.3 n 次正方行列 A が **対角化可能である** (diagonalizable) とは，n 次正則行列 P が存在して，$P^{-1}AP$ が対角行列になることである．

□ n 次正方行列 A が対角化可能であるとき，n 次正則行列 P をみつけて，対角行列 $P^{-1}AP$ を得ることを，A を **対角化する** (diagonalize) という．

□ n 次正方行列 A が対角化可能であるとする．すなわち，n 次正則行列

$$P = \begin{bmatrix} \boldsymbol{p}_1 & \boldsymbol{p}_2 & \cdots & \boldsymbol{p}_n \end{bmatrix}$$

が存在して，

$$P^{-1}AP = \begin{bmatrix} \lambda_1 & & & \\ & \lambda_2 & & \\ & & \ddots & \\ & & & \lambda_n \end{bmatrix}$$

であるとする．このとき，

$$A \begin{bmatrix} \boldsymbol{p}_1 & \boldsymbol{p}_2 & \cdots & \boldsymbol{p}_n \end{bmatrix} = \begin{bmatrix} \boldsymbol{p}_1 & \boldsymbol{p}_2 & \cdots & \boldsymbol{p}_n \end{bmatrix} \begin{bmatrix} \lambda_1 & & & \\ & \lambda_2 & & \\ & & \ddots & \\ & & & \lambda_n \end{bmatrix}$$

であるから，$A\boldsymbol{p}_i = \lambda_i \boldsymbol{p}_i$ がいえる．P は正則なので，定理 5.9 より，$\boldsymbol{p}_1, \boldsymbol{p}_2, \ldots, \boldsymbol{p}_n$ は $\mathbb{R}^n$ の基底であり，特に $\boldsymbol{p}_i \neq \boldsymbol{0}$ である．

よって λ_i は A の固有値であり，$\boldsymbol{p}_i$ は固有値 λ_i に対する固有ベクトルである．

逆に，$A\boldsymbol{p}_i = \lambda_i \boldsymbol{p}_i$ $(i = 1, 2, \ldots, n)$ かつ $\boldsymbol{p}_1, \boldsymbol{p}_2, \ldots, \boldsymbol{p}_n$ が $\mathbb{R}^n$ の基底であるならば，定理 5.9 より，$P = \begin{bmatrix} \boldsymbol{p}_1 & \boldsymbol{p}_2 & \cdots & \boldsymbol{p}_n \end{bmatrix}$ は正則であり，

$$P^{-1}AP = \begin{bmatrix} \lambda_1 & & & \\ & \lambda_2 & & \\ & & \ddots & \\ & & & \lambda_n \end{bmatrix}.$$

□ 以上により，次がいえる．

定理 7.1 n 次正方行列 A に対し，次の 2 つの条件は同値である：
  (1) A は対角化可能である．
  (2) A の固有ベクトルからなる $\mathbb{R}^n$ の基底が存在する．

定理 7.2 $\lambda_1, \ldots, \lambda_k$ が n 次正方行列 A の相異なる固有値であるとする．固有値 λ_i に対する固有ベクトルを $\boldsymbol{u}_i \in \mathbb{R}^n$ とすると，$\boldsymbol{u}_1, \ldots, \boldsymbol{u}_k$ は 1 次独立である．

[証明] k に関する数学的帰納法によって証明する．

$k = 1$ の場合は明らか．

$\boldsymbol{u}_1, \ldots, \boldsymbol{u}_{k-1}$ が 1 次独立だと仮定する．$\sum_{i=1}^{k} x_i \boldsymbol{u}_i = \boldsymbol{0}$ $(x_i \in \mathbb{R})$ とする．左から A をかけると，$\sum_{i=1}^{k} \lambda_i x_i \boldsymbol{u}_i = \boldsymbol{0}$. ゆえに，$\sum_{j=1}^{k-1} (\lambda_j - \lambda_k) x_j \boldsymbol{u}_j = \boldsymbol{0}$. よって仮定より，$j = 1, \ldots, k-1$ に対し，$(\lambda_j - \lambda_k) x_j = 0$. 固有値が相異なることから，$x_j = 0$ がいえる．

したがって，$x_k \boldsymbol{u}_k = \boldsymbol{0}$. よって $x_k = 0$.

よって $\boldsymbol{u}_1, \ldots, \boldsymbol{u}_k$ が 1 次独立であることが示された． ∎

□ したがって，次が成立する．

定理 7.3 n 次正方行列 A が相異なる n 個の固有値をもつならば，A は対角化可能である．

7.2 固有多項式

7.2.1 固有値と固有多項式

□ n 次正方行列 A と n 次列ベクトル $\boldsymbol{x}$，実数 λ に対し，

$$A\boldsymbol{x} = \lambda \boldsymbol{x} \iff \lambda \boldsymbol{x} - A\boldsymbol{x} = \boldsymbol{0} \iff (\lambda E - A)\boldsymbol{x} = \boldsymbol{0}$$

である．したがって，定理 4.24 より，

ある $\boldsymbol{x} \neq \boldsymbol{0}$ に対し $A\boldsymbol{x} = \lambda \boldsymbol{x}$ である．
  $\iff$ ある $\boldsymbol{x} \neq \boldsymbol{0}$ に対し $(\lambda E - A)\boldsymbol{x} = \boldsymbol{0}$ である．
  $\iff$ $\lambda E - A$ は正則行列でない．
  $\iff$ $\det(\lambda E - A) = 0$.

となる．

定義 7.4 n 次正方行列 A に対し，変数 t の多項式

---- 固有多項式 ----
$$\varphi_A(t) = \det(tE - A)$$

を A の **固有多項式** (characteristic polynomial) という．

□ このように定義すると，上の議論は次のようにまとめられる．

定理 7.4 n 次正方行列 A の固有多項式を $\varphi_A(t)$ とする．このとき実数 λ に対し，λ が A の固有値であることは，$\varphi_A(\lambda) = 0$ に同値である．

□ すなわち，A の固有値を求めるには，方程式 $\varphi_A(t) = 0$ の実数解を求めればよい．

□ A の固有値 λ が得られれば，連立 1 次方程式

$$A\boldsymbol{x} = \lambda\boldsymbol{x}$$

を解いて，その $\boldsymbol{0}$ でない解として，固有ベクトル $\boldsymbol{x}$ が得られる．

□ 定理 7.3, 7.4 より，次が従う．

定理 7.5 n 次正方行列 A に対し，固有多項式を $\varphi_A(t)$ とする．$\varphi_A(t) = 0$ が相異なる n 個の実数解をもつならば，A は対角化可能である．

7.2.2 固有多項式・固有値・固有ベクトルを求める手続き

例 7.1 $A = \begin{bmatrix} 4 & -3 \\ 2 & -1 \end{bmatrix}$ とする．

(1) $tE - A = \begin{bmatrix} t & 0 \\ 0 & t \end{bmatrix} - \begin{bmatrix} 4 & -3 \\ 2 & -1 \end{bmatrix} = \begin{bmatrix} t-4 & 3 \\ -2 & t+1 \end{bmatrix}.$

(2) よって A の固有多項式 $\varphi_A(t)$ は，

$$\varphi_A(t) = \begin{vmatrix} t-4 & 3 \\ -2 & t+1 \end{vmatrix} = (t-4)(t+1) - 3(-2) = t^2 - 3t + 2$$
$$= (t-1)(t-2).$$

よって A の固有値は，1, 2．

(3) (a) 固有値 1 に対し，方程式

$$\begin{bmatrix} 4 & -3 \\ 2 & -1 \end{bmatrix} \begin{bmatrix} x \\ y \end{bmatrix} = 1 \begin{bmatrix} x \\ y \end{bmatrix}$$

を解く．

$$4x - 3y = x, \quad 2x - y = y$$

より，$y = x$．そこで，$x = s$ とおくと，$\begin{bmatrix} x \\ y \end{bmatrix} = \begin{bmatrix} s \\ s \end{bmatrix} = s \begin{bmatrix} 1 \\ 1 \end{bmatrix}$．よって固有値 1 に対す

7.2 固有多項式

る A の固有ベクトルは, $s\begin{bmatrix}1\\1\end{bmatrix}$ $(s\neq 0)$.

(b) 固有値 2 に対し, 方程式
$$\begin{bmatrix}4 & -3\\2 & -1\end{bmatrix}\begin{bmatrix}x\\y\end{bmatrix}=2\begin{bmatrix}x\\y\end{bmatrix}$$
を解く.
$$4x-3y=2x,\quad 2x-y=2y$$
より, $3y=2x$. そこで, $x=3s$ とおくと, $\begin{bmatrix}x\\y\end{bmatrix}=\begin{bmatrix}3s\\2s\end{bmatrix}=s\begin{bmatrix}3\\2\end{bmatrix}$. よって固有値 1 に対する A の固有ベクトルは, $s\begin{bmatrix}3\\2\end{bmatrix}$ $(s\neq 0)$.

(4) $P=\begin{bmatrix}1 & 3\\1 & 2\end{bmatrix}$ とおくと, 定理 7.2 より, P は正則行列である.
$$A\begin{bmatrix}1\\1\end{bmatrix}=1\begin{bmatrix}1\\1\end{bmatrix}=\begin{bmatrix}1\cdot 1\\1\cdot 1\end{bmatrix},\quad A\begin{bmatrix}3\\2\end{bmatrix}=2\begin{bmatrix}3\\2\end{bmatrix}=\begin{bmatrix}2\cdot 3\\2\cdot 2\end{bmatrix}$$
より,
$$AP=A\begin{bmatrix}1 & 3\\1 & 2\end{bmatrix}=\begin{bmatrix}1\cdot 1 & 2\cdot 3\\1\cdot 1 & 2\cdot 2\end{bmatrix}=\begin{bmatrix}1 & 3\\1 & 2\end{bmatrix}\begin{bmatrix}1 & 0\\0 & 2\end{bmatrix}=P\begin{bmatrix}1 & 0\\0 & 2\end{bmatrix}.$$
よって
$$P^{-1}AP=\begin{bmatrix}1 & 0\\0 & 2\end{bmatrix}.$$
A を対角化することができた. ($P=\begin{bmatrix}3 & 1\\2 & 1\end{bmatrix}$ とおいてもよい. このとき, $P^{-1}AP=\begin{bmatrix}2 & 0\\0 & 1\end{bmatrix}$.)

例 7.2 $A=\begin{bmatrix}a & 1\\0 & a\end{bmatrix}$ とする.

(1) $tE-A=\begin{bmatrix}t & 0\\0 & t\end{bmatrix}-\begin{bmatrix}a & 1\\0 & a\end{bmatrix}=\begin{bmatrix}t-a & -1\\0 & t-a\end{bmatrix}$.

(2) よって A の固有多項式 $\varphi_A(t)$ は,
$$\varphi_A(t)=\begin{vmatrix}t-a & -1\\0 & t-a\end{vmatrix}=(t-a)^2.$$
よって A の固有値は, a.

(3) 固有値 a に対し, 方程式
$$\begin{bmatrix}a & 1\\0 & a\end{bmatrix}\begin{bmatrix}x\\y\end{bmatrix}=a\begin{bmatrix}x\\y\end{bmatrix}$$
を解く.

$$ax+y=ax, \quad ay=ay$$

より, $y=0$. そこで, $x=s$ とおくと, $\begin{bmatrix} x \\ y \end{bmatrix} = \begin{bmatrix} s \\ 0 \end{bmatrix} = s\begin{bmatrix} 1 \\ 0 \end{bmatrix}$. よって固有値 a に対する A の固有ベクトルは, $s\begin{bmatrix} 1 \\ 0 \end{bmatrix}$ $(s \neq 0)$.

(4) A の固有ベクトルはこれだけなので, A の固有ベクトルからなる $\mathbb{R}^2$ の基底は存在しない. よって A は対角化可能ではない.

●問題 **7.1** 次の行列の固有多項式と固有値を求めよ.

(1) $\begin{bmatrix} a & 0 \\ 0 & b \end{bmatrix}$ (2) $\begin{bmatrix} a & b \\ 0 & c \end{bmatrix}$ (3) $\begin{bmatrix} a & 0 \\ b & c \end{bmatrix}$ (4) $\begin{bmatrix} 1 & 2 \\ 1 & 1 \end{bmatrix}$ (5) $\begin{bmatrix} 0 & -1 \\ 1 & 0 \end{bmatrix}$

●問題 **7.2** 次の行列の固有多項式と固有値を求めよ. さらに, 固有値のそれぞれに対して固有ベクトルを求めよ.

(1) $\begin{bmatrix} 1 & 0 \\ 0 & -1 \end{bmatrix}$ (2) $\begin{bmatrix} 0 & 1 \\ 1 & 0 \end{bmatrix}$ (3) $\begin{bmatrix} 0 & 1 \\ 4 & 0 \end{bmatrix}$ (4) $\begin{bmatrix} a & 1 \\ 0 & a \end{bmatrix}$ (5) $\begin{bmatrix} a & 0 \\ 0 & a \end{bmatrix}$

例 7.3 $A = \begin{bmatrix} 0 & 1 & 0 \\ 0 & 0 & 1 \\ -6 & -1 & 4 \end{bmatrix}$ とする.

(1) $tE - A = \begin{bmatrix} t & 0 & 0 \\ 0 & t & 0 \\ 0 & 0 & t \end{bmatrix} - \begin{bmatrix} 0 & 1 & 0 \\ 0 & 0 & 1 \\ -6 & -1 & 4 \end{bmatrix} = \begin{bmatrix} t & -1 & 0 \\ 0 & t & -1 \\ 6 & 1 & t-4 \end{bmatrix}$.

(2) よって A の固有多項式 $\varphi_A(t)$ は,

$$\varphi_A(t) = \begin{vmatrix} t & -1 & 0 \\ 0 & t & -1 \\ 6 & 1 & t-4 \end{vmatrix} = t^3 - 4t^2 + t + 6 = (t+1)(t-2)(t-3).$$

よって A の固有値は, $-1, 2, 3$.

(3) (a) 固有値 -1 に対し, 方程式

$$\begin{bmatrix} 0 & 1 & 0 \\ 0 & 0 & 1 \\ -6 & -1 & 4 \end{bmatrix} \begin{bmatrix} x \\ y \\ z \end{bmatrix} = (-1) \begin{bmatrix} x \\ y \\ z \end{bmatrix}$$

を解く.

$$y = -x, \quad z = -y, \quad -6x - y + 4z = -z$$

より, $y = -x, z = x$. そこで, $x = s$ とおくと, $\begin{bmatrix} x \\ y \\ z \end{bmatrix} = \begin{bmatrix} s \\ -s \\ s \end{bmatrix} = s\begin{bmatrix} 1 \\ -1 \\ 1 \end{bmatrix}$. よって固有値 -1 に対する固有ベクトルは, $\begin{bmatrix} x \\ y \\ z \end{bmatrix} = s\begin{bmatrix} 1 \\ -1 \\ 1 \end{bmatrix}$ $(s \neq 0)$.

7.2 固有多項式

(b) 固有値 2 に対し，方程式
$$\begin{bmatrix} 0 & 1 & 0 \\ 0 & 0 & 1 \\ -6 & -1 & 4 \end{bmatrix} \begin{bmatrix} x \\ y \\ z \end{bmatrix} = 2 \begin{bmatrix} x \\ y \\ z \end{bmatrix}$$

を解く．
$$y = 2x, \quad z = 2y, \quad -6x - y + 4z = 2z$$

より，$y = 2x, z = 4x$. そこで，$x = s$ とおくと，$\begin{bmatrix} x \\ y \\ z \end{bmatrix} = \begin{bmatrix} s \\ 2s \\ 4s \end{bmatrix} = s \begin{bmatrix} 1 \\ 2 \\ 4 \end{bmatrix}$. よって固有値 2 に対する固有ベクトルは，$\begin{bmatrix} x \\ y \\ z \end{bmatrix} = s \begin{bmatrix} 1 \\ 2 \\ 4 \end{bmatrix}$ $(s \neq 0)$.

(c) 固有値 3 に対し，方程式
$$\begin{bmatrix} 0 & 1 & 0 \\ 0 & 0 & 1 \\ -6 & -1 & 4 \end{bmatrix} \begin{bmatrix} x \\ y \\ z \end{bmatrix} = 3 \begin{bmatrix} x \\ y \\ z \end{bmatrix}$$

を解く．
$$y = 3x, \quad z = 3y, \quad -6x - y + 4z = 3z$$

より，$y = 3x, z = 9x$. そこで，$x = s$ とおくと，$\begin{bmatrix} x \\ y \\ z \end{bmatrix} = \begin{bmatrix} s \\ 3s \\ 9s \end{bmatrix} = s \begin{bmatrix} 1 \\ 3 \\ 9 \end{bmatrix}$. よって

固有値 3 に対する固有ベクトルは，$\begin{bmatrix} x \\ y \\ z \end{bmatrix} = s \begin{bmatrix} 1 \\ 3 \\ 9 \end{bmatrix}$ $(s \neq 0)$.

(4) $P = \begin{bmatrix} 1 & 1 & 1 \\ -1 & 2 & 3 \\ 1 & 4 & 9 \end{bmatrix}$ とおくと，定理 7.2 より，P は正則行列である．

$$A \begin{bmatrix} 1 \\ -1 \\ 1 \end{bmatrix} = \begin{bmatrix} (-1)1 \\ (-1)(-1) \\ (-1)1 \end{bmatrix}, \quad A \begin{bmatrix} 1 \\ 2 \\ 4 \end{bmatrix} = \begin{bmatrix} 2 \cdot 1 \\ 2 \cdot 2 \\ 2 \cdot 4 \end{bmatrix}, \quad A \begin{bmatrix} 1 \\ 3 \\ 9 \end{bmatrix} = \begin{bmatrix} 3 \cdot 1 \\ 3 \cdot 3 \\ 3 \cdot 9 \end{bmatrix}$$

より，
$$AP = A \begin{bmatrix} 1 & 1 & 1 \\ -1 & 2 & 3 \\ 1 & 4 & 9 \end{bmatrix} = \begin{bmatrix} (-1)1 & 2 \cdot 1 & 3 \cdot 1 \\ (-1)(-1) & 2 \cdot 2 & 3 \cdot 3 \\ (-1)1 & 2 \cdot 4 & 3 \cdot 9 \end{bmatrix}$$
$$= \begin{bmatrix} 1 & 1 & 1 \\ -1 & 2 & 3 \\ 1 & 4 & 9 \end{bmatrix} \begin{bmatrix} -1 & 0 & 0 \\ 0 & 2 & 0 \\ 0 & 0 & 3 \end{bmatrix} = P \begin{bmatrix} -1 & 0 & 0 \\ 0 & 2 & 0 \\ 0 & 0 & 3 \end{bmatrix}.$$

よって
$$P^{-1}AP = \begin{bmatrix} -1 & 0 & 0 \\ 0 & 2 & 0 \\ 0 & 0 & 3 \end{bmatrix}.$$

A を対角化することができた.

例 7.4 $A = \begin{bmatrix} a & 1 & 0 \\ 0 & a & 1 \\ 0 & 0 & a \end{bmatrix}$ とする.

(1) $tE - A = \begin{bmatrix} t & 0 & 0 \\ 0 & t & 0 \\ 0 & 0 & t \end{bmatrix} - \begin{bmatrix} a & 1 & 0 \\ 0 & a & 1 \\ 0 & 0 & a \end{bmatrix} = \begin{bmatrix} t-a & -1 & 0 \\ 0 & t-a & -1 \\ 0 & 0 & t-a \end{bmatrix}$.

(2) よって A の固有多項式 $\varphi_A(t)$ は,
$$\varphi_A(t) = \begin{vmatrix} t-a & -1 & 0 \\ 0 & t-a & -1 \\ 0 & 0 & t-a \end{vmatrix} = (t-a)^3.$$
よって A の固有値は, a.

(3) 固有値 a に対し, 方程式
$$\begin{bmatrix} a & 1 & 0 \\ 0 & a & 1 \\ 0 & 0 & a \end{bmatrix} \begin{bmatrix} x \\ y \\ z \end{bmatrix} = a \begin{bmatrix} x \\ y \\ z \end{bmatrix}$$
を解く.
$$ax + y = ax, \quad ay + z = ay, \quad az = az$$
より, $y = 0, z = 0$. そこで, $x = s$ とおくと, $\begin{bmatrix} x \\ y \\ z \end{bmatrix} = \begin{bmatrix} s \\ 0 \\ 0 \end{bmatrix} = s \begin{bmatrix} 1 \\ 0 \\ 0 \end{bmatrix}$. よって固有値 a に対する固有ベクトルは, $s \begin{bmatrix} 1 \\ 0 \\ 0 \end{bmatrix}$ $(s \neq 0)$.

(4) A の固有ベクトルはこれだけなので, A の固有ベクトルからなる $\mathbb{R}^3$ の基底は存在しない. よって A は対角化可能ではない.

●**問題 7.3** 次の行列の固有多項式を求めよ.

(1) $\begin{bmatrix} 0 & 0 & a \\ 1 & 0 & b \\ 0 & 1 & c \end{bmatrix}$ (2) $\begin{bmatrix} 0 & -c & b \\ c & 0 & -a \\ -b & a & 0 \end{bmatrix}$

●**問題 7.4** 次の行列の固有多項式と固有値を求めよ.

(1) $\begin{bmatrix} a & 0 & 0 \\ 0 & b & 0 \\ 0 & 0 & c \end{bmatrix}$ (2) $\begin{bmatrix} a & a' & a'' \\ 0 & b & b' \\ 0 & 0 & c \end{bmatrix}$ (3) $\begin{bmatrix} a & 0 & 0 \\ b & b' & 0 \\ c & c' & c'' \end{bmatrix}$

(4) $\begin{bmatrix} 1 & 2 & 3 \\ 4 & 5 & 6 \\ 7 & 8 & 9 \end{bmatrix}$ (5) $\begin{bmatrix} a+1 & 2 & 3 \\ 4 & a+5 & 6 \\ 7 & 8 & a+9 \end{bmatrix}$

●**問題 7.5** 次の行列の固有多項式と固有値を求めよ. さらに, 固有値のそれぞれに対して固有ベクトルを求めよ.

7.2 固有多項式

(1) $\begin{bmatrix} 0 & 0 & -2 \\ 1 & 0 & 1 \\ 0 & 1 & 2 \end{bmatrix}$ (2) $\begin{bmatrix} 3 & 0 & 0 \\ 0 & -2 & 0 \\ 0 & 0 & -2 \end{bmatrix}$ (3) $\begin{bmatrix} 3 & 0 & 0 \\ 0 & -2 & 0 \\ 0 & 3 & -2 \end{bmatrix}$ (4) $\begin{bmatrix} 0 & 1 & 1 \\ 1 & 0 & 1 \\ 1 & 1 & 0 \end{bmatrix}$

●問題 **7.6** 次の行列 A が対角化可能かどうかを判定せよ．そして対角化可能ならば対角化せよ．すなわち，

- A の固有多項式，固有値，固有ベクトルを求めよ．
- 対角化可能かどうかを判定せよ．
- 対角化可能だった場合，$P^{-1}AP$ が対角行列になるような正則行列 P を求め，$P^{-1}AP$ を求めよ．

(1) $\begin{bmatrix} 5 & -4 \\ 3 & -2 \end{bmatrix}$ (2) $\begin{bmatrix} 0 & 1 \\ -1 & 2 \end{bmatrix}$ (3) $A = \begin{bmatrix} 1 & 0 & 1 \\ 0 & 2 & 1 \\ 0 & 0 & 3 \end{bmatrix}$

(4) $A = \begin{bmatrix} 1 & 0 & 1 \\ 0 & 2 & 1 \\ 0 & 0 & 2 \end{bmatrix}$ (5) $A = \begin{bmatrix} 1 & 0 & 1 \\ 0 & 2 & 0 \\ 0 & 0 & 2 \end{bmatrix}$

7.2.3 正方行列のべき乗

□ A を n 次正方行列，P を n 次正則行列とすると，

$$(P^{-1}AP)(P^{-1}AP) = P^{-1}A^2 P,$$
$$(P^{-1}AP)(P^{-1}AP)(P^{-1}AP) = P^{-1}A^3 P.$$

より一般に，正の整数 m に対し，$(P^{-1}AP)^m = P^{-1}A^m P$ である．

□ さらに

$$P^{-1}AP = \begin{bmatrix} \lambda_1 & & & \\ & \lambda_2 & & \\ & & \ddots & \\ & & & \lambda_n \end{bmatrix}$$

ならば，

$$P^{-1}A^m P = (P^{-1}AP)^m = \begin{bmatrix} \lambda_1^m & & & \\ & \lambda_2^m & & \\ & & \ddots & \\ & & & \lambda_n^m \end{bmatrix}.$$

よって，

$$A^m = P \begin{bmatrix} \lambda_1^m & & & \\ & \lambda_2^m & & \\ & & \ddots & \\ & & & \lambda_n^m \end{bmatrix} P^{-1}.$$

□このように，正方行列 A が対角化できれば，行列 A の**べき乗** A^m が簡単に計算できる．

●**問題 7.7** m を正の整数とする．次の正方行列 A に対し，A^m を求めよ．

(1) $A = \begin{bmatrix} 3 & 5 \\ 1 & -1 \end{bmatrix}$ (2) $A = \begin{bmatrix} 0 & 1 & 0 \\ 1 & 0 & 1 \\ 0 & 1 & 0 \end{bmatrix}$

7.2.4 数列の漸化式

□正方行列の対角化を用いて，数列の一般項を求める．

例 7.5 $a, b \in \mathbb{R}$ とし，数列 $\{x_n\}_{n=0,1,2,\ldots}$ が漸化式

$$x_{n+1} = a x_n + b$$

をみたすとする．一般項 x_n はどう表されるだろうか．

$a = 1$ の場合，$\{x_n\}$ は等差数列であり，一般項は，

$$x_n = x_0 + n b$$

である．

$a \neq 1$ とする．

(1) $\boldsymbol{u}_n = \begin{bmatrix} x_n \\ 1 \end{bmatrix}$ とおくと，

$$\boldsymbol{u}_{n+1} = \begin{bmatrix} x_{n+1} \\ 1 \end{bmatrix} = \begin{bmatrix} a x_n + b \\ 1 \end{bmatrix} = \begin{bmatrix} a & b \\ 0 & 1 \end{bmatrix} \begin{bmatrix} x_n \\ 1 \end{bmatrix} = \begin{bmatrix} a & b \\ 0 & 1 \end{bmatrix} \boldsymbol{u}_n.$$

よって，$\boldsymbol{u}_n = \begin{bmatrix} a & b \\ 0 & 1 \end{bmatrix}^n \boldsymbol{u}_0$．一般項を求めるには，$\begin{bmatrix} a & b \\ 0 & 1 \end{bmatrix}^n$ を求めればよい．

(2) $A = \begin{bmatrix} a & b \\ 0 & 1 \end{bmatrix}$ とおくと，

$$tE - A = \begin{bmatrix} t & 0 \\ 0 & t \end{bmatrix} - \begin{bmatrix} a & b \\ 0 & 1 \end{bmatrix} = \begin{bmatrix} t-a & -b \\ 0 & t-1 \end{bmatrix}.$$

A の固有多項式は，

$$\varphi_A(t) = \begin{vmatrix} t-a & -b \\ 0 & t-1 \end{vmatrix} = (t-a)(t-1).$$

よって A の固有値は，$a, 1$．ただし $a \neq 1$ に注意する．

(3) (a) 固有値 a に対し，方程式

$$\begin{bmatrix} a & b \\ 0 & 1 \end{bmatrix} \begin{bmatrix} x \\ y \end{bmatrix} = a \begin{bmatrix} x \\ y \end{bmatrix}$$

を解く．

$$a x + b y = a x, \quad y = a y$$

7.2 固有多項式

より,$y=0$. そこで,$x=s$ とおくと,$\begin{bmatrix} x \\ y \end{bmatrix} = \begin{bmatrix} s \\ 0 \end{bmatrix} = s\begin{bmatrix} 1 \\ 0 \end{bmatrix}$. よって固有値 a に対する A の固有ベクトルは,$s\begin{bmatrix} 1 \\ 0 \end{bmatrix}$ $(s \neq 0)$.

(b) 固有値 1 に対し,方程式
$$\begin{bmatrix} a & b \\ 0 & 1 \end{bmatrix} \begin{bmatrix} x \\ y \end{bmatrix} = 1 \begin{bmatrix} x \\ y \end{bmatrix}$$
を解く.
$$a\,x + b\,y = x, \quad y = y$$
より,$x = \dfrac{b}{1-a} y$. そこで,$y = (1-a)s$ とおくと,$\begin{bmatrix} x \\ y \end{bmatrix} = \begin{bmatrix} b\,s \\ (1-a)\,s \end{bmatrix} = s\begin{bmatrix} b \\ 1-a \end{bmatrix}$. よって固有値 1 に対する A の固有ベクトルは,$s\begin{bmatrix} b \\ 1-a \end{bmatrix}$ $(s \neq 0)$.

(4) $P = \begin{bmatrix} 1 & b \\ 0 & 1-a \end{bmatrix}$ とおくと,定理 7.2 より,P は正則行列であり,
$$AP = A\begin{bmatrix} 1 & b \\ 0 & 1-a \end{bmatrix} = \begin{bmatrix} a \cdot 1 & 1 \cdot b \\ a \cdot 0 & 1(1-a) \end{bmatrix} = \begin{bmatrix} 1 & b \\ 0 & 1-a \end{bmatrix} \begin{bmatrix} a & 0 \\ 0 & 1 \end{bmatrix} = P\begin{bmatrix} a & 0 \\ 0 & 1 \end{bmatrix}.$$
よって,
$$P^{-1}AP = \begin{bmatrix} a & 0 \\ 0 & 1 \end{bmatrix}.$$
A を対角化することができた.

(5) よって,
$$P^{-1}A^n P = (P^{-1}AP)^n = \begin{bmatrix} a & 0 \\ 0 & 1 \end{bmatrix}^n = \begin{bmatrix} a^n & 0 \\ 0 & 1 \end{bmatrix},$$
ゆえに
$$A^n = P\begin{bmatrix} a^n & 0 \\ 0 & 1 \end{bmatrix} P^{-1}$$
$$= \begin{bmatrix} 1 & b \\ 0 & 1-a \end{bmatrix} \begin{bmatrix} a^n & 0 \\ 0 & 1 \end{bmatrix} \frac{1}{1-a} \begin{bmatrix} 1-a & -b \\ 0 & 1 \end{bmatrix}$$
$$= \begin{bmatrix} a^n & \dfrac{1-a^n}{1-a} b \\ 0 & 1 \end{bmatrix}.$$
したがって,
$$\begin{bmatrix} x_n \\ 1 \end{bmatrix} = \boldsymbol{u}_n = A^n \boldsymbol{u}_0 = \begin{bmatrix} a^n & \dfrac{1-a^n}{1-a} b \\ 0 & 1 \end{bmatrix} \begin{bmatrix} x_0 \\ 1 \end{bmatrix} = \begin{bmatrix} a^n x_0 + \dfrac{1-a^n}{1-a} b \\ 1 \end{bmatrix}.$$
よって一般項は,
$$x_n = a^n x_0 + \frac{1-a^n}{1-a} b.$$

例 7.6 数列 $\{x_n\}_{n=0,1,2,\ldots}$ で,
$$x_{n+2} = x_{n+1} + x_n, \quad x_0 = 0, \quad x_1 = 1$$
をみたすものを **フィボナッチ数列** (Fibonacci sequence) という. 初項 x_0 から書くと,
$$0, 1, 1, 2, 3, 5, 8, 13, 21, 34, 55, 89, 144, \ldots$$
という数列である. 一般項 x_n はどう表されるだろうか.

(1) $\boldsymbol{u}_n = \begin{bmatrix} x_{n+1} \\ x_n \end{bmatrix}$ とおくと,

$$\boldsymbol{u}_{n+1} = \begin{bmatrix} x_{n+2} \\ x_{n+1} \end{bmatrix} = \begin{bmatrix} x_{n+1} + x_n \\ x_{n+1} \end{bmatrix} = \begin{bmatrix} 1 & 1 \\ 1 & 0 \end{bmatrix} \begin{bmatrix} x_{n+1} \\ x_n \end{bmatrix} = \begin{bmatrix} 1 & 1 \\ 1 & 0 \end{bmatrix} \boldsymbol{u}_n.$$

よって, $\boldsymbol{u}_n = \begin{bmatrix} 1 & 1 \\ 1 & 0 \end{bmatrix}^n \boldsymbol{u}_0$. 一般項を求めるには, $\begin{bmatrix} 1 & 1 \\ 1 & 0 \end{bmatrix}^n$ を求めればよい.

(2) $A = \begin{bmatrix} 1 & 1 \\ 1 & 0 \end{bmatrix}$ とおくと,

$$tE - A = \begin{bmatrix} t & 0 \\ 0 & t \end{bmatrix} - \begin{bmatrix} 1 & 1 \\ 1 & 0 \end{bmatrix} = \begin{bmatrix} t-1 & -1 \\ -1 & t \end{bmatrix}.$$

A の固有多項式は,
$$\varphi_A(t) = \begin{vmatrix} t-1 & -1 \\ -1 & t \end{vmatrix} = (t-1)t - (-1)(-1) = t^2 - t - 1.$$

よって A の固有値は, $\alpha = \dfrac{1+\sqrt{5}}{2}$, $\beta = \dfrac{1-\sqrt{5}}{2}$.

(3) (a) 固有値 α に対し, 方程式
$$\begin{bmatrix} 1 & 1 \\ 1 & 0 \end{bmatrix} \begin{bmatrix} x \\ y \end{bmatrix} = \alpha \begin{bmatrix} x \\ y \end{bmatrix}$$
を解く.
$$x + y = \alpha x, \quad x = \alpha y$$
は, $x = \alpha y$ と同値である. ($\alpha + 1 = \alpha^2$ より, $x + y = \alpha x$ は $x = \alpha y$ から従う.) そこで, $y = s$ とおくと, $\begin{bmatrix} x \\ y \end{bmatrix} = \begin{bmatrix} \alpha s \\ s \end{bmatrix} = s \begin{bmatrix} \alpha \\ 1 \end{bmatrix}$. よって固有値 α に対する A の固有ベクトルは, $s \begin{bmatrix} \alpha \\ 1 \end{bmatrix}$ ($s \neq 0$).

(b) 同様に, 固有値 β に対する A の固有ベクトルは, $s \begin{bmatrix} \beta \\ 1 \end{bmatrix}$ ($s \neq 0$).

(4) $P = \begin{bmatrix} \alpha & \beta \\ 1 & 1 \end{bmatrix}$ とおくと, 定理 7.2 より, P は正則行列であり,

$$AP = A \begin{bmatrix} \alpha & \beta \\ 1 & 1 \end{bmatrix} = \begin{bmatrix} \alpha\alpha & \beta\beta \\ \alpha \cdot 1 & \beta \cdot 1 \end{bmatrix} = \begin{bmatrix} \alpha & \beta \\ 1 & 1 \end{bmatrix} \begin{bmatrix} \alpha & 0 \\ 0 & \beta \end{bmatrix} = P \begin{bmatrix} \alpha & 0 \\ 0 & \beta \end{bmatrix}.$$

7.2 固有多項式

よって,
$$P^{-1}AP = \begin{bmatrix} \alpha & 0 \\ 0 & \beta \end{bmatrix}.$$

A を対角化することができた.

(5) よって,
$$P^{-1}A^n P = (P^{-1}AP)^n = \begin{bmatrix} \alpha & 0 \\ 0 & \beta \end{bmatrix}^n = \begin{bmatrix} \alpha^n & 0 \\ 0 & \beta^n \end{bmatrix},$$

ゆえに,
$$\begin{aligned} A^n &= P \begin{bmatrix} \alpha^n & 0 \\ 0 & \beta^n \end{bmatrix} P^{-1} \\ &= \begin{bmatrix} \alpha & \beta \\ 1 & 1 \end{bmatrix} \begin{bmatrix} \alpha^n & 0 \\ 0 & \beta^n \end{bmatrix} \frac{1}{\alpha - \beta} \begin{bmatrix} 1 & -\beta \\ -1 & \alpha \end{bmatrix} \\ &= \frac{1}{\alpha - \beta} \begin{bmatrix} \alpha^{n+1} - \beta^{n+1} & -\alpha^{n+1}\beta + \beta^{n+1}\alpha \\ \alpha^n - \beta^n & -\alpha^n \beta + \beta^n \alpha \end{bmatrix}. \end{aligned}$$

したがって,
$$\begin{aligned} \begin{bmatrix} x_{n+1} \\ x_n \end{bmatrix} &= \boldsymbol{u}_n = A^n \boldsymbol{u}_0 \\ &= \frac{1}{\alpha - \beta} \begin{bmatrix} \alpha^{n+1} - \beta^{n+1} & -\alpha^{n+1}\beta + \beta^{n+1}\alpha \\ \alpha^n - \beta^n & -\alpha^n \beta + \beta^n \alpha \end{bmatrix} \begin{bmatrix} x_1 \\ x_0 \end{bmatrix}. \end{aligned}$$

よって一般項は,
$$x_n = \frac{\alpha^n - \beta^n}{\alpha - \beta} x_1 + \frac{-\alpha^n \beta + \beta^n \alpha}{\alpha - \beta} x_0 = \frac{\alpha^n - \beta^n}{\alpha - \beta}.$$

●問題 7.8 (1) 漸化式 $x_{n+1} = -2x_n + 3$ をみたす数列の一般項 x_n を, x_0 で表せ.

(2) 漸化式 $x_{n+2} = -x_{n+1} + 6x_n$ をみたす数列の一般項 x_n を, x_0, x_1 で表せ.

7.2.5 固有多項式の性質

□ここで, 固有多項式の基本的性質について述べる.

定義 7.5 n 次正方行列 $A = [a_{i,j}]_{i,j}$ の対角成分の和
$$\operatorname{tr}(A) = \sum_{i=1}^n a_{i,i}$$

を, A の **トレース** (跡, trace) という.

□n 次正方行列の固有多項式は, n 次の係数が 1 である n 次多項式である.

例 7.7 (1) $A = \begin{bmatrix} a & b \\ c & d \end{bmatrix}$ に対し,

$$\det(tE-A) = \begin{vmatrix} t-a & -b \\ -c & t-d \end{vmatrix} = (t-a)(t-d) - bc$$
$$= t^2 - (a+d)\,t + ad - bc$$
$$= t^2 - \operatorname{tr}(A)\,t + \det(A).$$

(2) $A = \begin{bmatrix} a_{1,1} & a_{1,2} & a_{1,3} \\ a_{2,1} & a_{2,2} & a_{2,3} \\ a_{3,1} & a_{3,2} & a_{3,3} \end{bmatrix}$ に対し,

$$\det(tE - A) = \begin{vmatrix} t-a_{1,1} & -a_{1,2} & -a_{1,3} \\ -a_{2,1} & t-a_{2,2} & -a_{2,3} \\ -a_{3,1} & -a_{3,2} & t-a_{3,3} \end{vmatrix}$$
$$= t^3 + c_1 t^2 + c_2 t + c_3$$

とすると,

$$c_1 = -(a_{1,1} + a_{2,2} + a_{3,3}) = -\operatorname{tr}(A),$$
$$c_2 = \begin{vmatrix} a_{1,1} & a_{1,2} \\ a_{2,1} & a_{2,2} \end{vmatrix} - \begin{vmatrix} a_{1,1} & a_{1,3} \\ a_{3,1} & a_{3,3} \end{vmatrix} + \begin{vmatrix} a_{2,2} & a_{2,3} \\ a_{3,2} & a_{3,3} \end{vmatrix} = \sum_{1 \leq i < j \leq 3} \epsilon_{ijk} \begin{vmatrix} a_{i,i} & a_{i,j} \\ a_{j,i} & a_{j,j} \end{vmatrix},$$
$$c_3 = -\det(A).$$

ここで, $\epsilon_{ijk} = \pm 1$ は $\{i, j, k\} = \{1, 2, 3\}$ のときに定義されるもので, 置換 $\sigma \in S_3$ で $\sigma(1) = i$, $\sigma(2) = j$, $\sigma(3) = k$ をみたすものに対し, $\epsilon_{ijk} = \operatorname{sgn}(\sigma)$ である. 具体的には,

$$\epsilon_{123} = \epsilon_{231} = \epsilon_{312} = 1, \quad \epsilon_{132} = \epsilon_{321} = \epsilon_{213} = -1.$$

(3) $A = \begin{bmatrix} a_{1,1} & a_{1,2} & a_{1,3} & a_{1,4} \\ a_{2,1} & a_{2,2} & a_{2,3} & a_{2,4} \\ a_{3,1} & a_{3,2} & a_{3,3} & a_{3,4} \\ a_{4,1} & a_{4,2} & a_{4,3} & a_{4,4} \end{bmatrix}$ に対し,

$$\det(tE - A) = \begin{vmatrix} t-a_{1,1} & -a_{1,2} & -a_{1,3} & -a_{1,4} \\ -a_{2,1} & t-a_{2,2} & -a_{2,3} & -a_{2,4} \\ -a_{3,1} & -a_{3,2} & t-a_{3,3} & -a_{3,4} \\ -a_{4,1} & -a_{4,2} & -a_{4,3} & t-a_{4,4} \end{vmatrix}$$
$$= t^4 + c_1 t^3 + c_2 t^2 + c_3 t + c_4$$

とすると,

$$c_1 = -(a_{1,1} + a_{2,2} + a_{3,3} + a_{4,4}) = -\operatorname{tr}(A),$$
$$c_2 = \sum_{1 \leq i < j \leq 4} \epsilon_{ijkl} \begin{vmatrix} a_{i,i} & a_{i,j} \\ a_{j,i} & a_{j,j} \end{vmatrix} \quad (k < l),$$
$$c_3 = -\sum_{1 \leq i < j < k \leq 4} \epsilon_{ijkl} \begin{vmatrix} a_{i,i} & a_{i,j} & a_{i,k} \\ a_{j,i} & a_{j,j} & a_{j,k} \\ a_{k,i} & a_{k,j} & a_{k,k} \end{vmatrix},$$
$$c_4 = \det(A).$$

ここで，$\epsilon_{ijkl} = \pm 1$ は $\{i, j, k, l\} = \{1, 2, 3, 4\}$ のときに定義されるもので，置換 $\sigma \in S_4$ で $\sigma(1) = i$, $\sigma(2) = j$, $\sigma(3) = k$, $\sigma(4) = l$ をみたすものに対し，$\epsilon_{ijkl} = \text{sgn}(\sigma)$ である．

定理 7.6 n 次正方行列 A と n 次正則行列 P に対し，
$$\varphi_{P^{-1}AP}(t) = \varphi_A(t).$$

[証明] $\det(tE - P^{-1}AP) = \det(P^{-1}(tE - A)P)$
$= \det(P)^{-1} \det(tE - A) \det(P) = \det(tE - A).$ ∎

定理 7.7 (1) n 次正方行列 A に対し，固有多項式 $\varphi_A(t) = \det(tE - A)$ の t^{n-1} の係数は $-\text{tr}(A)$ に等しい．

(2) n 次正方行列 A と n 次正則行列 P に対し，$\text{tr}(P^{-1}AP) = \text{tr}(A)$.

[証明] (1) $A = [\boldsymbol{a}_1 \ \cdots \ \boldsymbol{a}_n] = [a_{i,j}]$ とする．定義 4.8 の記号を用いると，$\det(tE - A)$ の t^{n-1} の項は，
$$\sum_{j=1}^n \Delta_j(tE, -\boldsymbol{a}_j) = -\sum_{i=1}^n a_{i,i} t^{n-1} = -\text{tr}(A) t^{n-1}.$$

(2) は (1) と定理 7.6 から従う． ∎

□ 正方行列 A の固有多項式 $\varphi_A(t)$ に対し，方程式 $\varphi_A(t) = 0$ の解を，複素数解も込めて A の **固有値** とよぶこともある．

□ n 次正方行列 A の固有多項式 $\varphi_A(t)$ が，
$$\varphi_A(t) = \prod_{j=1}^n (t - \lambda_j)$$
(λ_j は複素数) のように 1 次式に因数分解されたとすると，解と係数の関係より，
$$\text{tr}(A) = \sum_{j=1}^n \lambda_j, \quad \det(A) = \prod_{j=1}^n \lambda_j$$
が成り立つ．

7.2.6 ケイリー・ハミルトンの定理

□ n 次正方行列 A に対し，$A^2, A^3, \ldots$ も n 次正方行列である．

□ 多項式 $f(t)$ と n 次正方行列 X の積 (スカラー倍) $f(t)X$ に対し，t に n 次正方行列 A を代入することができ，$f(A)X$ も n 次正方行列になる．特に，$f(A) = f(A)E$ とおく．

例 7.8 $f(t) = at^2 + bt + c$ に対し，$f(A) = aA^2 + bA + cE$.

定理 7.8 (ケイリー・ハミルトン (Cayley-Hamilton) の定理) n 次正方行列 A の固有多項式を $\varphi_A(t)$ とすると，
$$\varphi_A(A) = O.$$

[証明] $tE - A$ の余因子行列 $B(t)$ は，t の $(n-1)$ 次多項式を成分とする行列である．これを
$$B(t) = \sum_{i=0}^{n-1} t^i B_i$$
のように，実数を成分とする行列 B_i を係数とする t の多項式の形で表す．このとき，
$$\begin{aligned}\varphi_A(t) E &= (tE - A) B(t) \\ &= \sum_{i=0}^{n-1} (tE - A) t^i B_i \\ &= \sum_{i=0}^{n-1} (t^{i+1} B_i - t^i A B_i).\end{aligned}$$

これは，各 t^i の係数である行列どうしが，両辺で等しいということである．そこで t に正方行列を A を代入すると，
$$\varphi_A(A) = \sum_{i=0}^{n-1} (A^{i+1} B_i - A^i A B_i) = O. \qquad\blacksquare$$

7.3 固有空間

7.3.1 固有ベクトルと固有空間

□ $V = \mathbb{R}^n$ とする．n 次正方行列 A と実数 λ に対し，条件
$$A\boldsymbol{x} = \lambda \boldsymbol{x}$$
をみたすベクトル $\boldsymbol{x} \in V$ すべての集合
$$V[A, \lambda] = \{\boldsymbol{x} \in V \mid A\boldsymbol{x} = \lambda \boldsymbol{x}\}$$
を考える．この条件は，
$$(A - \lambda E)\boldsymbol{x} = \boldsymbol{0}$$
とも書けるので，定理 5.10 より，$V[A, \lambda]$ は V の部分空間である．

□ 実数 λ が行列 A の固有値であるとは，$V[A, \lambda] \neq \{\boldsymbol{0}\}$ であることにほかならない．そして，実数の固有値 λ に対する A の固有ベクトルとは，$V[A, \lambda]$ の $\boldsymbol{0}$ でない元のことにほかならない．

定義 7.6 $V[A, \lambda] \neq \{\boldsymbol{0}\}$ であるとき，V の部分空間 $V[A, \lambda]$ を，実数の固有値 λ に対する A の **固有空間** という．

□ 実数の固有値が得られれば，固有空間の基底を，同次型連立 1 次方程式を解くことによって求めることができる．

7.3 固有空間

□ このとき，固有空間の基底を集めて V 全体の基底が得られるならば，行列の対角化ができる．

例 7.9 $V = \mathbb{R}^2$, $A = \begin{bmatrix} 0 & 1 \\ 1 & 0 \end{bmatrix}$ に対し，

$$\varphi_A(t) = \begin{vmatrix} t & -1 \\ -1 & t \end{vmatrix} = t^2 - 1 = (t-1)(t+1).$$

よって A の固有値は $1, -1$ である．それぞれに対する固有空間は，

$$V[A, 1] = \{\boldsymbol{x} \mid A\boldsymbol{x} = \boldsymbol{x}\} = \{\boldsymbol{x} \mid \begin{bmatrix} 1 & -1 \\ -1 & 1 \end{bmatrix} \boldsymbol{x} = \boldsymbol{0}\}$$

$$= \{\begin{bmatrix} 1 \\ 1 \end{bmatrix} s \mid s \in \mathbb{R}\},$$

$$V[A, -1] = \{\boldsymbol{x} \mid A\boldsymbol{x} = -\boldsymbol{x}\} = \{\boldsymbol{x} \mid \begin{bmatrix} -1 & -1 \\ -1 & -1 \end{bmatrix} \boldsymbol{x} = \boldsymbol{0}\}$$

$$= \{\begin{bmatrix} -1 \\ 1 \end{bmatrix} s \mid s \in \mathbb{R}\}.$$

$P = \begin{bmatrix} 1 & -1 \\ 1 & 1 \end{bmatrix}$ とおくと，$P^{-1}AP = \begin{bmatrix} 1 & 0 \\ 0 & -1 \end{bmatrix}$.

定理 7.9 $\lambda \neq \mu$ ならば，$V[A, \lambda] \cap V[A, \mu] = \{\boldsymbol{0}\}$.

[証明] $\boldsymbol{x} \in V[A, \lambda] \cap V[A, \mu]$ とすると，$A\boldsymbol{x} = \lambda \boldsymbol{x}$, $A\boldsymbol{x} = \mu \boldsymbol{x}$. よって $(\lambda - \mu)\boldsymbol{x} = \boldsymbol{0}$. よって $\lambda \neq \mu$ より，$\boldsymbol{x} = \boldsymbol{0}$. ∎

□ 定理 7.6 より，次が従う．

定理 7.10 n 次正方行列 A と n 次正則行列 P に対し，

$$P^{-1}AP = \begin{bmatrix} \lambda_1 & & \\ & \ddots & \\ & & \lambda_n \end{bmatrix}$$

ならば，$\varphi(A) = \prod_{i=1}^{n} (t - \lambda_i)$.

例 7.10 $V = \mathbb{R}^2$, $A = \begin{bmatrix} 0 & 1 \\ 0 & 0 \end{bmatrix}$ に対し，

$$\varphi_A(t) = \begin{bmatrix} t & -1 \\ 0 & t \end{bmatrix} = t^2.$$

よって A の固有値は 0 のみである．これに対する固有空間は，

$$V[A, 0] = \{\boldsymbol{x} \mid A\boldsymbol{x} = \boldsymbol{0}\} = \{\boldsymbol{x} \mid \begin{bmatrix} 0 & 1 \\ 0 & 0 \end{bmatrix} \boldsymbol{x} = \boldsymbol{0}\}$$

$$= \{\begin{bmatrix} 1 \\ 0 \end{bmatrix} s \mid s \in \mathbb{R}\}.$$

したがって，A の固有ベクトルからなる V の基底は存在しない．よって A は対角化可能でない．

●**問題 7.9** 次の行列の固有値を求め，それぞれの固有値に対する固有空間の基底を与えよ．

(1) $V = \mathbb{R}^2$, $A = \begin{bmatrix} 1 & 2 \\ 3 & 4 \end{bmatrix}$
(2) $V = \mathbb{R}^2$, $A = \begin{bmatrix} a & 1 \\ 0 & a \end{bmatrix}$

(3) $V = \mathbb{R}^3$, $A = \begin{bmatrix} 1 & 1 & 0 \\ 1 & 1 & 0 \\ 0 & 0 & 1 \end{bmatrix}$
(4) $V = \mathbb{R}^3$, $A = \begin{bmatrix} 2 & -1 & 0 \\ -1 & 2 & -1 \\ 0 & -1 & 2 \end{bmatrix}$

(5) $V = \mathbb{R}^3$, $A = \begin{bmatrix} 1 & 1 & 1 \\ 1 & 0 & 1 \\ -1 & -1 & -1 \end{bmatrix}$

□ n 次正方行列の固有多項式 $\varphi_A(t)$ に対し，方程式 $\varphi_A(t) = 0$ の虚数解 $t = \lambda$ が存在する場合がある．

□ この場合にも，複素数係数の連立 1 次方程式

$$A\boldsymbol{x} = \lambda \boldsymbol{x}, \quad \boldsymbol{x} = \begin{bmatrix} x_1 \\ \vdots \\ x_n \end{bmatrix}$$

を解いて，A の固有ベクトルを得ることができる．ただし，成分 $x_1, \ldots, x_n$ は複素数である．

7.4 線形変換の固有空間

7.4.1 線形変換の固有ベクトル

□ これまでの議論は，ベクトル空間 V 上の線形変換 $T : V \to V$ に対して拡張される．

定義 7.7 (1) 実数 λ および $x \in V$, $x \neq \boldsymbol{0}$ に対し，

$$T(x) = \lambda x$$

が成り立つとき，λ を T の **固有値** といい，x を固有値 λ に対する T の **固有ベクトル** という．

(2) T の固有値 λ に対し，V の部分空間

$$V[T, \lambda] = \{x \in V \mid T(x) = \lambda x\}$$

を固有値 λ に対する T の **固有空間** という．

(3) f の固有ベクトルからなる V の基底 $u_1, \ldots, u_n$ が存在するとき，f は **対角化可能** であるという．

7.4 線形変換の固有空間

例 7.11 V を $\mathbb{R}$ 上の実数値 C^∞ 関数全体のなすベクトル空間とする．$f \in V$ に対し，
$$T(f) = \frac{\mathrm{d}f}{\mathrm{d}x}$$
とおくと，
$$T(f+g) = T(f) + T(g) \quad (f, g \in V), \quad T(cf) = cT(f) \quad (f \in V, c \in \mathbb{R})$$
となるので，線形変換 $T : V \to V$ が定義される．$\lambda \in \mathbb{R}$ に対し，
$$f(x) = \mathrm{e}^{\lambda x}$$
とおくと，
$$f \in V, \quad T(f) = \lambda f, \quad f \neq 0.$$
すなわち，f は固有値 λ に対する T の固有ベクトルである．

例 7.12 V を $\mathbb{R}$ 上の実数値 C^∞ 関数全体のなすベクトル空間とする．$f \in V$ に対し，
$$T(f) = \frac{\mathrm{d}^2 f}{\mathrm{d}x^2}$$
とおくと，例 7.11 と同様に線形変換 $T : V \to V$ が定義される．$p, q \in \mathbb{R}$ に対し，
$$f(x) = \sin(px + q)$$
とおくと，
$$f \in V, \quad T(f) = -p^2 f, \quad f \neq 0.$$
すなわち，f は固有値 $-p^2$ に対する T の固有ベクトルである．

また，$p, q \in \mathbb{R}$ に対し，
$$g(x) = \sinh(px + q)$$
とおくと，
$$g \in V, \quad T(g) = p^2 f, \quad g \neq 0.$$
すなわち，g は固有値 p^2 に対する T の固有ベクトルである．

7.4.2 線形変換の固有多項式

□ ベクトル空間 V の基底 $u_1, \ldots, u_n$ に対する，線形変換 $T : V \to V$ の表現行列を $A = \left[a_{i,j}\right]_{i,j}$ とし，V の基底 $v_1, \ldots, v_n$ に対する T の表現行列を $B = \left[b_{i,j}\right]_{i,j}$ とする．
$$v_j = \sum_{i=1}^{n} p_{i,j} u_i, \quad P = \left[p_{i,j}\right]_{i,j}$$
とおくと，P は正則行列であり，

$$T(v_j) = \sum_{i=1}^{n} b_{i,j}\, v_i = \sum_{i=1}^{n} \sum_{k=1}^{n} b_{i,j}\, p_{k,i}\, u_k,$$

また，

$$T(v_j) = T\left(\sum_{i=1}^{n} p_{i,j}\, u_i\right) = \sum_{i=1}^{n} p_{i,j}\, T(u_i) = \sum_{i=1}^{n} \sum_{k=1}^{n} p_{i,j}\, a_{k,i}\, u_k.$$

ゆえに，

$$\sum_{i=1}^{n} p_{k,i}\, b_{i,j} = \sum_{i=1}^{n} a_{k,i}\, p_{i,j}.$$

すなわち $PB = AP$ が成り立つ．よって $B = P^{-1}AP$.

したがって定理 7.6 より，$\varphi_B(t) = \varphi_A(t)$.

□ そこで，次のように定義することができる．

定義 7.8 有限ベクトル空間 V 上の線形変換 T の，V のある基底に対する表現行列を A とする．このとき，T の固有多項式 $\varphi_T(t)$ を $\varphi_T(t) = \varphi_A(t)$ によって定義する．

□ 線形変換 T の固有値は，方程式 $\varphi_T(t) = 0$ の解である．

7.5 対称行列の対角化

7.5.1 2次形式と対称行列

□ 正方行列 $A = [a_{i,j}]$ で ${}^t\!A = A$ をみたすもの，すなわち $a_{j,i} = a_{i,j}$ をみたすものを，対称行列というのであった．

定義 7.9 n 次対称行列 $A = [a_{i,j}]$ に対し，変数 $x_1, \ldots, x_n$ の関数，すなわち $\boldsymbol{x} = \begin{bmatrix} x_1 \\ \vdots \\ x_n \end{bmatrix}$ の関数

$$Q_A(\boldsymbol{x}) = Q_A(x_1, \ldots, x_n) = \sum_{i=1}^{n}\sum_{j=1}^{n} a_{i,j}\, x_i\, x_j = {}^t\!\boldsymbol{x}\, A\, \boldsymbol{x}$$

を **2次形式** (quadratic form) という．

□ A が対角行列である場合，$Q_A(\boldsymbol{x}) = \sum_{i=1}^{n} a_{i,i}\, x_i^{\,2}$.

例 7.13 (1) $A = [a]$ に対し，

$$Q_A(x) = a\, x^2.$$

$Q_A(x)$ は，$a > 0$ の場合 $x = 0$ で最小値をとる．$a < 0$ の場合 $x = 0$ で最大値をとる．

(2) $A = \begin{bmatrix} a & b \\ b & c \end{bmatrix}$ に対し,

$$Q_A(x, y) = \begin{bmatrix} x & y \end{bmatrix} \begin{bmatrix} a & b \\ b & c \end{bmatrix} \begin{bmatrix} x \\ y \end{bmatrix} = a\,x^2 + 2\,b\,x\,y + c\,y^2.$$

(3) $A = \begin{bmatrix} a & p & q \\ p & b & r \\ q & r & c \end{bmatrix}$ に対し,

$$Q_A(x, y, z) = \begin{bmatrix} x & y & z \end{bmatrix} \begin{bmatrix} a & p & q \\ p & b & r \\ q & r & c \end{bmatrix} \begin{bmatrix} x \\ y \\ z \end{bmatrix}$$
$$= a\,x^2 + b\,y^2 + c\,z^2 + 2\,p\,x\,y + 2\,q\,x\,z + 2\,r\,y\,z.$$

定理 7.11 任意の n 次対称行列 A と $n \times p$ 行列 B に対し,${}^t\!BAB$ は p 次対称行列である.

[証明] ${}^t({}^t\!BAB) = {}^t\!B\,{}^t\!A\,{}^t({}^t\!B) = {}^t\!BAB$. ∎

□ n 次対称行列 A と $n \times p$ 行列 B,p 次列ベクトル $\boldsymbol{u}$ に対し,

$$Q_A(B\boldsymbol{u}) = {}^t(B\boldsymbol{u})AB\boldsymbol{u} = {}^t\!\boldsymbol{u}\,{}^t\!BAB\boldsymbol{u} = Q_{{}^t\!BAB}(\boldsymbol{u})$$

が成り立つ.

7.5.2 2 次曲線と 2 変数 2 次形式

□ $\mathbb{R}^2$ の部分集合

$$C = \{(x, y) \mid a\,x^2 + 2\,b\,x\,y + c\,y^2 + p\,x + q\,y + r = 0\}$$

を **2 次曲線** (quadratic curve) という.ただし,$(a, b, c) \neq (0, 0, 0)$ とする.

例 7.14 2 次曲線 $2xy = 1$ は,2 次曲線 $x^2 - y^2 = 1$ を,原点のまわりに $\dfrac{\pi}{4}$ だけ回転した図形である.

$$R(\theta) = \begin{bmatrix} \cos(\theta) & -\sin(\theta) \\ \sin(\theta) & \cos(\theta) \end{bmatrix}$$

とすると,

$$P = R\left(\frac{\pi}{4}\right) = \frac{\sqrt{2}}{2}\begin{bmatrix} 1 & -1 \\ 1 & 1 \end{bmatrix},$$

$$\begin{bmatrix} X \\ Y \end{bmatrix} = P\begin{bmatrix} x \\ y \end{bmatrix} = \frac{\sqrt{2}}{2}\begin{bmatrix} 1 & -1 \\ 1 & 1 \end{bmatrix}\begin{bmatrix} x \\ y \end{bmatrix}$$
$$= \frac{\sqrt{2}}{2}\begin{bmatrix} x - y \\ x + y \end{bmatrix}$$

とおくと,

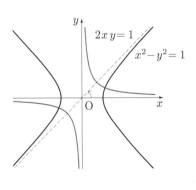

$$2XY = (x-y)(x+y) = x^2 - y^2$$

となる．よって，2 次曲線 $x^2 - y^2 = 1$ 上の点 (x, y) を原点のまわりに $\dfrac{\pi}{4}$ だけ回転した点 (X, Y) は，$2XY = 1$ をみたす．

$$A = \begin{bmatrix} 0 & 1 \\ 1 & 0 \end{bmatrix}, \quad B = \begin{bmatrix} 1 & 0 \\ 0 & -1 \end{bmatrix}$$

とおくと，

$$Q_A(x, y) = 2xy, \quad Q_B(x, y) = x^2 - y^2$$

である．P は直交行列なので，

$$\begin{aligned}
P^{-1}AP &= {}^t\!PAP \\
&= \frac{\sqrt{2}}{2} \begin{bmatrix} 1 & 1 \\ -1 & 1 \end{bmatrix} \begin{bmatrix} 0 & 1 \\ 1 & 0 \end{bmatrix} \frac{\sqrt{2}}{2} \begin{bmatrix} 1 & -1 \\ 1 & 1 \end{bmatrix} = \begin{bmatrix} 1 & 0 \\ 0 & -1 \end{bmatrix} = B.
\end{aligned}$$

すなわち，2 次対称行列 A は 2 次直交行列 $P = R\left(\dfrac{\pi}{4}\right)$ によって対角化される．よって，

$$\begin{aligned}
Q_A(X, Y) &= \begin{bmatrix} X & Y \end{bmatrix} A \begin{bmatrix} X \\ Y \end{bmatrix} = \begin{bmatrix} x & y \end{bmatrix} {}^t\!PAP \begin{bmatrix} x \\ y \end{bmatrix} \\
&= \begin{bmatrix} x & y \end{bmatrix} B \begin{bmatrix} x \\ y \end{bmatrix} \\
&= Q_B(x, y).
\end{aligned}$$

□ 以下，2 次曲線

$$C = \{(x, y) \mid ax^2 + 2bxy + cy^2 = d\}$$

について考える．

□ $b = 0$, $ac < 0$, $d \neq 0$ の場合，C は **双曲線** である．特に $a > 0$, $c < 0$ の場合，漸近線は，

$$\sqrt{a}\,x + \sqrt{-c}\,y = 0, \quad \sqrt{a}\,x - \sqrt{-c}\,y = 0$$

である．

□ $b = 0$, $ac > 0$, $ad > 0$ の場合，C は **楕円** である．

□ $b \neq 0$ の場合はどうなるだろうか？ ここで，$A = \begin{bmatrix} a & b \\ b & c \end{bmatrix}$ とすると，

$$Q_A(x, y) = \begin{bmatrix} x & y \end{bmatrix} \begin{bmatrix} a & b \\ b & c \end{bmatrix} \begin{bmatrix} x \\ y \end{bmatrix} = ax^2 + 2bxy + cy^2$$

となる．

7.5 対称行列の対角化

□極座標 $(x, y) = (r\cos(\theta), r\sin(\theta))$ $(r > 0)$ を用いると，

$$\begin{aligned}
Q_A(r\cos(\theta),\ r\sin(\theta)) &= r^2\left(a\left(\cos(\theta)\right)^2 + 2b\cos(\theta)\sin(\theta) + c\left(\sin(\theta)\right)^2\right) \\
&= r^2\left(a\frac{1+\cos(2\theta)}{2} + b\sin(2\theta) + c\frac{1-\cos(2\theta)}{2}\right) \\
&= r^2\left(\frac{a+c}{2} + \frac{a-c}{2}\cos(2\theta) + b\sin(2\theta)\right) \\
&= r^2\left(\frac{a+c}{2} + K\cos(2(\theta-\gamma))\right).
\end{aligned}$$

と書ける．ここで，

$$K = \sqrt{\left(\frac{a-c}{2}\right)^2 + b^2}, \quad \frac{a-c}{2} = K\cos(2\gamma), \quad b = K\sin(2\gamma)$$

とおいた．したがって，$Q_A(\cos(\theta), \sin(\theta))$ は，$\theta = \gamma$ のとき最大値 $\lambda = \dfrac{a+c}{2} + K$ をとり，$\theta = \gamma + \dfrac{\pi}{2}$ のとき最小値 $\mu = \dfrac{a+c}{2} - K$ をとる．

$$P = \begin{bmatrix} \cos(\gamma) & \cos\left(\gamma + \dfrac{\pi}{2}\right) \\ \sin(\gamma) & \sin\left(\gamma + \dfrac{\pi}{2}\right) \end{bmatrix} = \begin{bmatrix} \cos(\gamma) & -\sin(\gamma) \\ \sin(\gamma) & \cos(\gamma) \end{bmatrix} = R(\gamma)$$

とおくと，P は直交行列であり，

$$P^{-1}AP = {}^tPAP = \begin{bmatrix} \cos(\gamma) & \sin(\gamma) \\ -\sin(\gamma) & \cos(\gamma) \end{bmatrix}\begin{bmatrix} a & b \\ b & c \end{bmatrix}\begin{bmatrix} \cos(\gamma) & -\sin(\gamma) \\ \sin(\gamma) & \cos(\gamma) \end{bmatrix}.$$

${}^tPAP = \begin{bmatrix} a' & b' \\ b' & c' \end{bmatrix}$ とおくと，

$$\begin{aligned}
a' &= Q_A(\cos(\gamma), \sin(\gamma)) = \lambda, \\
c' &= Q_A\left(\cos\left(\gamma + \frac{\pi}{2}\right), \sin\left(\gamma + \frac{\pi}{2}\right)\right) = \mu, \\
b' &= -\sin(\gamma)\left(a\cos(\gamma) + b\sin(\gamma)\right) + \cos(\gamma)\left(b\cos(\gamma) + c\sin(\gamma)\right) \\
&= -\frac{a-c}{2}\sin(2\gamma) + b\cos(2\gamma) \\
&= -K\cos(2\gamma)\sin(2\gamma) + K\sin(2\gamma)\cos(2\gamma) = 0.
\end{aligned}$$

よって，

$$P^{-1}AP = {}^tPAP = \begin{bmatrix} \lambda & 0 \\ 0 & \mu \end{bmatrix}.$$

すなわち，2次対称行列 A は2次直交行列 $P = R(\gamma)$ によって対角化される．A の固有値は λ, μ であり，固有値 λ に対する固有ベクトルは $s\begin{bmatrix} \cos(\gamma) \\ \sin(\gamma) \end{bmatrix}$ $(s \neq 0)$，固有値 μ に対する固有ベクトルは $s\begin{bmatrix} -\sin(\gamma) \\ \cos(\gamma) \end{bmatrix}$ $(s \neq 0)$ である．

このとき，
$$Q_A(X, Y) = \begin{bmatrix} X & Y \end{bmatrix} A \begin{bmatrix} X \\ Y \end{bmatrix} = \begin{bmatrix} x & y \end{bmatrix} {}^t\!P A P \begin{bmatrix} x \\ y \end{bmatrix}$$
$$= \begin{bmatrix} x & y \end{bmatrix} B \begin{bmatrix} x \\ y \end{bmatrix}$$
$$= Q_B(x, y).$$

□ また，
$$\lambda + \mu = a + c, \quad \lambda\mu = \left(\frac{a+c}{2}\right)^2 - K^2 = ac - b^2.$$

よって，
$$\lambda\mu < 0 \iff ac - b^2 < 0,$$
$$\lambda > 0, \mu > 0 \iff ac - b^2 > 0, a + c > 0,$$
$$\lambda < 0, \mu < 0 \iff ac - b^2 > 0, a + c < 0.$$

なお，$ac - b^2 > 0$ のときは，$ac > 0$ になるので，$a + c > 0$ も $a > 0$ も $c > 0$ もたがいに同値であるし，$a + c < 0$ も $a < 0$ も $c < 0$ もたがいに同値である．

◎**演習 7.1** トレースと行列式の性質を用いて，$\lambda + \mu = a + c, \lambda\mu = ac - b^2$ を導出せよ．

□ そこで，$\begin{bmatrix} x \\ y \end{bmatrix} = P \begin{bmatrix} X \\ Y \end{bmatrix}$ とおくと，
$$ax^2 + 2bxy + cy^2 = \begin{bmatrix} x & y \end{bmatrix} \begin{bmatrix} a & b \\ b & c \end{bmatrix} \begin{bmatrix} x \\ y \end{bmatrix}$$
$$= \begin{bmatrix} X & Y \end{bmatrix} {}^t\!P \begin{bmatrix} a & b \\ b & c \end{bmatrix} P \begin{bmatrix} X \\ Y \end{bmatrix}$$
$$= \begin{bmatrix} X & Y \end{bmatrix} \begin{bmatrix} \lambda & 0 \\ 0 & \mu \end{bmatrix} \begin{bmatrix} X \\ Y \end{bmatrix} = \lambda X^2 + \mu Y^2.$$

□ したがって，$ac - b^2 < 0, d \neq 0$ の場合，すなわち $\lambda\mu < 0, d \neq 0$ の場合，曲線
$$C = \{(x, y) \mid ax^2 + 2bxy + cy^2 = d\}$$
は双曲線
$$\lambda x^2 + \mu y^2 = d$$
を原点を中心に回転したものである．

□ $ac - b^2 > 0, (a+c)d > 0$ の場合，すなわち，$\lambda > 0, \mu > 0, d > 0$ あるいは $\lambda < 0, \mu < 0, d < 0$ の場合，曲線 C は楕円
$$\lambda x^2 + \mu y^2 = d$$
を原点を中心に回転したものである．

7.5 対称行列の対角化

●**問題 7.10** 次の方程式で表される 2 次曲線は，楕円・双曲線のいずれか？

(1) $\dfrac{x^2}{2} + \dfrac{y^2}{3} = 1$　　(2) $\dfrac{x^2}{2} - \dfrac{y^2}{3} = 1$　　(3) $xy = 1$

(4) $x^2 + xy + y^2 = 1$　　(5) $x^2 + 4xy + y^2 = 1$

7.5.3 対称作用素の固有空間

□ 対称行列の対角化のための準備をする．

定理 7.12 $(\ ,\ )$ を $V = \mathbb{R}^n$ の標準的内積とする．n 次正方行列 A に対し，次の 2 つの条件は同値である：

(1) A は対称行列である．

(2) 任意の $\boldsymbol{u}, \boldsymbol{v} \in V$ に対し，$(A\boldsymbol{u},\ \boldsymbol{v}) = (\boldsymbol{u},\ A\boldsymbol{v})$．

[証明] (1) $\Rightarrow$ (2) は，定理 6.10 より．

(2) $\Rightarrow$ (1)：$A = [a_{i,j}]$ とすると，$a_{j,i} = (A\mathbf{e}_i,\ \mathbf{e}_j) = (\mathbf{e}_i,\ A\mathbf{e}_j) = a_{i,j}$． ∎

□ 以下，V を実ベクトル空間とし，$(\ ,\ )$ を V 上の内積とする．

定義 7.10 線形変換 $S : V \to V$ が

$$(S(u),\ v) = (u,\ S(v)) \quad (u, v \in V)$$

をみたすとき，S は **対称作用素** (symmetric operator) であるという．

□ 定義より，次が直ちに従う．

定理 7.13 n 次正方行列 A に対し，$V = \mathbb{R}^n$ 上の線形変換 $f : V \to V$ を $f(\boldsymbol{x}) = A\boldsymbol{x}$ によって定義すると，A が対称行列であることと，f が $\mathbb{R}^n$ の標準的内積に関して対称作用素であることとは同値である．

定理 7.14 対称作用素 $S : V \to V$ と，$u, v \in V$ および $\lambda, \mu \in \mathbb{R}$ に対し，

$$S(u) = \lambda u, \quad S(v) = \mu v \quad (\lambda \neq \mu)$$

ならば，$(u,\ v) = 0$．

[証明] $(S(u),\ v) = (u,\ AS(v))$ であり，

$$(S(u),\ v) = (\lambda u,\ v) = \lambda(u,\ v), \quad (u,\ AS(v)) = (u,\ \mu v) = \mu(u,\ v).$$

よって $\lambda(u,\ v) = \mu(u,\ v)$．$\lambda \neq \mu$ より，$(u,\ v) = 0$． ∎

□ $u \in V$, $u \neq \boldsymbol{0}$ とすると，

$$H = \{x \in V \mid (u,\ x) = 0\}$$

は V の部分空間である．これを u の **直交補空間** (orthogonal complement) という．

定理 7.15 対称作用素 $S: V \to V$ の固有ベクトル $u \in V$ とその直交補空間 H に対し,$v \in H$ ならば,$S(v) \in H$.

[証明] $S(u) = \lambda u$ $(\lambda \in \mathbb{R})$ とする.$v \in H$ とすると,$(u, v) = 0$. よって,
$$(u, S(v)) = (S(u), v) = (\lambda u, v) = \lambda (u, v) = 0.$$
ゆえに $S(v) \in H$. ∎

□ このとき,S は H から H への対称作用素を定める.

7.5.4 対称行列・対称作用素の対角化

□ 対称行列は対角化可能である.より詳しくいうと,次が成り立つ.

定理 7.16 対称行列は直交行列により対角化可能である.すなわち,n 次対称行列 A に対し,n 次直交行列 P が存在して,$P^{-1}AP = {}^tPAP$ が対角行列になる.

□ このような直交行列 P と対角行列 $P^{-1}AP = {}^tPAP$ を求めることを,『対称行列 A を直交行列によって対角化する』という.

□ 定理 7.16 より,n 次対称行列 A に対して n 次直交行列 P で,
$$P^{-1}AP = \begin{bmatrix} \lambda_1 & & & \\ & \lambda_2 & & \\ & & \ddots & \\ & & & \lambda_n \end{bmatrix}$$
となるものをとると,$P^{-1} = {}^tP$ より,
$$Q_A(P\boldsymbol{x}) = Q_{{}^tPAP}(\boldsymbol{x}) = \lambda_1 x_1{}^2 + \lambda_2 x_2{}^2 + \cdots + \lambda_n x_n{}^2.$$

□ n 次対称行列 A が直交行列 P によって対角化されるとき,$j = 1, \ldots, n$ に対し,P の第 j 列の生成する 1 次元部分空間を W_j とする.このとき,$W_1, \ldots, W_n$ を A の **主軸** (pivot),あるいは 2 次形式 Q_A の主軸とよぶ.主軸はたがいに直交し,主軸に属するゼロでないベクトルは,A の固有ベクトルである.

□ 定理 7.16 は次に同値である.

定理 7.17 V を有限次元実ベクトル空間とし,$(\ ,\ )$ を V 上の内積とする.対称作用素 $S: V \to V$ に対し,S の固有ベクトルからなる V の正規直交基底が存在する.

□ 定理 7.17 は,次の定理がいえれば,定理 7.15 より,次元に関する帰納法で証明できる.

定理 7.18 V を有限次元実ベクトル空間とし,$(\ ,\ )$ を V 上の内積とする.対称作用素 $S: V \to V$ に対し,S の固有ベクトルが存在する.

7.5 対称行列の対角化

□ この定理 7.18 は，次の定理に同値である．

定理 7.19 n 次対称行列 A に対し，A の固有ベクトルが存在する．

□ さらにこの定理 7.19 は，次の定理に同値である．

定理 7.20 n 次対称行列 A に対し，A の固有多項式を $\varphi_A(t) = \det(tE - A)$ とすると，n 次方程式 $\varphi_A(t) = 0$ の実数解が存在する．

□ 以下，定理 7.20 の証明を与えるが，その機構を理解するために，$n = 2$ の場合の証明をみてみよう．

$A = \begin{bmatrix} a & b \\ b & c \end{bmatrix}$ とする．固有多項式は，

$$\varphi_A(t) = \begin{vmatrix} t-a & -b \\ -b & t-c \end{vmatrix}$$

なので，

$$\varphi_A(a) = \begin{vmatrix} 0 & -b \\ -b & a-c \end{vmatrix} = -b^2 \leqq 0.$$

一方，$\lim_{t \to \infty} \varphi_A(t) = \infty$ であり，$\varphi_A(t)$ は連続関数なので，中間値の定理より，$\varphi_A(t) = 0$ の解 $t = \lambda$ で，$\lambda \geqq a$ であるものが存在する．

よって $n = 2$ の場合に定理 7.16 が証明された．

[定理 7.20 の証明] n についての帰納法によって示す．

$n = 1$ の場合は明らか．

$n > 1$ の場合，

$$A = \begin{bmatrix} B & \boldsymbol{c} \\ {}^t\boldsymbol{c} & a \end{bmatrix}$$

とする．ここで，B は $(n-1)$ 次対称行列である．

帰納法の仮定より，$(n-1)$ 次直交行列 Q が存在して，${}^tQBQ$ が対角行列になる．また，

$$\begin{bmatrix} {}^tQ & \boldsymbol{0} \\ \boldsymbol{0} & 1 \end{bmatrix} A \begin{bmatrix} Q & \boldsymbol{0} \\ \boldsymbol{0} & 1 \end{bmatrix} = \begin{bmatrix} {}^t({}^tQ)BQ & {}^tQ\boldsymbol{c} \\ {}^t\boldsymbol{c}Q & a \end{bmatrix}$$

であり，$\begin{bmatrix} Q & \boldsymbol{0} \\ \boldsymbol{0} & 1 \end{bmatrix}$ は n 次直交行列である．したがって，

$$A = \begin{bmatrix} a_1 & & & b_1 \\ & \ddots & & \vdots \\ & & a_{n-1} & b_{n-1} \\ b_1 & \ldots & b_{n-1} & a_n \end{bmatrix}$$

の場合に定理を示せばよい．さらに，$a_1 \geqq \cdots \geqq a_{n-1}$ としてよい．このとき，

$$\varphi_A(a_1) = \begin{vmatrix} 0 & & & & -b_1 \\ & a_1-a_2 & & & -b_2 \\ & & \ddots & & \vdots \\ & & & a_1-a_{n-1} & -b_{n-1} \\ -b_1 & -b_2 & \cdots & -b_{n-1} & a_1-a_n \end{vmatrix}$$

$$= \begin{vmatrix} 0 & & & & -b_1 \\ & a_1-a_2 & & & \\ & & \ddots & & \\ & & & a_1-a_{n-1} & \\ -b_1 & & & & 0 \end{vmatrix}$$

$$= -\begin{vmatrix} -b_1 & & & & \\ & a_1-a_2 & & & \\ & & \ddots & & \\ & & & a_1-a_{n-1} & \\ & & & & -b_1 \end{vmatrix}$$

$$= -b_1{}^2 \prod_{i=2}^{n-1}(a_1-a_i) \leqq 0.$$

一方，$\lim_{t \to \infty} \varphi_A(t) = \infty$ であり，$\varphi_A(t)$ は連続関数なので，中間値の定理より，$\varphi_A(t) = 0$ の解 $t = \lambda$ で，$\lambda \geqq a_1$ であるものが存在する．

なお，同様に $\varphi_{-A}(-a_{n-1}) \leqq 0$ もいえ，$\varphi_{-A}(t) = 0$ の解 $t = -\mu$ で，$-\mu \geqq -a_{n-1}$ であるものが存在することもわかる．このとき $\varphi_A(\mu) = 0, \mu \leqq a_{n-1}$ である． ∎

□これで定理 7.16，定理 7.17 の証明が終わった．さらに次も示された．

定理 7.21 $(n-1)$ 次対称行列 B の最大の固有値を μ^+，最小の固有値を μ^- とし，

$$A = \begin{bmatrix} B & \boldsymbol{c} \\ {}^t\boldsymbol{c} & a \end{bmatrix}$$

とすると，A の固有値 λ^+, λ^- で，$\lambda^+ \geqq \mu^+, \mu^- \geqq \lambda^-$ となるものが存在する．

例 7.15 3次対称行列 $A = \begin{bmatrix} 0 & 2 & 3 \\ 2 & 3 & 6 \\ 3 & 6 & 8 \end{bmatrix}$ を直交行列によって対角化する．

(1) $tE - A = \begin{bmatrix} t & -2 & -3 \\ -2 & t-3 & -6 \\ -3 & -6 & t-8 \end{bmatrix}$.

(2) A の固有多項式は，

$$\begin{vmatrix} t & -2 & -3 \\ -2 & t-3 & -6 \\ -3 & -6 & t-8 \end{vmatrix} = t^3 - 11t^2 - 25t - 13 = (t+1)^2(t-13).$$

よって A の固有値は，$-1, 13$．

(3) (a) 固有値 13 に対する固有ベクトルは，方程式 $A\boldsymbol{x} = 13\boldsymbol{x}$ を解いて得られる．すなわち，$s\begin{bmatrix} 1 \\ 2 \\ 3 \end{bmatrix}$ $(s \neq 0)$ となる．

7.5 対称行列の対角化

(b) 固有値 -1 に対する固有ベクトルは,方程式 $A\boldsymbol{x}=-\boldsymbol{x}$ を解いて得られる.方程式は $x+2y+3z=0$ となり,固有ベクトルは

$$s\begin{bmatrix}-2\\1\\0\end{bmatrix}+u\begin{bmatrix}-3\\0\\1\end{bmatrix}\quad((s,u)\neq(0,0))$$

となる.

(4) (a) $\begin{bmatrix}-2\\1\\0\end{bmatrix},\begin{bmatrix}-3\\0\\1\end{bmatrix}$ の直交化は,$\begin{bmatrix}-2\\1\\0\end{bmatrix},\dfrac{1}{5}\begin{bmatrix}-3\\-6\\5\end{bmatrix}$. これは,固有値 -1 に対する固有空間の直交基底である.

(b) $\left\|\begin{bmatrix}1\\2\\3\end{bmatrix}\right\|=\sqrt{14},\quad\left\|\begin{bmatrix}-2\\1\\0\end{bmatrix}\right\|=\sqrt{5},\quad\left\|\begin{bmatrix}-3\\-6\\5\end{bmatrix}\right\|=\sqrt{70}.$

(c) $\dfrac{1}{\sqrt{14}}\begin{bmatrix}1\\2\\3\end{bmatrix}$ は,固有値 13 に対する固有空間の ONB である. $\dfrac{1}{\sqrt{5}}\begin{bmatrix}-2\\1\\0\end{bmatrix},$ $\dfrac{1}{\sqrt{70}}\begin{bmatrix}-3\\-6\\5\end{bmatrix}$ は,固有値 -1 に対する固有空間の ONB である.

(5) $P=\begin{bmatrix}1/\sqrt{14}&-2/\sqrt{5}&-3/\sqrt{70}\\2/\sqrt{14}&1/\sqrt{5}&-6/\sqrt{70}\\3/\sqrt{14}&0&5/\sqrt{70}\end{bmatrix}$ とおくと,P は直交行列であり,

$$P^{-1}AP=\begin{bmatrix}13&0&0\\0&-1&0\\0&0&-1\end{bmatrix}.$$

A が直交行列 P によって対角化された.

●問題 7.11 次の対称行列を直交行列によって対角化せよ.

(1) $A=\begin{bmatrix}-1&4\\4&5\end{bmatrix}$ (2) $A=\begin{bmatrix}0&2&3\\2&1&2\\3&2&0\end{bmatrix}$ (3) $A=\begin{bmatrix}0&1&1\\1&0&1\\1&1&0\end{bmatrix}$

◎演習 7.2 $A=\begin{bmatrix}a_1&0&0&b_1\\0&a_2&0&b_2\\0&0&a_3&b_3\\b_1&b_2&b_3&a_4\end{bmatrix}$, $a_1>a_2>a_3$, $b_i\neq 0\ (i=1,2,3)$ とする. A の固有値 $\lambda_1,\lambda_2,\lambda_3,\lambda_4$ で,

$$\lambda_1>a_1>\lambda_2>a_2>\lambda_3>a_3>\lambda_4$$

をみたすものが存在することを示せ.

7.5.5 2次曲面

☐ x, y, z の 2 次多項式 $f(x, y, z)$ によって,
$$S = \{(x, y, z) \mid f(x, y, z) = 0\}$$
と書ける $\mathbb{R}^3$ の部分集合 S を **2次曲面** (quadratic surface) という.

☐ ここでは, 3 次対称行列 A と $b \in \mathbb{R}$, $b \neq 0$ によって,
$$f(x, y, z) = \begin{bmatrix} x & y & z \end{bmatrix} A \begin{bmatrix} x \\ y \\ z \end{bmatrix} - b$$
と書ける場合について考える.

☐ 定理 7.16 より, 3 次直交行列 P と $\lambda, \mu, \nu \in \mathbb{R}$ が存在して,
$${}^tPAP = \begin{bmatrix} \lambda & 0 & 0 \\ 0 & \mu & 0 \\ 0 & 0 & \nu \end{bmatrix}$$
となる.

☐ そこで, $\begin{bmatrix} x \\ y \\ z \end{bmatrix} = P \begin{bmatrix} X \\ Y \\ Z \end{bmatrix}$ とおくと,
$$f(x, y, z) = \lambda X^2 + \mu Y^2 + \nu Z^2 - b.$$

☐ λ, μ, ν, b がともに正, またはともに負であるとき, S を **楕円面** という (左図).

☐ $\lambda, \mu, \nu, -b$ のうち 2 つが正, 2 つが負であるとき, S を **一葉双曲面** という (中図).

☐ λ, μ, ν, b のうち 2 つが正, 2 つが負であるとき, S を **二葉双曲面** という (右図).

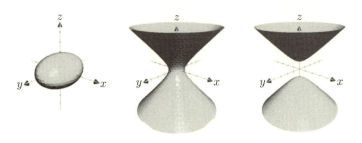

●**問題 7.12** 次の方程式で表される 2 次曲面は, 楕円面・一葉双曲面・二葉双曲面のいずれか?

(1) $x^2 + y^2 + z^2 = 1$ (2) $x^2 + y^2 - z^2 = 1$ (3) $x^2 + y^2 - z^2 = -1$

(4) $x^2 + xy + y^2 + z^2 = 1$ (5) $x^2 + xy + y^2 - z^2 = 1$

(6) $x^2 + xy + y^2 - z^2 = -1$ (7) $xy + xz + yz = 1$

(8) $xy + xz + yz = -1$

7.5.6 固有関数としての直交多項式

□ ベクトル空間 V が関数の集合である場合, V 上の線形変換 $T: V \to V$ の固有ベクトルは, T の **固有関数** (eigenfunction) とよばれる.

例 7.16 $\mathbb{R}$ 上の C^∞ 関数 f で, $f(\theta + 2\pi) = f(\theta)$ をみたすもの全体の集合を V とし, V 上の内積を

$$(f, g) = \int_{-\pi}^{\pi} f(\theta)\, g(\theta)\, \mathrm{d}\theta$$

によって定義する. さらに V 上の線形変換 $\mathcal{H}: V \to V$ を

$$\mathcal{H} f = -\frac{\mathrm{d}^2 f}{\mathrm{d}\theta^2} = -f''(\theta)$$

によって定義すると, 部分積分により,

$$(\mathcal{H} f, g) = [-f'(x)\, g(x)]_{-\pi}^{\pi} + \int_{-\pi}^{\pi} f'(\theta)\, g'(\theta)\, \mathrm{d}\theta$$
$$= \int_{-\pi}^{\pi} f'(\theta)\, g'(\theta)\, \mathrm{d}\theta$$
$$= (f, \mathcal{H} g).$$

すなわち, $\mathcal{H}$ は対称作用素である.

自然数 n に対し, $\cos(n\theta), \sin(n\theta) \in V$ であり, また $1 \in V$ である. そして,

$$\mathcal{H} 1 = 0, \quad \mathcal{H} \cos(n\theta) = n^2 \cos(n\theta), \quad \mathcal{H} \sin(n\theta) = n^2 \sin(n\theta).$$

すなわち, 定数関数 1 は固有値 0 に対する $\mathcal{H}$ の固有関数であり, $\cos(n\theta), \sin(n\theta)$ は固有値 n^2 に対する $\mathcal{H}$ の固有関数である. 定理 7.14 より,

$$(\cos(m\theta), \cos(n\theta)) = 0, \quad (\sin(m\theta), \sin(n\theta)) = 0 \quad (m \neq n)$$

が得られる.

$\cos(n\theta), \sin(n\theta)$ は同じ固有値をもつが, $\theta \to -\theta$ に対するふるまいが異なる:

$$\cos(n(-\theta)) = \cos(n\theta), \quad \sin(n(-\theta)) = -\sin(n\theta).$$

ここで

$$(f, g) = \int_{-\pi}^{\pi} f(-\theta)\, g(-\theta)\, \mathrm{d}\theta$$

に注意すると,

$$(\cos(m\theta), \sin(n\theta)) = 0$$

が得られる.

例 7.17 $V = \mathbb{R}[x]$ 上の内積を

$$(f, g) = \int_{-1}^{1} f(x)\, g(x)\, \mathrm{d}x$$

によって定義する．さらに V 上の線形変換 $\mathcal{H}: V \to V$ を
$$\mathcal{H}f(x) = -\frac{\mathrm{d}}{\mathrm{d}x}\left((1-x^2)\frac{\mathrm{d}f}{\mathrm{d}x}(x)\right) = -(1-x^2)\frac{\mathrm{d}^2 f}{\mathrm{d}x^2} + 2x\frac{\mathrm{d}f}{\mathrm{d}x}$$
によって定義すると，部分積分により，
$$\begin{aligned}(\mathcal{H}f, g) &= -\int_{-1}^{1}((1-x^2)f'(x))' g(x)\,\mathrm{d}x \\ &= \left[-(1-x^2)f'(x)g(x)\right]_{-1}^{1} + \int_{-1}^{1}(1-x^2)f'(x)g'(x)\,\mathrm{d}x \\ &= \int_{-1}^{1}(1-x^2)f'(x)g'(x)\,\mathrm{d}x \\ &= (f, \mathcal{H}g).\end{aligned}$$
すなわち，$\mathcal{H}$ は対称作用素である．

$\mathcal{H}$ を V_n 上に制限すると，V_n 上の線形変換が得られる．よって定理 7.16 より，V_n は $\mathcal{H}$ の固有関数からなる直交基底をもつ．$\mathcal{H}$ の固有関数であって n 次のものを $P_n(x)$ とする．

$\mathcal{H}(x^n)$ における x^n の項を取り出すと，
$$-\frac{\mathrm{d}}{\mathrm{d}x}\left(-x^2\frac{\mathrm{d}}{\mathrm{d}x}x^n\right) = n(n+1)\,x^n.$$
よって $\mathcal{H}(P_n) = n(n+1)\,P_n$.

固有値 $n(n+1)$ は n ごとに相異なるので，定理 7.14 より，
$$(P_m, P_n) = 0 \quad (m \neq n).$$
よって，さらに $P_n(1) = 1$ を仮定すると，$P_n(x)$ はルジャンドル多項式 (定義 6.3) になる．

例 7.18 $V = \mathbb{R}[x]$ 上の内積を
$$(f, g) = \int_{0}^{\infty} f(x)\,g(x)\,\mathrm{e}^{-x}\,\mathrm{d}x$$
によって定義する．さらに V 上の線形変換 $\mathcal{H}: V \to V$ を
$$\mathcal{H}f(x) = -\mathrm{e}^x \frac{\mathrm{d}}{\mathrm{d}x}\left(x\,\mathrm{e}^{-x}\frac{\mathrm{d}f}{\mathrm{d}x}(x)\right) = -x\frac{\mathrm{d}^2 f}{\mathrm{d}x^2} + (x-1)\frac{\mathrm{d}f}{\mathrm{d}x}(x)$$
によって定義すると，
$$(\mathcal{H}f, g) = (f, \mathcal{H}g).$$
(証明は読者の演習とする．) すなわち，$\mathcal{H}$ は対称作用素である．

$\mathcal{H}$ を V_n 上に制限すると，V_n 上の線形変換が得られる．よって定理 7.16 より，V_n は $\mathcal{H}$ の固有関数からなる直交基底をもつ．$\mathcal{H}$ の固有関数であって n 次のものを $L_n(x)$ とする．

7.5 対称行列の対角化

$\mathcal{H}(x^n)$ における x^n の項を取り出すと,

$$x \frac{\mathrm{d}}{\mathrm{d}x} x^n = n x^n.$$

よって $\mathcal{H}(L_n) = n L_n$.

固有値 n は n ごとに相異なるので,定理 7.14 より,

$$(L_m, L_n) = 0 \quad (m \neq n).$$

よって,さらに $L_n(0) = 1$ を仮定すると,$L_n(x)$ はラゲール多項式 (定義 6.4) になる.

例 7.19 $V = \mathbb{R}[x]$ 上の内積を

$$(f, g) = \int_{-\infty}^{\infty} f(x) g(x) \mathrm{e}^{-x^2} \mathrm{d}x$$

によって定義する.さらに V 上の線形変換 $\mathcal{H}: V \to V$ を

$$\mathcal{H} f(x) = -\mathrm{e}^{x^2} \frac{\mathrm{d}}{\mathrm{d}x} \left(\mathrm{e}^{-x^2} \frac{\mathrm{d}f}{\mathrm{d}x}(x) \right) = -\frac{\mathrm{d}^2 f}{\mathrm{d}x^2} + 2x \frac{\mathrm{d}f}{\mathrm{d}x}$$

によって定義すると,

$$(\mathcal{H} f, g) = (f, \mathcal{H} g).$$

(証明は,読者の演習とする.) すなわち,$\mathcal{H}$ は対称作用素である.

$\mathcal{H}$ を V_n 上に制限すると,V_n 上の線形変換が得られる.よって定理 7.16 より,V_n は $\mathcal{H}$ の固有関数からなる直交基底をもつ.$\mathcal{H}$ の固有関数であって n 次のものを $H_n(x)$ とする.

$\mathcal{H}(x^n)$ における x^n の項を取り出すと,

$$2x \frac{\mathrm{d}}{\mathrm{d}x} x^n = 2n x^n.$$

よって $\mathcal{H}(H_n) = 2n H_n$.

固有値 $2n$ は n ごとに相異なるので,定理 7.14 より,

$$(H_m, H_n) = 0 \quad (m \neq n).$$

よって,さらに $H_n(x)$ の x^n の係数を 2^n とすると,$H_n(x)$ はエルミート多項式 (定義 6.5) になる.

□6.2.5 項で紹介した 3 種類の直交多項式は,このように対称作用素の固有関数として現れる.

A
集合と写像

A.1　集　合

A.1.1　集　合

□複数のものを1つにまとめたものを，**集合** (set) とよんでいる．集合 S を構成している一つひとつのものを，S の **元** (要素，element) という．

□実数全体の集合を，記号 $\mathbb{R}$ で表す．集合 $\mathbb{R}$ の元とは，実数のことである．

□図形は，その図形上の点全体の集合とみなす．

□集合 X から任意にとった元が，集合 Y の元でもあるとき，「X は Y の **部分集合** (subset) である」という．これを，「X は Y に含まれる」あるいは「Y は X を含む」ともいう．これを $X \subset Y$ あるいは $Y \supset X$ という記号で表す．

□集合 X, Y に対し，$X \subset Y$ かつ $X \supset Y$ であるとき，X と Y は **等しい** といい，$X = Y$ という記号で表す．

□$a_1, a_2, \ldots, a_n$ を元とする集合を S とする．このとき集合 S を，

―― 集合の記号 ――
$$\{a_1, a_2, \ldots, a_n\}$$

という記号で表す．この記号において，元の並べ方の違いは区別しない．たとえば，
$$\{a, b\} = \{b, a\}$$
であり，
$$\{a, b, c\} = \{b, a, c\} = \{c, b, a\} = \{a, c, b\} = \{b, c, a\} = \{c, a, b\}$$
である．また，同じものが重複していたら一方を省いてもよい．たとえば，$a = b$ ならば，$\{a, b, c\} = \{a, c\}$ である．

A.1 集　　合

□『複数のもの』といったが，元が1つだけの集合 $\{a\}$ や，元をもたない集合である **空集合** (empty set) $\emptyset$ も集合である．

□ a が集合 X の元であることを，記号 $a \in X$ で表し，X の元でないことを $a \notin X$ で表す．a が集合 X の元であることを，「a が X に **属する**」あるいは「X が a を **含む**」ともいう．

□ x が集合 X の元であるための必要十分条件が $P(x)$ であるとき，記号

――――――――――――――――――――――― 集合の記号 ―
$$\{x \mid P(x)\}$$

で集合 X を表す．

□ この記号を用いると，実数全体の集合 $\mathbb{R}$ は，
$$\{x \mid x \text{ は実数である}\}$$
と書ける．

A.1.2　集合の直積

□ 集合 X の元 x と集合 Y の元 y の組を，記号 (x, y) で表す．集合 X の元と集合 Y の元 y の組 $(x_1, y_1), (x_2, y_2)$ に対し，
$$(x_1, y_1) = (x_2, y_2) \iff x_1 = x_2, y_1 = y_2$$
である．集合 X の元と集合 Y の元 y の組全体の集合を，記号 $X \times Y$ で表し，これを X と Y の **直積** (direct product) という．

□ 同様に，n 個の集合 $Y_1, Y_2, \ldots, Y_n$ に対し，それらの直積
$$Y_1 \times Y_2 \times \cdots \times Y_n$$
を定義することができる．その元は
$$(y_1, y_2, \ldots, y_n)$$
$(y_1 \in Y_1, y_2 \in Y_2, \ldots, y_n \in Y_n)$ と表される．

□ 集合 Y の n 個の直積を Y^n と書く．たとえば，
$$Y^2 = Y \times Y, \quad Y^3 = Y \times Y \times Y$$
である．

□ 実数全体の集合 $\mathbb{R}$ の n 個の直積 $\mathbb{R}^n$ の元を，記号
$$(x_1, \ldots, x_n), \quad \begin{bmatrix} x_1 \\ \vdots \\ x_n \end{bmatrix}, \quad \begin{bmatrix} x_1 & \cdots & x_n \end{bmatrix}$$

$(x_1, \ldots, x_n \in \mathbb{R})$ で表す.

□ 数列 $a_1, a_2, \ldots, a_n$ に対し,
$$\sum_{i=1}^n a_i = a_1 + a_2 + \cdots + a_n, \quad \prod_{i=1}^n a_i = a_1 a_2 \cdots a_n$$
と書く. さらに $I = \{1, 2, \ldots, n\}$ という集合を導入し, これらをそれぞれ記号
$$\sum_{i \in I} a_i, \quad \prod_{i \in I} a_i$$
で表す. ここで, $i = 1, 2, \ldots, n$ は変数を区別するために名前をつけているだけで,
$$i = \text{い, ろ, は, に, ほ, へ,}$$
でもかまわない. つまりこの記号は, I が一般の有限集合の場合にも定義される.

A.2 写像と1対1対応

A.2.1 写 像

□ 集合 X の一つひとつの元 x に対し, 集合 Y の元 $f(x)$ が指定されているとき, X から Y への **写像** (map, mapping) f が与えられているという. この写像を,

──────────────────────────── 写像の記号 ─

$$f : X \to Y, \quad x \mapsto f(x)$$

という記号で表す.

□ 集合 X から $\mathbb{R}$ への写像を X 上の **関数** (function) という. より詳しく, **実数値関数** ということもある.

□ 2つの写像 $f, g : X \to Y$ に対し, $f = g$ であるとは,

任意にとった $x \in X$ に対し $f(x) = g(x)$ であること

である.

A.2.2 逆写像と1対1対応

□ 写像のなかでも, 1対1対応とよばれるものが, 特に重要である.

定義 A.1 (1) 写像 $f : X \to Y$, $g : Y \to X$ について, 任意にとった $x \in X$, $y \in Y$ に対し,
$$y = f(x) \iff x = g(y)$$
が成り立つとき, g は f の **逆写像** (inverse map) であるといい, f は g の逆写像であるという.

A.2 写像と1対1対応

(2) 写像 $f: X \to Y$ の逆写像が存在するとき，f は **1対1対応** (one to one correspondence) であるという．

□ g_1, g_2 が f の逆写像だとすると，
$$x = g_1(y) \iff y = f(x) \iff x = g_2(y)$$
より，$g_1 = g_2$ である．すなわち，f の逆写像は，存在するならばただ一つである．

□ 写像 $f: X \to Y$ の逆写像を，記号 $f^{-1}: Y \to X$ で表す．

例 A.1 (1) 実数 a に対し，写像 $f: \mathbb{R} \to \mathbb{R}$, $f(x) = x + a$ は1対1対応である．その逆写像は $f^{-1}(y) = y - a$ で与えられる．

(2) 0でない実数 a に対し，写像 $f: \mathbb{R} \to \mathbb{R}$, $f(x) = ax$ は1対1対応である．その逆写像は $f^{-1}(y) = a^{-1}y$ で与えられる．

□ 1対1対応は現代数学においてもっとも基本的な概念である．

□ 元が有限個である集合を **有限集合** (finite set) といい，それ以外の集合を **無限集合** (infinite set) という．

□ 有限集合 X の元の **個数** を，記号 $|X|$ あるいは $\sharp X$ で表す．

□ 有限集合 X, Y に対し，$|X| = |Y|$ であることは，X と Y の間の1対1対応が存在することに同値である．

A.2.3 写像の合成

□ 写像に関する，もっとも基本的な演算は，合成である．

定義 A.2 写像 $f: X \to Y$, $g: Y \to Z$ に対し，**合成写像** (composition of maps) $g \circ f: X \to Z$ を
$$(g \circ f)(x) = g(f(x)) \quad (x \in X)$$
で定義する．

定理 A.1 写像 $f: W \to X$, $g: X \to Y$, $h: Y \to Z$ に対し，
$$h \circ (g \circ f) = (h \circ g) \circ f.$$

[証明] $w \in W$ に対し，
$$(h \circ (g \circ f))(w) = h((g \circ f)(w)) = h(g(f(w))),$$
$$((h \circ g) \circ f)(w) = (h \circ g)(f(w)) = h(g(f(w))).$$
∎

定義 A.3 写像 $f: X \to X$, $f(x) = x$ を X 上の **恒等写像** (identity map) という．X 上の恒等写像を，記号 id_X で表す．

□ 恒等写像は 1 対 1 対応であり，その逆写像も恒等写像である．

A.2.4 単射と全射

□ 写像のなかでも，単射，全射とよばれるものに特に注目する．

定義 A.4 (1) 写像 $f: X \to Y$ が **単射** (injection) であるとは，任意の $x_1, x_2 \in X$ に対し，$f(x_1) = f(x_2)$ ならば $x_1 = x_2$ となることである．

(2) 写像 $f: X \to Y$ が **全射** (surjection) であるとは，任意の $y \in Y$ に対し，$x \in X$ が存在して $y = f(x)$ となることである．

(3) 写像 $f: X \to Y$ が **全単射** (bijection) であるとは，f が単射かつ全射であることである．

□ 写像 $f: X \to Y$ が全単射であることは，f が 1 対 1 対応であることと同値である．

例 A.2 (1) $X = \mathbb{R}, Y = \mathbb{R}$ とし，$a \in \mathbb{R}, a \neq 0$ とする．写像 $f: X \to Y$ を $f(x) = ax$ $(x \in X)$ によって定義すると，f は全単射である．

(2) $X = \mathbb{R}, Y = \mathbb{R}^2$ とする．写像 $f: X \to Y$ を $f(x) = \begin{bmatrix} x \\ x \end{bmatrix}$ $(x \in X)$ によって定義すると，f は単射であり，全射ではない．

(3) $X = \mathbb{R}^2, Y = \mathbb{R}$ とする．写像 $f: X \to Y$ を $f(\begin{bmatrix} x \\ y \end{bmatrix}) = x$ $(\begin{bmatrix} x \\ y \end{bmatrix} \in X)$ によって定義すると，f は全射であり，単射ではない．

□ 有限集合 X, Y に対し，次の条件はたがいに同値である：
(1) $|X| \leqq |Y|$．
(2) X から Y への単射が存在する．
(3) Y から X への全射が存在する．

□ 有限集合 X, Y に対し，$|X| = |Y|$ であるとする．このとき写像 $f: X \to Y$ に対し，次の条件はたがいに同値である：
(1) f は単射．
(2) f は全射．
(3) f は全単射．

定義 A.5 写像 $f: X \to Y$ に対し，X を f の **定義域** (domain) という．X の部分集合 A に対し，Y の部分集合

$$f(A) = \{f(x) \mid x \in A\}$$

を f による A の **像** (image) という．特に $f(X)$ を f の像という．

□ $f: X \to Y$ が全射であることは，$f(X) = Y$ に同値である．

参 考 文 献

　線形代数は多くの大学で理系初年次の必修科目になっているため，毎年のようにたくさんの教科書が出版されていて，競争が激しく良書も多い．以下にあげたものは，いずれも長年にわたって多くの読者から支持されている標準的教科書であり，それぞれに個性がある．

[1] 佐武一郎『線型代数学　増補改題版』裳華房，2015.

[2] 斎藤正彦『線形代数入門』東京大学出版会，1966.

[3] ストラング『線形代数とその応用』産業図書，1978.

[4] アントン『アントンのやさしい線形代数』現代数学社，1979.

[5] 有馬 哲，石村貞夫『よくわかる線型代数』東京図書，1986.

[6] 村上正康・佐藤恒雄・野澤宗平・稲葉尚志『教養の線形代数　六訂版』培風館，2016.

[7] 三宅敏恒『入門線形代数』培風館，1991.

[8] 長谷川浩司『線型代数　改訂版』日本評論社，2015.

問題の解答

第 1 章

1.1 $x = x_0 + tp,\ y = y_0 + tq,\ z = z_0 + tr$

1.2 $x = x_0 + tp + sp',\ y = y_0 + tq + sq',\ z = z_0 + tr + sr'$

1.3 (1) ax (2) 0 (3) 0 (4) 0 (5) by (6) 0 (7) 0 (8) 0 (9) cz (10) $ax + by$ (11) ax (12) by (13) ax (14) $ax + cz$ (15) cz (16) by (17) cz (18) $by + cz$ (19) 0 (20) 0

1.4 (1) $x = -1$ (2) $y = 3$ (3) $z = 2$ (4) $x + y + z = 4$ (5) $x + y + z = 4$

1.5 (1) $x = -1$ (2) $y = 3$ (3) $z = 2$ (4) $x + y + z = 4$

1.6 (1) $a = -1/2$ (2) $a = 7$ (3) $a = -2/5,\ b = -3/5$ (4) $a = 1/3,\ b = 2/3$
(5) $a = 1$ (6) $a = 2,\ b = 2$

1.7 (1) $(t = 1)\ (3, -3, 2)$ (2) $\pm \dfrac{1}{\sqrt{29}} \begin{bmatrix} 2 \\ -3 \\ 4 \end{bmatrix}$ (3) $\dfrac{5}{\sqrt{3}}$

1.8 (1) $a = 3,\ b = 2$ (2) $a = 5/7,\ b = 8/7$

第 2 章

2.1 $1,\ \begin{bmatrix} 6 & 7 & 8 & 9 & 10 \end{bmatrix},\ \begin{bmatrix} 0 \\ 5 \\ 9 \end{bmatrix}$

2.2 $\begin{bmatrix} 0 & 2 & 4 \\ 1 & 3 & 5 \end{bmatrix}$

2.3 (1) $\begin{bmatrix} 4 & 1 \\ 6 & 1 \end{bmatrix}$ (2) $\begin{bmatrix} 15 & 0 \\ 10 & 5 \\ 5 & -5 \end{bmatrix}$ (3) $\begin{bmatrix} 4x \\ 2x + 3y \\ 3x - 2y \end{bmatrix}$

2.4 (1) $3\mathbf{e}_1 + 4\mathbf{e}_2 + 5\mathbf{e}_3$ (2) $x = 0,\ y = 0,\ z = 0$ (3) $z = 0$

2.5 (1) $\boldsymbol{x} = 2\boldsymbol{y} - \boldsymbol{z}$ (2) $\boldsymbol{y} = (1/2)\boldsymbol{x} + (1/2)\boldsymbol{z}$ (3) $\boldsymbol{z} = -\boldsymbol{x} + 2\boldsymbol{y}$

2.6 $a \begin{bmatrix} 1 & 0 \\ 0 & 0 \end{bmatrix} + b \begin{bmatrix} 0 & 1 \\ 0 & 0 \end{bmatrix} + c \begin{bmatrix} 0 & 0 \\ 1 & 0 \end{bmatrix} + d \begin{bmatrix} 0 & 0 \\ 0 & 1 \end{bmatrix}$

2.7 (1) $\begin{bmatrix} ax \\ 0 \end{bmatrix}$ (2) $\begin{bmatrix} 0 \\ 0 \end{bmatrix}$ (3) $\begin{bmatrix} 0 \\ cx \end{bmatrix}$ (4) $\begin{bmatrix} 0 \\ 0 \end{bmatrix}$ (5) $\begin{bmatrix} 0 \\ 0 \end{bmatrix}$ (6) $\begin{bmatrix} by \\ 0 \end{bmatrix}$ (7) $\begin{bmatrix} 0 \\ 0 \end{bmatrix}$
(8) $\begin{bmatrix} 0 \\ dy \end{bmatrix}$ (9) $\begin{bmatrix} ax \\ dy \end{bmatrix}$ (10) $\begin{bmatrix} by \\ cx \end{bmatrix}$ (11) $\begin{bmatrix} ax \\ cx \end{bmatrix}$ (12) $\begin{bmatrix} by \\ dy \end{bmatrix}$ (13) $\begin{bmatrix} ax + by \\ 0 \end{bmatrix}$
(14) $\begin{bmatrix} 0 \\ cx + dy \end{bmatrix}$ (15) $\begin{bmatrix} a \\ c \end{bmatrix}$ (16) $\begin{bmatrix} b \\ d \end{bmatrix}$ (17) $\begin{bmatrix} a \\ c \end{bmatrix}$ (18) $\begin{bmatrix} b \\ d \end{bmatrix}$ (19) $\begin{bmatrix} 0 \\ 0 \end{bmatrix}$ (20) $\begin{bmatrix} 0 \\ 0 \end{bmatrix}$
(21) $\begin{bmatrix} x \\ y \end{bmatrix}$ (22) $\begin{bmatrix} y \\ x \end{bmatrix}$ (23) $\begin{bmatrix} ad - bc \\ 0 \end{bmatrix}$ (24) $\begin{bmatrix} 0 \\ ad - bc \end{bmatrix}$ (25) $\begin{bmatrix} \cos(\alpha + \beta) & -\sin(\alpha + \beta) \\ \sin(\alpha + \beta) & \cos(\alpha + \beta) \end{bmatrix}$
(26) $\begin{bmatrix} \cos(-\alpha + \beta) & -\sin(-\alpha + \beta) \\ \sin(-\alpha + \beta) & \cos(-\alpha + \beta) \end{bmatrix}$ (27) $\begin{bmatrix} \cosh(\alpha + \beta) & \sinh(\alpha + \beta) \\ \sinh(\alpha + \beta) & \cosh(\alpha + \beta) \end{bmatrix}$

(28) $\begin{bmatrix} \cosh(-\alpha+\beta) & \sinh(-\alpha+\beta) \\ \sinh(-\alpha+\beta) & \cosh(-\alpha+\beta) \end{bmatrix}$

2.8 (1) $\begin{bmatrix} ax \\ 0 \\ 0 \end{bmatrix}$ (2) $\begin{bmatrix} by \\ 0 \\ 0 \end{bmatrix}$ (3) $\begin{bmatrix} cz \\ 0 \\ 0 \end{bmatrix}$ (4) $\begin{bmatrix} 0 \\ px \\ 0 \end{bmatrix}$ (5) $\begin{bmatrix} 0 \\ qy \\ 0 \end{bmatrix}$ (6) $\begin{bmatrix} 0 \\ rz \\ 0 \end{bmatrix}$ (7) $\begin{bmatrix} 0 \\ 0 \\ sx \end{bmatrix}$

(8) $\begin{bmatrix} 0 \\ 0 \\ ty \end{bmatrix}$ (9) $\begin{bmatrix} 0 \\ 0 \\ uz \end{bmatrix}$ (10) $\begin{bmatrix} ax \\ px \\ sx \end{bmatrix}$ (11) $\begin{bmatrix} by \\ qy \\ ty \end{bmatrix}$ (12) $\begin{bmatrix} cz \\ rz \\ uz \end{bmatrix}$ (13) $\begin{bmatrix} 0 \\ 0 \\ 0 \end{bmatrix}$ (14) $\begin{bmatrix} 0 \\ 0 \\ 0 \end{bmatrix}$

(15) $\begin{bmatrix} x \\ y \\ z \end{bmatrix}$ (16) $\begin{bmatrix} y \\ x \\ z \end{bmatrix}$ (17) $\begin{bmatrix} z \\ y \\ x \end{bmatrix}$ (18) $\begin{bmatrix} x \\ z \\ y \end{bmatrix}$ (19) $\begin{bmatrix} y \\ z \\ x \end{bmatrix}$ (20) $\begin{bmatrix} z \\ x \\ y \end{bmatrix}$ (21) $\begin{bmatrix} ax \\ by \\ cz \end{bmatrix}$

2.9 (1) $\begin{bmatrix} ap & 0 \\ 0 & 0 \end{bmatrix}$ (2) $\begin{bmatrix} 0 & aq \\ 0 & 0 \end{bmatrix}$ (3) O (4) O (5) O (6) O (7) $\begin{bmatrix} br & 0 \\ 0 & 0 \end{bmatrix}$

(8) $\begin{bmatrix} 0 & bs \\ 0 & 0 \end{bmatrix}$ (9) $\begin{bmatrix} 0 & 0 \\ cp & 0 \end{bmatrix}$ (10) $\begin{bmatrix} 0 & 0 \\ 0 & cq \end{bmatrix}$ (11) O (12) O (13) O (14) O

(15) $\begin{bmatrix} 0 & 0 \\ dr & 0 \end{bmatrix}$ (16) $\begin{bmatrix} 0 & 0 \\ 0 & ds \end{bmatrix}$

2.10 (1) $[ap \;\; 0]$ (2) $[0 \;\; aq]$ (3) $[0 \;\; 0]$ (4) $[0 \;\; 0]$ (5) $[0 \;\; 0]$ (6) $[0 \;\; 0]$
(7) $[br \;\; 0]$ (8) $[0 \;\; bs]$

2.11 (1) a (2) b (3) c (4) d (5) 0 (6) ax (7) ay (8) bx (9) by
(10) $ax^2 + dy^2$ (11) $(b+c)xy$ (12) a (13) b (14) c (15) p (16) q (17) r
(18) s (19) t (20) u (21) 0 (22) ax (23) ay (24) az (25) bx (26) by
(27) bz (28) cx (29) cy (30) cz (31) $ax^2 + by^2 + cz^2$
(32) $(c+c')xy + (b+b')xz + (a+a')yz$

2.12 (1) $A^2 = A^3 = A^4 = \begin{bmatrix} 0 & 0 \\ 0 & 0 \end{bmatrix}$ (2) $A^2 = A^3 = A^4 = \begin{bmatrix} 1 & 0 \\ 0 & 0 \end{bmatrix}$ (3) $A^2 = A^3 = A^4 = \begin{bmatrix} 0 & 0 \\ 0 & 0 \end{bmatrix}$ (4) $A^2 = A^3 = A^4 = \begin{bmatrix} 0 & 0 \\ 0 & 0 \end{bmatrix}$ (5) $A^2 = A^3 = A^4 = \begin{bmatrix} 0 & 0 \\ 0 & 1 \end{bmatrix}$
(6) $A^2 = A^3 = A^4 = \begin{bmatrix} 1 & 1 \\ 0 & 0 \end{bmatrix}$ (7) $A^2 = A^3 = A^4 = \begin{bmatrix} 1 & 0 \\ 1 & 0 \end{bmatrix}$ (8) $A^2 = A^3 = A^4 = \begin{bmatrix} 1 & 0 \\ 0 & 1 \end{bmatrix}$ (9) $A^2 = A^4 = \begin{bmatrix} 1 & 0 \\ 0 & 1 \end{bmatrix}, A^3 = \begin{bmatrix} 0 & 1 \\ 1 & 0 \end{bmatrix}$ (10) $A^2 = A^3 = A^4 = \begin{bmatrix} 0 & 1 \\ 0 & 1 \end{bmatrix}$
(11) $A^2 = A^3 = A^4 = \begin{bmatrix} 0 & 0 \\ 1 & 1 \end{bmatrix}$ (12) $A^2 = \begin{bmatrix} 1 & 2 \\ 0 & 1 \end{bmatrix}, A^3 = \begin{bmatrix} 1 & 3 \\ 0 & 1 \end{bmatrix}, A^4 = \begin{bmatrix} 1 & 4 \\ 0 & 1 \end{bmatrix}$
(13) $A^2 = \begin{bmatrix} 1 & 0 \\ 2 & 1 \end{bmatrix}, A^3 = \begin{bmatrix} 1 & 0 \\ 3 & 1 \end{bmatrix}, A^4 = \begin{bmatrix} 1 & 0 \\ 4 & 1 \end{bmatrix}$ (14) $A^2 = \begin{bmatrix} 2 & 2 \\ 2 & 2 \end{bmatrix}, A^3 = \begin{bmatrix} 4 & 4 \\ 4 & 4 \end{bmatrix}, A^4 = \begin{bmatrix} 8 & 8 \\ 8 & 8 \end{bmatrix}$ (15) $A^2 = \begin{bmatrix} -1 & 0 \\ 0 & -1 \end{bmatrix}, A^3 = \begin{bmatrix} 0 & 1 \\ -1 & 0 \end{bmatrix}, A^4 = \begin{bmatrix} 1 & 0 \\ 0 & 1 \end{bmatrix}$ (16) $A^2 = \begin{bmatrix} 0 & 0 & 1 \\ 0 & 0 & 0 \\ 0 & 0 & 0 \end{bmatrix}, A^3 = A^4 = \begin{bmatrix} 0 & 0 & 0 \\ 0 & 0 & 0 \\ 0 & 0 & 0 \end{bmatrix}$ (17) $A^2 = \begin{bmatrix} 0 & 0 & 0 \\ 0 & 0 & 0 \\ 1 & 0 & 0 \end{bmatrix}, A^3 = A^4 = \begin{bmatrix} 0 & 0 & 0 \\ 0 & 0 & 0 \\ 0 & 0 & 0 \end{bmatrix}$
(18) $A^2 = \begin{bmatrix} 0 & 0 & 1 \\ 1 & 0 & 0 \\ 0 & 1 & 0 \end{bmatrix}, A^3 = \begin{bmatrix} 1 & 0 & 0 \\ 0 & 1 & 0 \\ 0 & 0 & 1 \end{bmatrix}, A^4 = \begin{bmatrix} 0 & 1 & 0 \\ 0 & 0 & 1 \\ 1 & 0 & 0 \end{bmatrix}$ (19) $A^2 = \begin{bmatrix} 0 & 1 & 0 \\ 0 & 0 & 1 \\ 1 & 0 & 0 \end{bmatrix}, A^3 = \begin{bmatrix} 1 & 0 & 0 \\ 0 & 1 & 0 \\ 0 & 0 & 1 \end{bmatrix}, A^4 = \begin{bmatrix} 0 & 0 & 1 \\ 1 & 0 & 0 \\ 0 & 1 & 0 \end{bmatrix}$

2.13 (1) $\begin{bmatrix} 0 & 0 \\ 0 & 0 \end{bmatrix}$ (2) $\begin{bmatrix} 0 & 0 \\ 0 & 0 \end{bmatrix}$ (3) $\begin{bmatrix} a & b \\ c & d \end{bmatrix}$ (4) $\begin{bmatrix} a & b \\ c & d \end{bmatrix}$ (5) $\begin{bmatrix} pa & pb \\ sc & sd \end{bmatrix}$

問題の解答   169

(6) $\begin{bmatrix} ap & bs \\ cp & ds \end{bmatrix}$ (7) $\begin{bmatrix} c & d \\ a & b \end{bmatrix}$ (8) $\begin{bmatrix} b & d \\ a & c \end{bmatrix}$ (9) $\begin{bmatrix} a+c & b+d \\ c & d \end{bmatrix}$ (10) $\begin{bmatrix} a & b \\ a+c & b+d \end{bmatrix}$

(11) $\begin{bmatrix} a & a+b \\ c & c+d \end{bmatrix}$ (12) $\begin{bmatrix} a+b & b \\ c+d & d \end{bmatrix}$ (13) $\begin{bmatrix} ad-bc & 0 \\ 0 & ad-bc \end{bmatrix}$ (14) $\begin{bmatrix} ad-bc & 0 \\ 0 & ad-bc \end{bmatrix}$

(15) $\begin{bmatrix} a^2+bc & 0 \\ 0 & a^2+bc \end{bmatrix}$ (16) $\begin{bmatrix} a & b \\ c & d \end{bmatrix}$ (17) $\begin{bmatrix} a & b \\ c & d \end{bmatrix}$ (18) $\begin{bmatrix} a & b \\ c & d \end{bmatrix}$ (19) $\begin{bmatrix} a & b \\ c & d \end{bmatrix}$

(20) $\begin{bmatrix} 1 & x+y \\ 0 & 1 \end{bmatrix}$ (21) $\begin{bmatrix} 1 & 0 \\ x+y & 1 \end{bmatrix}$ (22) $\begin{bmatrix} \cos(\alpha+\beta) & -\sin(\alpha+\beta) \\ \sin(\alpha+\beta) & \cos(\alpha+\beta) \end{bmatrix}$

(23) $\begin{bmatrix} \cosh(\alpha+\beta) & \sinh(\alpha+\beta) \\ \sinh(\alpha+\beta) & \cosh(\alpha+\beta) \end{bmatrix}$

2.14 (1) 6 (2) $\begin{bmatrix} 6 \\ 12 \end{bmatrix}$ (3) $\begin{bmatrix} 6 \\ 12 \\ 18 \end{bmatrix}$ (4) $\begin{bmatrix} 6 & 3 \end{bmatrix}$ (5) $\begin{bmatrix} 6 & 3 \\ 12 & 6 \end{bmatrix}$ (6) $\begin{bmatrix} 6 & 3 \\ 12 & 6 \\ 18 & 9 \end{bmatrix}$

(7) $\begin{bmatrix} 6 & 3 & 0 \end{bmatrix}$ (8) $\begin{bmatrix} 6 & 3 & 0 \\ 12 & 6 & 0 \end{bmatrix}$ (9) $\begin{bmatrix} 6 & 3 & 0 \\ 12 & 6 & 0 \\ 18 & 9 & 0 \end{bmatrix}$ (10) $\begin{bmatrix} 1 & 1 \\ 2 & 2 \\ 3 & 3 \end{bmatrix}$ (11) $\begin{bmatrix} 1 & 1 & 1 \\ 2 & 2 & 2 \\ 3 & 3 & 3 \end{bmatrix}$

(12) $\begin{bmatrix} 1 \\ 4 \\ 7 \end{bmatrix}$ (13) $\begin{bmatrix} 1 & 1 \\ 4 & 4 \\ 7 & 7 \end{bmatrix}$ (14) $\begin{bmatrix} 1 & 1 & 1 \\ 4 & 4 & 4 \\ 7 & 7 & 7 \end{bmatrix}$ (15) $\begin{bmatrix} 1 & 0 & -1 \\ 2 & 0 & -2 \end{bmatrix}$ (16) $\begin{bmatrix} 3 & 1 & -1 \end{bmatrix}$

(17) $\begin{bmatrix} 3 & 1 & -1 \\ 6 & 2 & -2 \end{bmatrix}$

2.15 (1) $\begin{bmatrix} a_1 & b_1 & c_1 \\ a_2 & b_2 & c_2 \\ a_3 & b_3 & c_3 \end{bmatrix}$ (2) $\begin{bmatrix} ta_1 & tb_1 & tc_1 \\ a_2 & b_2 & c_2 \\ a_3 & b_3 & c_3 \end{bmatrix}$ (3) $\begin{bmatrix} a_1 & b_1 & c_1 \\ ta_2 & tb_2 & tc_2 \\ a_3 & b_3 & c_3 \end{bmatrix}$

(4) $\begin{bmatrix} a_1 & b_1 & c_1 \\ a_2 & b_2 & c_2 \\ ta_3 & tb_3 & tc_3 \end{bmatrix}$ (5) $\begin{bmatrix} a_2 & b_2 & c_2 \\ a_1 & b_1 & c_1 \\ a_3 & b_3 & c_3 \end{bmatrix}$ (6) $\begin{bmatrix} a_3 & b_3 & c_3 \\ a_2 & b_2 & c_2 \\ a_1 & b_1 & c_1 \end{bmatrix}$ (7) $\begin{bmatrix} a_1 & b_1 & c_1 \\ a_3 & b_3 & c_3 \\ a_2 & b_2 & c_2 \end{bmatrix}$

(8) $\begin{bmatrix} a_1 & b_1 & c_1 \\ a_2 & b_2 & c_2 \\ a_3 & b_3 & c_3 \end{bmatrix}$ (9) $\begin{bmatrix} a_1 t & b_1 & c_1 \\ a_2 t & b_2 & c_2 \\ a_3 t & b_3 & c_3 \end{bmatrix}$ (10) $\begin{bmatrix} a_1 & b_1 t & c_1 \\ a_2 & b_2 t & c_2 \\ a_3 & b_3 t & c_3 \end{bmatrix}$ (11) $\begin{bmatrix} a_1 & b_1 & c_1 t \\ a_2 & b_2 & c_2 t \\ a_3 & b_3 & c_3 t \end{bmatrix}$

(12) $\begin{bmatrix} b_1 & a_1 & c_1 \\ b_2 & a_2 & c_2 \\ b_3 & a_3 & c_3 \end{bmatrix}$ (13) $\begin{bmatrix} c_1 & b_1 & a_1 \\ c_2 & b_2 & a_2 \\ c_3 & b_3 & a_3 \end{bmatrix}$ (14) $\begin{bmatrix} a_1 & c_1 & b_1 \\ a_2 & c_2 & b_2 \\ a_3 & c_3 & b_3 \end{bmatrix}$

第3章

3.1 (1) $x=a, y=b, z=c$ (2) $x=b, y=a, z=c$ (3) $x=c, y=b, z=a$
(4) $x=a, y=c, z=b$ (5) $x=c, y=a, z=b$ (6) $x=b, y=c, z=a$
(7) $x=a/2, y=b/3, z=-c$ (8) $x=a, y=b-a, z=c-b$
(9) $x=a-b, y=b-c, z=c$ (10) $x=2a-b, y=-a+2b-c, z=-b+c$

3.2 (1) $x=1+2a-4b, y=-1+(a/2)+2b, z=1-a-b$
(2) $x+4y+4z=1, x+2y=(\pi/2)-1, x+2y+z=(\pi/3)-(\sqrt{3}/4)$ より, $x=1+(\pi/3)-\sqrt{3}$,
$y=-1+(\pi/12)+(\sqrt{3}/2), z=1-(\pi/6)-(\sqrt{3}/4)$.

3.3 (1) $-\dfrac{1}{6}\begin{bmatrix} 4 & -2 \\ -3 & 1 \end{bmatrix}$ (2) $\begin{bmatrix} 1 & 0 & 0 \\ 0 & 1 & 0 \\ 0 & 0 & 1 \end{bmatrix}$ (3) $\begin{bmatrix} 1/2 & 0 & 0 \\ 0 & 1/3 & 0 \\ 0 & 0 & 1/4 \end{bmatrix}$ (4) $\begin{bmatrix} 1 & 0 & 0 \\ 0 & 0 & 1 \\ 0 & 1 & 0 \end{bmatrix}$

(5) $\begin{bmatrix} 0 & 0 & 1 \\ 0 & 1 & 0 \\ 1 & 0 & 0 \end{bmatrix}$ (6) $\begin{bmatrix} 0 & 1 & 0 \\ 1 & 0 & 0 \\ 0 & 0 & 1 \end{bmatrix}$ (7) $\begin{bmatrix} 0 & 0 & 1 \\ 1 & 0 & 0 \\ 0 & 1 & 0 \end{bmatrix}$ (8) $\begin{bmatrix} 0 & 1 & 0 \\ 0 & 0 & 1 \\ 1 & 0 & 0 \end{bmatrix}$ (9) $\begin{bmatrix} 1 & 0 & -a \\ 0 & 1 & -b \\ 0 & 0 & 1 \end{bmatrix}$

(10) $\begin{bmatrix} 1 & -a & 0 \\ 0 & 1 & 0 \\ 0 & -b & 1 \end{bmatrix}$ (11) $\begin{bmatrix} 1 & 0 & 0 \\ -a & 1 & 0 \\ -b & 0 & 1 \end{bmatrix}$ (12) $\begin{bmatrix} 1 & -a & -b \\ 0 & 1 & 0 \\ 0 & 0 & 1 \end{bmatrix}$ (13) $\begin{bmatrix} 1 & 0 & 0 \\ -a & 1 & -b \\ 0 & 0 & 1 \end{bmatrix}$

(14) $\begin{bmatrix} 1 & 0 & 0 \\ 0 & 1 & 0 \\ -a & -b & 1 \end{bmatrix}$ (15) $\begin{bmatrix} 1 & 0 & 0 \\ -1 & 1 & 0 \\ 0 & -1 & 1 \end{bmatrix}$ (16) $\begin{bmatrix} 1 & -1 & 0 \\ 0 & 1 & -1 \\ 0 & 0 & 1 \end{bmatrix}$ (17) $\begin{bmatrix} 3 & -4 & 0 \\ -2 & 3 & 0 \\ 0 & 0 & 1 \end{bmatrix}$

(18) $\dfrac{1}{3}\begin{bmatrix} 0 & 0 & 3 \\ 2 & -3 & 2 \\ 1 & 0 & 1 \end{bmatrix}$ (19) $\dfrac{1}{4}\begin{bmatrix} 3 & -2 & 1 \\ -2 & 4 & -2 \\ 1 & -2 & 3 \end{bmatrix}$ (20) $\dfrac{1}{18}\begin{bmatrix} -5 & 1 & 7 \\ 1 & 7 & -5 \\ 7 & -5 & 1 \end{bmatrix}$

3.4 (1) 2, {1, 2} (2) 2, {1, 3} (3) 1, {1} (4) 2, {2, 3} (5) 1, {2} (6) 1, {3}
(7) 0, ∅ (8) 3, {1, 2, 3} (9) 3, {1, 2, 4} (10) 2, {1, 2} (11) 3, {1, 3, 4}
(12) 2, {1, 3} (13) 2, {1, 4} (14) 1, {1} (15) 3, {2, 3, 4} (16) 2, {2, 3}
(17) 2, {2, 4} (18) 1, {2} (19) 2. {3, 4} (20) 1, {3} (21) 1, {4} (22) 0, ∅

3.5 (1) $\begin{bmatrix} 1 & 0 & 0 \\ 0 & 1 & 2 \end{bmatrix}$ (2) $\begin{bmatrix} 1 & 2 & 0 \\ 0 & 0 & 1 \end{bmatrix}$ (3) $\begin{bmatrix} 1 & 2 & 4 \\ 0 & 0 & 1 \end{bmatrix}$ (4) $\begin{bmatrix} 0 & 1 & 0 \\ 0 & 0 & 1 \end{bmatrix}$ (5) $\begin{bmatrix} 0 & 1 & 2 \\ 0 & 0 & 0 \end{bmatrix}$

(6) $\begin{bmatrix} 0 & 0 & 1 \\ 0 & 0 & 0 \end{bmatrix}$ (7) $\begin{bmatrix} 0 & 0 & 0 \\ 0 & 0 & 0 \end{bmatrix}$ (8) $\begin{bmatrix} 1 & 0 & 0 & 0 \\ 0 & 1 & 0 & 0 \\ 0 & 0 & 1 & 2 \end{bmatrix}$ (9) $\begin{bmatrix} 1 & 0 & 0 & 0 \\ 0 & 1 & 2 & 0 \\ 0 & 0 & 0 & 1 \end{bmatrix}$

(10) $\begin{bmatrix} 1 & 0 & 0 & 0 \\ 0 & 1 & 2 & 4 \\ 0 & 0 & 0 & 0 \end{bmatrix}$ (11) $\begin{bmatrix} 1 & 2 & 0 & 0 \\ 0 & 0 & 1 & 0 \\ 0 & 0 & 0 & 1 \end{bmatrix}$ (12) $\begin{bmatrix} 1 & 2 & 0 & 0 \\ 0 & 0 & 1 & 2 \\ 0 & 0 & 0 & 0 \end{bmatrix}$ (13) $\begin{bmatrix} 1 & 2 & 4 & 0 \\ 0 & 0 & 0 & 1 \\ 0 & 0 & 0 & 0 \end{bmatrix}$

(14) $\begin{bmatrix} 1 & 2 & 4 & 8 \\ 0 & 0 & 0 & 0 \\ 0 & 0 & 0 & 0 \end{bmatrix}$ (15) $\begin{bmatrix} 0 & 1 & 0 & 0 \\ 0 & 0 & 1 & 0 \\ 0 & 0 & 0 & 1 \end{bmatrix}$ (16) $\begin{bmatrix} 0 & 1 & 0 & 0 \\ 0 & 0 & 1 & 2 \\ 0 & 0 & 0 & 0 \end{bmatrix}$ (17) $\begin{bmatrix} 0 & 1 & 2 & 0 \\ 0 & 0 & 0 & 1 \\ 0 & 0 & 0 & 0 \end{bmatrix}$

(18) $\begin{bmatrix} 0 & 1 & 2 & 4 \\ 0 & 0 & 0 & 0 \\ 0 & 0 & 0 & 0 \end{bmatrix}$ (19) $\begin{bmatrix} 0 & 0 & 1 & 0 \\ 0 & 0 & 0 & 1 \\ 0 & 0 & 0 & 0 \end{bmatrix}$ (20) $\begin{bmatrix} 0 & 0 & 1 & 2 \\ 0 & 0 & 0 & 0 \\ 0 & 0 & 0 & 0 \end{bmatrix}$ (21) $\begin{bmatrix} 0 & 0 & 0 & 1 \\ 0 & 0 & 0 & 0 \\ 0 & 0 & 0 & 0 \end{bmatrix}$

(22) $\begin{bmatrix} 0 & 0 & 0 & 0 \\ 0 & 0 & 0 & 0 \\ 0 & 0 & 0 & 0 \end{bmatrix}$

3.6 (1) $a \neq 0$ のとき, 2. $a = 0$ のとき, 0. (2) $a \neq 0$ のとき, 2. $a = 0$ のとき, 1.
(3) $a \neq 0$ のとき, 3. $a = 0$ のとき, 2.

3.7 (1) 2 (2) 2 (3) 1 (4) 2 (5) 1 (6) 1 (7) 3 (8) 3 (9) 2 (10) 3
(11) 2 (12) 2 (13) 1 (14) 3 (15) 2 (16) 2 (17) 1 (18) 2 (19) 1 (20) 1

3.8 (1) $\begin{bmatrix} 1 & 0 & -2 \\ 0 & 1 & 3 \end{bmatrix}$ (2) $\begin{bmatrix} 1 & 1 & 0 \\ 0 & 0 & 1 \end{bmatrix}$ (3) $\begin{bmatrix} 1 & 1 & 1 \\ 0 & 0 & 0 \end{bmatrix}$ (4) $\begin{bmatrix} 0 & 1 & 0 \\ 0 & 0 & 1 \end{bmatrix}$

(5) $\begin{bmatrix} 0 & 1 & 1 \\ 0 & 0 & 0 \end{bmatrix}$ (6) $\begin{bmatrix} 0 & 0 & 1 \\ 0 & 0 & 0 \end{bmatrix}$ (7) $\begin{bmatrix} 1 & 0 & 0 & 0 \\ 0 & 1 & 0 & 2 \\ 0 & 0 & 1 & -1 \end{bmatrix}$ (8) $\begin{bmatrix} 1 & 0 & -2 & 0 \\ 0 & 1 & 3 & 0 \\ 0 & 0 & 0 & 1 \end{bmatrix}$

(9) $\begin{bmatrix} 1 & 0 & -2 & 2 \\ 0 & 1 & 3 & -1 \\ 0 & 0 & 0 & 0 \end{bmatrix}$ (10) $\begin{bmatrix} 1 & 1 & 0 & 0 \\ 0 & 0 & 1 & 0 \\ 0 & 0 & 0 & 1 \end{bmatrix}$ (11) $\begin{bmatrix} 1 & 1 & 0 & -2 \\ 0 & 0 & 1 & 3 \\ 0 & 0 & 0 & 0 \end{bmatrix}$ (12) $\begin{bmatrix} 1 & 1 & 1 & 0 \\ 0 & 0 & 0 & 1 \\ 0 & 0 & 0 & 0 \end{bmatrix}$

(13) $\begin{bmatrix} 1 & 1 & 1 & 1 \\ 0 & 0 & 0 & 0 \\ 0 & 0 & 0 & 0 \end{bmatrix}$ (14) $\begin{bmatrix} 0 & 1 & 0 & 0 \\ 0 & 0 & 1 & 0 \\ 0 & 0 & 0 & 1 \end{bmatrix}$ (15) $\begin{bmatrix} 0 & 1 & 0 & -2 \\ 0 & 0 & 1 & 3 \\ 0 & 0 & 0 & 0 \end{bmatrix}$ (16) $\begin{bmatrix} 0 & 1 & 1 & 0 \\ 0 & 0 & 0 & 1 \\ 0 & 0 & 0 & 0 \end{bmatrix}$

(17) $\begin{bmatrix} 0 & 1 & 1 & 1 \\ 0 & 0 & 0 & 0 \\ 0 & 0 & 0 & 0 \end{bmatrix}$ (18) $\begin{bmatrix} 0 & 0 & 1 & 0 \\ 0 & 0 & 0 & 1 \\ 0 & 0 & 0 & 0 \end{bmatrix}$ (19) $\begin{bmatrix} 0 & 0 & 1 & 1 \\ 0 & 0 & 0 & 0 \\ 0 & 0 & 0 & 0 \end{bmatrix}$ (20) $\begin{bmatrix} 0 & 0 & 0 & 1 \\ 0 & 0 & 0 & 0 \\ 0 & 0 & 0 & 0 \end{bmatrix}$

3.9 順に, 2, 1, 1, 0.

問題の解答　　　171

3.10 順に，3, 2, 2, 2, 1, 1, 1, 0.

3.11 順に，4, 3, 3, 3, 3, 2, 2, 2, 2, 2, 2, 1, 1, 1, 1, 0.

3.12 （以下，s, t は自由な変数とする．）　(1) $\begin{bmatrix}x\\y\\z\end{bmatrix}=\begin{bmatrix}a\\b\\c\end{bmatrix}$　(2) $\begin{bmatrix}x\\y\\z\\u\end{bmatrix}=\begin{bmatrix}0\\a\\b\\c\end{bmatrix}+t\begin{bmatrix}1\\0\\0\\0\end{bmatrix}$

(3) $\begin{bmatrix}x\\y\\z\\u\end{bmatrix}=\begin{bmatrix}a\\0\\b\\c\end{bmatrix}+t\begin{bmatrix}-2\\1\\0\\0\end{bmatrix}$　(4) $\begin{bmatrix}x\\y\\z\\u\end{bmatrix}=\begin{bmatrix}a\\b\\0\\c\end{bmatrix}+t\begin{bmatrix}-2\\-3\\1\\0\end{bmatrix}$

(5) $\begin{bmatrix}x\\y\\z\\u\end{bmatrix}=\begin{bmatrix}a\\b\\c\\0\end{bmatrix}+t\begin{bmatrix}-2\\-3\\-4\\1\end{bmatrix}$　(6) $\begin{bmatrix}x\\y\\z\\u\\v\end{bmatrix}=\begin{bmatrix}0\\0\\a\\b\\c\end{bmatrix}+s\begin{bmatrix}1\\0\\0\\0\\0\end{bmatrix}+t\begin{bmatrix}0\\1\\0\\0\\0\end{bmatrix}$

(7) $\begin{bmatrix}x\\y\\z\\u\\v\end{bmatrix}=\begin{bmatrix}0\\a\\0\\b\\c\end{bmatrix}+s\begin{bmatrix}1\\0\\0\\0\\0\end{bmatrix}+t\begin{bmatrix}0\\-2\\1\\0\\0\end{bmatrix}$　(8) $\begin{bmatrix}x\\y\\z\\u\\v\end{bmatrix}=\begin{bmatrix}0\\a\\b\\0\\c\end{bmatrix}+s\begin{bmatrix}1\\0\\0\\0\\0\end{bmatrix}+t\begin{bmatrix}0\\-2\\-3\\1\\0\end{bmatrix}$

(9) $\begin{bmatrix}x\\y\\z\\u\\v\end{bmatrix}=\begin{bmatrix}0\\a\\b\\c\\0\end{bmatrix}+s\begin{bmatrix}1\\0\\0\\0\\0\end{bmatrix}+t\begin{bmatrix}0\\-2\\-3\\-4\\1\end{bmatrix}$　(10) $\begin{bmatrix}x\\y\\z\\u\\v\end{bmatrix}=\begin{bmatrix}a\\0\\0\\b\\c\end{bmatrix}+s\begin{bmatrix}2\\1\\0\\0\\0\end{bmatrix}+t\begin{bmatrix}-2\\0\\1\\0\\0\end{bmatrix}$

(11) $\begin{bmatrix}x\\y\\z\\u\\v\end{bmatrix}=\begin{bmatrix}a\\0\\b\\0\\c\end{bmatrix}+s\begin{bmatrix}2\\1\\0\\0\\0\end{bmatrix}+t\begin{bmatrix}-2\\0\\-3\\1\\0\end{bmatrix}$　(12) $\begin{bmatrix}x\\y\\z\\u\\v\end{bmatrix}=\begin{bmatrix}a\\0\\b\\c\\0\end{bmatrix}+s\begin{bmatrix}2\\1\\0\\0\\0\end{bmatrix}+t\begin{bmatrix}-2\\0\\-3\\-4\\1\end{bmatrix}$

(13) $\begin{bmatrix}x\\y\\z\\u\\v\end{bmatrix}=\begin{bmatrix}a\\b\\0\\0\\c\end{bmatrix}+s\begin{bmatrix}2\\3\\1\\0\\0\end{bmatrix}+t\begin{bmatrix}-2\\-3\\0\\1\\0\end{bmatrix}$　(14) $\begin{bmatrix}x\\y\\z\\u\\v\end{bmatrix}=\begin{bmatrix}a\\b\\0\\c\\0\end{bmatrix}+s\begin{bmatrix}2\\3\\1\\0\\0\end{bmatrix}+t\begin{bmatrix}-2\\-3\\0\\-4\\1\end{bmatrix}$

(15) $\begin{bmatrix}x\\y\\z\\u\\v\end{bmatrix}=\begin{bmatrix}a\\b\\c\\0\\0\end{bmatrix}+s\begin{bmatrix}2\\3\\4\\1\\0\end{bmatrix}+t\begin{bmatrix}-2\\-3\\-4\\0\\1\end{bmatrix}$

3.13　(1) $a=0, b=0, c=0$　(2) $b=0, c=0$　(3) $b=-a, c=2a$　(4) $a+b=c$
(5) $a-b=c$

3.14 （以下，t は自由な変数とする．）　(1) $\begin{bmatrix}x\\y\\z\\w\end{bmatrix}=\begin{bmatrix}0\\1\\1\\-1\end{bmatrix}+t\begin{bmatrix}1\\0\\0\\0\end{bmatrix}$

(2) $\begin{bmatrix}x\\y\\z\\w\end{bmatrix}=\begin{bmatrix}2\\-2\\1\\0\end{bmatrix}+t\begin{bmatrix}2\\-3\\0\\1\end{bmatrix}$　(3) $\begin{bmatrix}x\\y\\z\\w\end{bmatrix}=\begin{bmatrix}3\\-3\\0\\1\end{bmatrix}+t\begin{bmatrix}1\\-2\\1\\0\end{bmatrix}$

(4) $\begin{bmatrix}x\\y\\z\\w\end{bmatrix}=\begin{bmatrix}0\\0\\2\\-1\end{bmatrix}+t\begin{bmatrix}-1\\1\\0\\0\end{bmatrix}$

第4章

4.1 (1) $1 \pm \sqrt{6}$ (2) $3 < t < 4$ (3) 5

4.2 (1) $2x - y$ (2) $-2x + y$ (3) $3x - 2y$ (4) $-3x + 2y$ (5) $2x - 3y + z$
(6) $-2x + 3y - z$ (7) $2x - 3y + z$ (8) $-7x + 5y - z$ (9) $7x - 5y + z$
(10) $-7x + 5y - z$

4.3 (1) $\begin{bmatrix} 0 & 0 & 0 \\ 0 & 0 & 0 \\ 0 & 0 & 0 \end{bmatrix}$ (2) $\begin{bmatrix} 6 & 0 & 0 \\ -3 & 3 & 0 \\ 0 & -2 & 2 \end{bmatrix}$

4.4 (1) 1 (2) -2

4.5 (1) $1, \mathbf{0}$ (2) $0, \mathbf{k}$ (3) $0, -\mathbf{j}$ (4) $0, -\mathbf{k}$ (5) $1, \mathbf{0}$ (6) $0, \mathbf{i}$ (7) $0, \mathbf{j}$
(8) $0, -\mathbf{i}$ (9) $1, \mathbf{0}$ (10) $\mathbf{0}$ (11) $-\mathbf{k}$ (12) $\mathbf{j}$ (13) $\mathbf{k}$ (14) $\mathbf{0}$ (15) $-\mathbf{i}$
(16) $-\mathbf{j}$ (17) $\mathbf{i}$ (18) $\mathbf{0}$

4.6 (1) 1 (2) -1 (3) -1 (4) 1 (5) 1 (6) -1 (7) 0 (8) c (9) $-b$
(10) $-c$ (11) 0 (12) a (13) b (14) $-a$ (15) 0 (16) 0 (17) $-c$ (18) b
(19) c (20) 0 (21) $-a$ (22) $-b$ (23) a (24) 0 (25) 0 (26) c (27) $-b$
(28) $-c$ (29) 0 (30) a (31) b (32) $-a$ (33) 0

4.7 $\sigma(1) = 3, \sigma(2) = 1, \sigma(3) = 5, \sigma(4) = 4, \sigma(5) = 2$

4.8 (1) e (2) $(1\ 3\ 2)$ (3) $(1\ 2\ 3)$ (4) $(1\ 2\ 3)$ (5) e (6) $(1\ 3\ 2)$
(7) $(1\ 3\ 2)$ (8) $(1\ 2\ 3)$ (9) e (10) $(1\ 3)$ (11) $(2\ 3)$ (12) $(2\ 3)$
(13) $(1\ 2)$ (14) $(1\ 3)$ (15) $(1\ 3)$ (16) $(1\ 3\ 2)$ (17) e (18) e
(19) $(1\ 2\ 3\ 4)$ (20) $(1\ 2\ 4\ 3)$ (21) $(1\ 2)(3\ 4)$ (22) $(1\ 3)(2\ 4)$
(23) $(2\ 3\ 4)$ (24) $(1\ 2\ 4)$ (25) $(1\ 3\ 4)$ (26) $(2\ 3\ 4)$ (27) $(1\ 4)(2\ 3)$
(28) $(1\ 2)(3\ 4)$ (29) $(1\ 3\ 2\ 4)$ (30) $(1\ 3\ 4\ 2)$ (31) $(1\ 4)$ (32) $(3\ 4)$
(33) $(1\ 3)(2\ 4)$ (34) e (35) e (36) $(1\ 3\ 2)$ (37) $(1\ 4\ 2)$ (38) $(1\ 4\ 3)$
(39) $(2\ 4\ 3)$

4.9 $\mathrm{sgn}(e) = \mathrm{sgn}(1\ 2\ 3) = \mathrm{sgn}(1\ 3\ 2) = 1,$
$\mathrm{sgn}(1\ 2) = \mathrm{sgn}(1\ 3) = \mathrm{sgn}(2\ 3) = -1$

4.10 (1) $e, 1$ (2) $(3\ 4), -1$ (3) $(2\ 3), -1$ (4) $(2\ 3\ 4), 1$ (5) $(2\ 4\ 3), 1$
(6) $(2\ 4), -1$ (7) $(1\ 2), -1$ (8) $(1\ 2)(3\ 4), 1$ (9) $(1\ 2\ 3), 1$
(10) $(1\ 2\ 3\ 4), -1$ (11) $(1\ 2\ 4\ 3), -1$ (12) $(1\ 2\ 4), 1$
(13) $(1\ 3\ 2), 1$ (14) $(1\ 3\ 4\ 2), -1$ (15) $(1\ 3), -1$ (16) $(1\ 3\ 4), 1$
(17) $(1\ 3)(2\ 4), 1$ (18) $(1\ 3\ 2\ 4), -1$ (19) $(1\ 4\ 3\ 2), -1$
(20) $(1\ 4\ 2), 1$ (21) $(1\ 4\ 3), 1$ (22) $(1\ 4), -1$ (23) $(1\ 4\ 2\ 3), -1$
(24) $(1\ 4)(2\ 3), 1$

4.11 (1) $y - x$ (2) $(z-y)(z-x)(y-x)$ (3) $\displaystyle\prod_{1 \leqq i < j \leqq 4}(x_j - x_i)$ (4) $(c-b)(c-a)(b-a)$
(5) $a_1 x + a_0$ (6) $a_2 x^2 + a_1 x + a_0$ (7) $a_3 x^3 + a_2 x^2 + a_1 x + a_0$ (8) $x + 1$ (9) $x + 2$
(10) $x + 3$ (11) $x^2 - 1 = (x-1)(x+1)$ (12) $x^3 - 3x + 2 = (x-1)^2(x+2)$
(13) $x^4 - 6x^2 + 8x - 3 = (x-1)^3(x+3)$ (14) $x - a$ (15) $(x-a)(y-b)$
(16) $(x-a)(y-b)(z-c)$ (17) a^2 (18) 0 (19) $c^2 x$ (20) $c^2 x + b^2 y$
(21) $xyz + c^2 x + b^2 y + a^2 z$ (22) $(ap - bq + cr)^2$ (23) $-a^2 x$ (24) $-a^2 xy$ (25) $-a^2 xyz$

4.12 $\Delta_1(A, \mathbf{u}) = -3x + 6y - 3z,\ \Delta_2(A, \mathbf{u}) = 6x - 12y + 6z,\ \Delta_3(A, \mathbf{u}) = -3x + 6y - 3z$

4.13 (1) $-2x + 6z - 4w$ (2) $2x - 6z + 4w$ (3) $-2x + 6z - 4w$ (4) $2x - 6z + 4w$
(5) $-4x - 6y + 4z + 6w$ (6) $4x + 6y - 4z - 6w$ (7) $-4x - 6y + 4z + 6w$ (8) $4x + 6y - 4z - 6w$

問題の解答　　　173

第5章

5.1　(1) $\bm{u}-\bm{v}=\bm{0}$　(2) $5\bm{u}+\bm{v}=\bm{0}$　(3) $\bm{v}=\bm{0}$　(4) $\bm{u}+\bm{v}-\bm{w}=\bm{0}$
(5) $\bm{u}-\bm{v}-\bm{w}=\bm{0}$　(6) $\bm{w}=\bm{0}$

5.2　(1) $b\neq 0$　(2) $a\neq 0$　(3) $b-a\neq 0$　(4) $2b-a\neq 0$　(5) $c\neq 0$　(6) $b\neq 0$
(7) $a\neq 0$　(8) $b-a\neq 0$　(9) $c-a\neq 0$　(10) $c-b\neq 0$

5.3　(1) 2　(2) 2　(3) 2　(4) 3　(5) 3　(6) 0　(7) 1

5.4　たとえば，　(1) $\bm{u},\bm{v}$　(2) $\bm{u},\bm{v}$　(3) $\bm{u},\bm{w}$　(4) $\bm{u},\bm{v},\bm{w}$　(5) $\bm{u},\bm{v},\bm{w}$
(6) $\varnothing$　(7) $\bm{v}$

5.5　(1) $\begin{bmatrix} a_1 x + b_1 y \\ a_2 x + b_2 y \end{bmatrix}$　(2) $\begin{bmatrix} a_1 x + b_1 y + c_1 z \\ a_2 x + b_2 y + c_2 z \end{bmatrix}$

5.6　たとえば，　(1) 核 $\varnothing$，像 $\begin{bmatrix}1\\0\end{bmatrix}, \begin{bmatrix}0\\1\end{bmatrix}$　(2) 核 $\begin{bmatrix}0\\0\\1\end{bmatrix}$，像 $\begin{bmatrix}1\\0\end{bmatrix}, \begin{bmatrix}0\\1\end{bmatrix}$

(3) 核 $\varnothing$，像 $\begin{bmatrix}1\\0\\0\end{bmatrix}, \begin{bmatrix}0\\1\\0\end{bmatrix}$　(4) 核 $\begin{bmatrix}0\\1\\0\end{bmatrix}, \begin{bmatrix}0\\0\\1\end{bmatrix}$，像 $\begin{bmatrix}1\\0\end{bmatrix}$　(5) 核 $\begin{bmatrix}1\\0\\0\end{bmatrix}, \begin{bmatrix}0\\1\\0\end{bmatrix}, \begin{bmatrix}0\\0\\1\end{bmatrix}$，像 $\varnothing$

(6) 核 $\begin{bmatrix}-a\\1\\0\\0\end{bmatrix}, \begin{bmatrix}-b\\0\\-c\\1\end{bmatrix}$，像 $\begin{bmatrix}1\\0\\0\end{bmatrix}, \begin{bmatrix}0\\1\\0\end{bmatrix}$　(7) 核 $\begin{bmatrix}1\\-2\\1\\0\end{bmatrix}, \begin{bmatrix}2\\-3\\0\\1\end{bmatrix}$，像 $\begin{bmatrix}1\\5\\-4\end{bmatrix}, \begin{bmatrix}2\\6\\-3\end{bmatrix}$

(8) 核 $\begin{bmatrix}-2\\1\\0\\0\end{bmatrix}$，像 $\begin{bmatrix}1\\2\\3\end{bmatrix}, \begin{bmatrix}3\\5\\7\end{bmatrix}, \begin{bmatrix}4\\7\\10\end{bmatrix}$

5.7　(1) $\begin{bmatrix} ax+py \\ bx+qy \\ cx+ry \end{bmatrix}$　(2) $\frac{1}{2}\begin{bmatrix} a-p \\ b-q \\ c-r \end{bmatrix}, \frac{1}{2}\begin{bmatrix} a+p \\ b+q \\ c+r \end{bmatrix}$　(3) $\frac{1}{2}\begin{bmatrix} (a-p)x+(a+p)y \\ (b-q)x+(b+q)y \\ (c-r)x+(c+r)y \end{bmatrix}$

5.8　(1) $\begin{bmatrix} a & b \\ c & d \end{bmatrix}$　(2) $\begin{bmatrix} \lambda a & b \\ \lambda c & d \end{bmatrix}$　(3) $\begin{bmatrix} a & \lambda b \\ c & \lambda d \end{bmatrix}$　(4) $\begin{bmatrix} b & a \\ d & c \end{bmatrix}$　(5) $\begin{bmatrix} a & b+a\lambda \\ c & d+c\lambda \end{bmatrix}$
(6) $\begin{bmatrix} a+b\lambda & b \\ c+d\lambda & d \end{bmatrix}$　(7) $\begin{bmatrix} a/\lambda & b/\lambda \\ c & d \end{bmatrix}$　(8) $\begin{bmatrix} a & b \\ c/\lambda & d/\lambda \end{bmatrix}$　(9) $\begin{bmatrix} c & d \\ a & b \end{bmatrix}$
(10) $\begin{bmatrix} a-c\lambda & b-d\lambda \\ c & d \end{bmatrix}$　(11) $\begin{bmatrix} a & b \\ c-a\lambda & d-\lambda b \end{bmatrix}$　(12) $\frac{1}{2}\begin{bmatrix} -2c-2d & -4c-6d \\ a+b & 2a+3b \end{bmatrix}$

第6章

6.1　(1) $\begin{bmatrix}1\\0\\0\end{bmatrix}, \frac{1}{\sqrt{2}}\begin{bmatrix}0\\-1\\1\end{bmatrix}$　(2) $\frac{1}{\sqrt{2}}\begin{bmatrix}1\\1\\0\end{bmatrix}, \frac{1}{\sqrt{6}}\begin{bmatrix}1\\2\\1\end{bmatrix}$

6.2　(1) $\begin{bmatrix}1\\0\\0\end{bmatrix}, \begin{bmatrix}0\\1\\0\end{bmatrix}, \begin{bmatrix}0\\0\\1\end{bmatrix}$　(2) $\begin{bmatrix}1\\0\\0\end{bmatrix}, \frac{1}{\sqrt{2}}\begin{bmatrix}0\\1\\1\end{bmatrix}, \frac{1}{\sqrt{2}}\begin{bmatrix}0\\1\\-1\end{bmatrix}$

(3) $\frac{1}{\sqrt{2}}\begin{bmatrix}1\\1\\0\end{bmatrix}, \frac{1}{\sqrt{2}}\begin{bmatrix}1\\-1\\0\end{bmatrix}, \begin{bmatrix}0\\0\\1\end{bmatrix}$　(4) $\frac{1}{\sqrt{2}}\begin{bmatrix}1\\1\\0\end{bmatrix}, \begin{bmatrix}0\\0\\1\end{bmatrix}, \frac{1}{\sqrt{2}}\begin{bmatrix}1\\-1\\0\end{bmatrix}$

(5) $\frac{1}{\sqrt{3}}\begin{bmatrix}1\\1\\1\end{bmatrix}, \frac{1}{\sqrt{6}}\begin{bmatrix}2\\-1\\-1\end{bmatrix}, \frac{1}{\sqrt{2}}\begin{bmatrix}0\\1\\-1\end{bmatrix}$　(6) $\frac{1}{\sqrt{3}}\begin{bmatrix}1\\1\\1\end{bmatrix}, \frac{1}{\sqrt{6}}\begin{bmatrix}1\\1\\-2\end{bmatrix}, \frac{1}{\sqrt{2}}\begin{bmatrix}1\\-1\\0\end{bmatrix}$

6.3 (1) $\dfrac{1}{\sqrt{2}}\begin{bmatrix}0\\0\\1\\-1\end{bmatrix}, \begin{bmatrix}0\\1\\0\\0\end{bmatrix}, \begin{bmatrix}1\\0\\0\\0\end{bmatrix}$ (2) $\dfrac{1}{\sqrt{2}}\begin{bmatrix}0\\0\\1\\-1\end{bmatrix}, \dfrac{1}{\sqrt{2}}\begin{bmatrix}1\\1\\0\\0\end{bmatrix}, \dfrac{1}{\sqrt{2}}\begin{bmatrix}-1\\1\\0\\0\end{bmatrix}$

(3) $\dfrac{1}{\sqrt{3}}\begin{bmatrix}0\\1\\-1\\1\end{bmatrix}, \dfrac{1}{\sqrt{6}}\begin{bmatrix}0\\2\\1\\-1\end{bmatrix}, \begin{bmatrix}1\\0\\0\\0\end{bmatrix}$ (4) $\dfrac{1}{\sqrt{3}}\begin{bmatrix}0\\1\\-1\\1\end{bmatrix}, \dfrac{1}{\sqrt{33}}\begin{bmatrix}3\\4\\2\\-2\end{bmatrix}, \dfrac{1}{\sqrt{22}}\begin{bmatrix}-4\\2\\1\\-1\end{bmatrix}$

(5) $\dfrac{1}{2}\begin{bmatrix}1\\1\\1\\-1\end{bmatrix}, \dfrac{1}{2}\begin{bmatrix}-1\\-1\\1\\-1\end{bmatrix}, \dfrac{1}{\sqrt{2}}\begin{bmatrix}-1\\1\\0\\0\end{bmatrix}$ (6) $\dfrac{1}{2}\begin{bmatrix}1\\1\\1\\-1\end{bmatrix}, \dfrac{1}{2\sqrt{11}}\begin{bmatrix}1\\5\\-3\\3\end{bmatrix}, \dfrac{1}{\sqrt{22}}\begin{bmatrix}-4\\2\\1\\-1\end{bmatrix}$

6.4 $a = 2, b = -1$.

第7章

7.1 (1) 固有多項式 $(t-a)(t-b)$, 固有値 a, b. (2) 固有多項式 $(t-a)(t-c)$, 固有値 a, c. (3) 固有多項式 $(t-a)(t-c)$, 固有値 a, c. (4) 固有多項式 $t^2 - 2t - 1$, 固有値 $1 \pm \sqrt{2}$. (5) 固有多項式 $t^2 + 1$, 固有値 $\pm i$.

7.2 (1) 固有多項式 $t^2 - 1$, 固有値 ± 1. 固有値 1 に対する固有ベクトルは $s\begin{bmatrix}1\\0\end{bmatrix}$ $(s \neq 0)$, 固有値 -1 に対する固有ベクトルは $s\begin{bmatrix}0\\1\end{bmatrix}$ $(s \neq 0)$. (2) 固有多項式 $t^2 - 1$, 固有値 ± 1. 固有値 1 に対する固有ベクトルは $s\begin{bmatrix}1\\1\end{bmatrix}$ $(s \neq 0)$, 固有値 -1 に対する固有ベクトルは $s\begin{bmatrix}-1\\1\end{bmatrix}$ $(s \neq 0)$. (3) 固有多項式 $t^2 - 4$, 固有値 ± 2. 固有値 2 に対する固有ベクトルは $s\begin{bmatrix}1\\2\end{bmatrix}$ $(s \neq 0)$, 固有値 -2 に対する固有ベクトルは $s\begin{bmatrix}-1\\2\end{bmatrix}$ $(s \neq 0)$. (4) 固有多項式 $(t-a)^2$, 固有値 a. 固有値 a に対する固有ベクトルは $s\begin{bmatrix}1\\0\end{bmatrix}$ $(s \neq 0)$. (5) 固有多項式 $(t-a)^2$, 固有値 a. 固有値 a に対する固有ベクトルは $r\begin{bmatrix}1\\0\end{bmatrix} + s\begin{bmatrix}0\\1\end{bmatrix}$ $((r, s) \neq (0, 0))$.

7.3 (1) $t^3 - ct^2 - bt - a$ (2) $t^3 + (a+b+c)t$

7.4 (1) 固有多項式 $(t-a)(t-b)(t-c)$, 固有値 a, b, c.
(2) 固有多項式 $(t-a)(t-b)(t-c)$, 固有値 a, b, c.
(3) 固有多項式 $(t-a)(t-b')(t-c'')$, 固有値 a, b', c''.
(4) 固有多項式 $t^3 - 15t^2 - 18t$, 固有値 $0, \dfrac{15 \pm 3\sqrt{33}}{2}$.
(5) 固有多項式 $(t-a)^3 - 15(t-a)^2 - 18(t-a)$, 固有値 $a, a + \dfrac{15 \pm 3\sqrt{33}}{2}$.

7.5 (1) 固有多項式 $t^3 - 2t^2 - t + 2 = (t+1)(t-1)(t-2)$. 固有値 $-1, 1, 2$. 固有値 -1 に対する固有ベクトルは $s\begin{bmatrix}2\\-3\\1\end{bmatrix}$ $(s \neq 0)$, 固有値 1 に対する固有ベクトルは $s\begin{bmatrix}-2\\-1\\1\end{bmatrix}$ $(s \neq 0)$, 固有値 2 に対する固有ベクトルは $s\begin{bmatrix}-1\\0\\1\end{bmatrix}$ $(s \neq 0)$. (2) 固有多項式 $(t-3)(t+2)^2$. 固有値 $3, -2$. 固有値 3 に対する固有ベクトルは $s\begin{bmatrix}1\\0\\0\end{bmatrix}$ $(s \neq 0)$, 固有値 -2 に対する固有ベクトルは

問題の解答　　　　　　　　　　　　　　　　　　　　　　　　　　　　　　　　　　175

$s\begin{bmatrix}0\\1\\0\end{bmatrix}+u\begin{bmatrix}0\\0\\1\end{bmatrix}$ $((s,u)\neq(0,0))$. (3) 固有方程式 $(t-3)(t+2)^2$. 固有値 $3, -2$. 固有値 3 に対する固有ベクトルは $s\begin{bmatrix}1\\0\\0\end{bmatrix}$ $(s\neq 0)$, 固有値 -2 に対する固有ベクトルは $s\begin{bmatrix}0\\0\\1\end{bmatrix}$ $(s\neq 0)$.

(4) 固有多項式 $t^3-3t-2=(t-2)(t+1)^2$. 固有値 $2, -1$. 固有値 2 に対する固有ベクトルは $s\begin{bmatrix}1\\1\\1\end{bmatrix}$ $(s\neq 0)$, 固有値 -1 に対する固有ベクトルは $s\begin{bmatrix}1\\-1\\0\end{bmatrix}+u\begin{bmatrix}1\\0\\-1\end{bmatrix}$ $((s,u)\neq(0,0))$.

7.6　(1) 固有多項式 $t^2-3t+2=(t-1)(t-2)$. 固有値 $1, 2$. 固有値 1 に対する固有ベクトルは $s\begin{bmatrix}1\\1\end{bmatrix}$ $(s\neq 0)$, 固有値 2 に対する固有ベクトルは $s\begin{bmatrix}4\\3\end{bmatrix}$ $(s\neq 0)$. $\begin{bmatrix}1\\1\end{bmatrix},\begin{bmatrix}4\\3\end{bmatrix}$ は $\mathbb{R}^2$ の基底なので, A は対角化可能. $P=\begin{bmatrix}1&4\\1&3\end{bmatrix}$ とおくと, $P^{-1}AP=\begin{bmatrix}1&0\\0&2\end{bmatrix}$.

(2) 固有多項式 $t^2-2t+1=(t-1)^2$. 固有値 1. 固有値 1 に対する固有ベクトルは $s\begin{bmatrix}1\\1\end{bmatrix}$ $(s\neq 0)$. 固有ベクトルはこれだけであり, 固有ベクトルからなる $\mathbb{R}^2$ の基底は存在しない. よって A は対角化可能でない.　(3) 固有多項式 $(t-1)(t-2)(t-3)$. 固有値 $1, 2, 3$. 固有値 1 に対する固有ベクトルは $s\begin{bmatrix}1\\0\\0\end{bmatrix}$ $(s\neq 0)$, 固有値 2 に対する固有ベクトルは $s\begin{bmatrix}0\\1\\0\end{bmatrix}$ $(s\neq 0)$, 固有値 3 に対する固有ベクトルは $s\begin{bmatrix}1/2\\1\\1\end{bmatrix}$ $(s\neq 0)$. $\begin{bmatrix}1\\0\\0\end{bmatrix},\begin{bmatrix}0\\1\\0\end{bmatrix},\begin{bmatrix}1/2\\1\\1\end{bmatrix}$ は $\mathbb{R}^3$ の基底なので, A は対角化可能. $P=\begin{bmatrix}1&0&1/2\\0&1&1\\0&0&1\end{bmatrix}$ とおくと, $P^{-1}AP=\begin{bmatrix}1&0&0\\0&2&0\\0&0&3\end{bmatrix}$.

(4) 固有多項式 $(t-1)(t-2)^2$. 固有値 $1, 2$. 固有値 1 に対する固有ベクトルは $s\begin{bmatrix}1\\0\\0\end{bmatrix}$ $(s\neq 0)$, 固有値 2 に対する固有ベクトルは $s\begin{bmatrix}0\\1\\0\end{bmatrix}$ $(s\neq 0)$. 固有ベクトルはこれらだけであり, 固有ベクトルからなる $\mathbb{R}^3$ の基底は存在しない. よって A は対角化可能でない.

(5) 固有多項式 $(t-1)(t-2)^2$. 固有値 $1, 2$. 固有値 1 に対する固有ベクトルは $s\begin{bmatrix}1\\0\\0\end{bmatrix}$ $(s\neq 0)$, 固有値 2 に対する固有ベクトルは $s\begin{bmatrix}0\\1\\0\end{bmatrix}+u\begin{bmatrix}1\\0\\1\end{bmatrix}$ $((s,u)\neq(0,0))$. $\begin{bmatrix}1\\0\\0\end{bmatrix},\begin{bmatrix}0\\1\\0\end{bmatrix},\begin{bmatrix}1\\0\\1\end{bmatrix}$ は $\mathbb{R}^3$ の基底なので, A は対角化可能. $P=\begin{bmatrix}1&0&1\\0&1&0\\0&0&1\end{bmatrix}$ とおくと, $P^{-1}AP=\begin{bmatrix}1&0&0\\0&2&0\\0&0&2\end{bmatrix}$.

7.7　(1) $A^m=\begin{bmatrix}5&-1\\1&1\end{bmatrix}\begin{bmatrix}4^m&0\\0&(-2)^m\end{bmatrix}\dfrac{1}{6}\begin{bmatrix}1&1\\-1&5\end{bmatrix}$

(2) $A^m=\begin{bmatrix}1&1&1\\0&\sqrt{2}&-\sqrt{2}\\-1&1&1\end{bmatrix}\begin{bmatrix}1&0&0\\0&(\sqrt{2})^m&0\\0&0&(-\sqrt{2})^m\end{bmatrix}\dfrac{1}{4}\begin{bmatrix}2&0&-2\\1&\sqrt{2}&1\\1&-\sqrt{2}&1\end{bmatrix}$

7.8 (1) $x_n = 1 + (-2)^n(x_0 - 1)$ (2) $x_n = \dfrac{2^n - (-3)^n}{5}x_1 + \dfrac{2^n 3 + (-3)^n 2}{5}x_0$

7.9 (1) 固有値 $\dfrac{5}{2} \pm \dfrac{\sqrt{33}}{2}$. $V[A, \dfrac{5}{2} + \dfrac{\sqrt{33}}{2}]$ の基底は，たとえば $\begin{bmatrix} 4 \\ 3+\sqrt{33} \end{bmatrix}$. $V[A, \dfrac{5}{2} - \dfrac{\sqrt{33}}{2}]$ の基底は，たとえば $\begin{bmatrix} 4 \\ 3-\sqrt{33} \end{bmatrix}$. (2) 固有値 a. $V[A, a]$ の基底は，たとえば $\begin{bmatrix} 1 \\ 0 \end{bmatrix}$.

(3) 固有値 $0, 1, 2$. $V[A, 0]$ の基底は，たとえば $\begin{bmatrix} 1 \\ -1 \\ 0 \end{bmatrix}$. $V[A, 1]$ の基底は，たとえば $\begin{bmatrix} 0 \\ 0 \\ 1 \end{bmatrix}$. $V[A, 2]$ の基底は，たとえば $\begin{bmatrix} 1 \\ 1 \\ 0 \end{bmatrix}$. (4) 固有値 $2, 2 \pm \sqrt{2}$. $V[A, 2]$ の基底は，たとえば $\begin{bmatrix} 1 \\ 0 \\ -1 \end{bmatrix}$. $V[A, 2+\sqrt{2}]$ の基底は，たとえば $\begin{bmatrix} 1 \\ -\sqrt{2} \\ 1 \end{bmatrix}$. $V[A, 2-\sqrt{2}]$ の基底は，たとえば $\begin{bmatrix} 1 \\ \sqrt{2} \\ 1 \end{bmatrix}$. (5) 固有値 0. $V[A, 0]$ の基底は，たとえば $\begin{bmatrix} 1 \\ 0 \\ -1 \end{bmatrix}$.

7.10 (1) 楕円. (2) 双曲線. (3) 双曲線. (4) 楕円. (5) 双曲線.

7.11 (1) $P = \dfrac{1}{\sqrt{5}} \begin{bmatrix} 1 & -2 \\ 2 & 1 \end{bmatrix}$ とおくと，$P^{-1}AP = \begin{bmatrix} 7 & 0 \\ 0 & -3 \end{bmatrix}$.

(2) $P = \begin{bmatrix} 1/\sqrt{2} & 1/\sqrt{6} & 1/\sqrt{3} \\ 0 & -2/\sqrt{6} & 1/\sqrt{3} \\ -1/\sqrt{2} & 1/\sqrt{6} & 1/\sqrt{3} \end{bmatrix}$ とおくと，$P^{-1}AP = \begin{bmatrix} -3 & 0 & 0 \\ 0 & -1 & 0 \\ 0 & 0 & 5 \end{bmatrix}$.

(3) $P = \begin{bmatrix} 1/\sqrt{3} & 1/\sqrt{2} & 1/\sqrt{6} \\ 1/\sqrt{3} & -1/\sqrt{2} & 1/\sqrt{6} \\ 1/\sqrt{3} & 0 & -2/\sqrt{6} \end{bmatrix}$ とおくと，$P^{-1}AP = \begin{bmatrix} 2 & 0 & 0 \\ 0 & -1 & 0 \\ 0 & 0 & -1 \end{bmatrix}$.

7.12 (1) 楕円面. (2) 一葉双曲面. (3) 二葉双曲面. (4) 楕円面. (5) 一葉双曲面. (6) 二葉双曲面. (7) 二葉双曲面. (8) 一葉双曲面.

索　引

記号／数字

(i, j) 成分　15
(m, n) 型の行列　15
1 次関係　91
　　自明な——　91
1 次形式　12
1 次結合　17
1 次従属　91
1 次独立　91
1 次方程式　11
1 対 1 対応　163
2 次曲線　147
2 次曲面　156
2 次形式　146
2 次の行列式　59
3 次の行列式　62
$m \times n$ 行列　15
ONB　114

あ 行

アーベル群　90
一葉双曲面　156
エルミート多項式　122
オイラー角　125

か 行

解空間　96
外積　69
階段型　45
階段行列　45
回転行列　122, 124
ガウスの消去法　38
核　105
拡大係数行列　38
関数　162
簡約化　47
簡約行列　46
奇置換　77
基底　94
基本ベクトル　13
逆行列　41
逆元　74
逆写像　162
鏡映　123
行基本変形　38
行列
　　——の加法　17
　　——の積　24, 26
　　——の分割　33
　　——のランク　48
行列式　78
　　——の交代性　80
　　——の第 1 行に関する展開　63
　　——の第 1 列に関する展開　63
空集合　161
偶置換　77
グラム・シュミットの直交化法　117
クロネッカーのデルタ　23
ケイリー・ハミルトンの定理　142
結合則　27
元　160
　　——の個数　163
合成写像　163
交代行列　33
交代性
　　行に関する——　60, 65
　　列に関する——　60, 65
恒等写像　163
互換　74
コーシー・シュヴァルツの不等式　114
固有関数　157

固有空間　142
固有多項式　130
固有値　128, 141
固有ベクトル　128

さ 行

三角不等式　114
次元　93
次元等式　101
次数　3
実数値関数　162
実ベクトル空間　89
自明な解　35, 36
写像　162
集合　88, 160
　——は等しい　160
主軸　152
巡回置換　74
数ベクトル空間　94
スカラー　1
正規直交化　117
正規直交基底　114
生成される　98
　——部分空間　98
正則行列　41
正定値性　111
成分　3
正方行列　16
積　19
ゼロ行列　18
ゼロ元　89
ゼロ・ベクトル　2, 3
線形形式　12, 103
線形写像　103
線形変換　127
線形方程式　11
全射　164
全単射　164
像　105, 164
双曲線　148
双線形形式　111
　対称な——　111

た 行

対角化可能　128

対角行列　31
対角成分　31
対称行列　33
対称作用素　151
楕円　148
楕円面　156
単位行列　23
単位元　74
単位ベクトル　6, 113
単射　164
置換　73
　—— σ の符号　76
　——の積　74
置換行列　78
中線定理　114
超平面　11
直積　161
直線
　——のパラメータ表示　4
　——の方程式　10
直交化　113, 117
直交基底　114
直交行列　123
直交射影　113
直交する　113
直交多項式系　121
直交補空間　151
定義域　164
転置行列　32
同次型 1 次方程式　35
同次型連立 1 次方程式　36
トレース　139

な 行

内積　5, 111
内積ベクトル空間　111
　誘導された——　116
二葉双曲面　156
ノルム　6, 112

は 行

掃き出し法　38
反対称行列　33
ピボット　46
表現行列　108

索　引

標準的基底　94
標準的内積　112
比例　11
比例定数　11
フィボナッチ数列　138
部分空間　97
　　生成される——　98
部分集合　160
分配則　28
平行　4
平行 4 辺形
　　——の面積　61
平行 6 面体　70
平面
　　——のパラメータ表示　5
　　——の方程式　7
平面ベクトル　2
べき乗　29, 74, 136
ベクトル　1, 89
　　——のスカラー倍　2
ベクトル空間　90
　　$\mathbb{R}$ 上の——　89
　　——の公理　90
法ベクトル　8

ま　行

マクローリン・クラーメールの公式　85
向き　1
無限集合　163

や　行

ヤコビ恒等式　71
有限次元ベクトル空間　94
有限集合　163
有向線分　1
余因子　84
余因子行列　67, 84

ら　行

ラゲール多項式　121
ランク　45, 93
ルジャンドル多項式　121
列基本変形　38, 66
列ベクトル　2, 3
　　——のスカラー倍　3
　　——の和　3
連立 1 次方程式　34

著者紹介

橋 本 義 武
(はし　もと　よし　たけ)

1990年　理学博士(東京大学)
現　在　東京都市大学教授, 大阪市立大学客員教授, 放送大学客員教授

Ⓒ　橋本義武　2017

2017年 4 月 25 日　初 版 発 行

工科系学生のための
線 形 代 数

著　者　橋　本　義　武
発行者　山　本　　格

発行所　株式会社　培風館

東京都千代田区九段南 4-3-12・郵便番号 102-8260
電 話 (03) 3262-5256(代表)・振 替 00140-7-44725

寿 印刷・牧 製本

PRINTED IN JAPAN

ISBN 978-4-563-01210-6　C3041